普通高等教育“十二五”规划教材
大学化学实验
丛书主编　张四方

# 化学探究实验

本册主编　闫怀义

中国石化出版社

## 内 容 提 要


本书是根据我国高等教育化学教学改革需要，为高等化学本科教育而编写的实验教材。全书共四个单元，包括废旧物质回收利用探究、物质组分含量测定探究、物质制备合成表征探究、物质性能参数测定探究。探究实验课题的选择涉及废旧物质的检测、回收、利用；物质的制备、合成、表征；化学过程的测量、控制、运用等，旨在通过学生自主设计方案，独立解决问题，帮助他们构建科学研究意识，提升科学探究能力，实现自我价值。

本书可以作为普通高等院校化学、应用化学专业的实验教材使用，也可作为相关人员的参考书使用。



**图书在版编目（CIP）数据**

化学探究实验 / 闫怀义主编 . —北京：中国石化出版社，2011.11（2015.8 重印）
（大学化学实验/张四方主编）
普通高等教育“十二五”规划教材
ISBN 978 - 7 - 5114 - 1286 - 7

Ⅰ. ①化… Ⅱ. ①闫… Ⅲ. ①化学实验 - 高等学校 - 教材 Ⅳ. ①06 - 3

中国版本图书馆 CIP 数据核字（2011）第 231651 号





**中国石化出版社出版发行**

地址：北京市东城区安定门外大街 58 号
邮编：100011　电话：(010)84271850
读者服务部电话：(010)84289974
http://www.sinopec-press.com
E-mail:press@sinopec.com
北京柏力行彩印有限公司印刷
全国各地新华书店经销

*

787×1092 毫米 16 开本 10 印张 248 千字
2015 年 8 月第 1 版第 3 次印刷
定价：25.00 元

# 序

在过去的100多年里，化学作为一门核心、实用、创造性科学，为人类认识物质世界和人类文明进步做出了巨大贡献。特别是近几十年来，数学、物理、生物、计算机学科和量子化学的迅速发展，以及在化学中的广泛应用，化学已从描述性学科逐渐走向推理性学科，化学研究的对象也从传统的原子、分子层次扩展到了原子、分子片、分子、超分子、多分子聚集态层次；按无机化学、有机化学、分析化学、物理化学、高分子化学划分的化学二级学科体系被打破，建构起了合成化学、分离化学、分析化学、物理化学、理论化学、化学生物学、纳米(材料)化学、绿色化学、化学信息学新体系；化学已成为研究从原子、分子片、分子、超分子，到分子和原子的各种不同尺度和不同复杂程度的聚集态和组装态的合成和反应、分离和分析、结构和形态、物理性能和生物活性及其规律和应用的自然科学。

化学学科的迅速发展，对化学人才的培养，特别是高素质创新人才的培养提出了更高的要求。高等院校作为我国高素质化学人才培养的重要基地，对高素质人才的培养将起到不可替代的作用。然而，我国高等化学教育长期以来一直沿用“专业化、专门化”的“窄、专、深”课程体系，使化学实验教学依附化学二级学科，化学实验的目的重在加深对理论的理解和技能的训练，人为地消弱了化学学科之间的内在联系与渗透，学生综合能力得不到有效提高，严重制约了高素质化学人才的培养。为了适应21世纪社会发展对高素质化学人才培养的需求，全面反映化学学科发展水平，中国石化出版社组织编写了普通高等教育“十二五”规划教材《大学化学实验》。

普通高等教育“十二五”规划教材《大学化学实验》编写时力求以培养高素质化学人才为宗旨，提高学生化学综合素质为目标，打破了传统化学实验教学的旧模式，建立了以能力培养渐进发展的新模式，使教材具备以下特点：

**新颖性** 编写体系上，根据社会对化学人才的需求和化学学科发展的变化，打破了传统化学实验教学依附于化学二级学科的实验教学模式，重建了以能力培养为核心的“技能、基础、综合、探究”能力培养新模式，强化了高素质化学人才能力培养在普通高等教育中的重要性；实验体例上，增加了实验背景、实验指导、实验拓展等内容。实验背景为学生课前准备实验提供了与本实验相关的背景材料，内容涉及相关物质的性质与用途、研究成果与动态、实验方法与技术等，旨在启发思维，拓展视野；实验拓展为学生实验后提供本实验延伸的参考思路，内容涉及知识迁移、方法迁移、应用迁移等，旨在举一反三，触类旁通；实验指导为学生在实验过程中如何高质量完成实验提供指导，内容涉及实验安全注意事项、实验操作关键和技巧等，旨在保证安全，提高效率。这些变化使《大学化学实验》与传统教材相比具有了一定的新颖性。

**前导性** 内容选择上，删除了那些内容陈旧、方法简单，不再适应高素质人才培养需求的实验，增加了能够反映当今化学学科成就的新技术、新方法、新成果，并将新能源、新材料、食品安全、绿色化学等与人类社会关系密切的化学内容纳入到了教材之中，突出了化学对社会所应承担的义务，使《大学化学实验》在内容上具备了一定的前导性。

**系统性** 《大学化学实验》共分6册：《化学技能训练》、《化学基础实验》、《化学综合实验》、《化学探究实验》、《中学化学实验研究》和《化学创新实验》。《化学技能训练》、《化学基础实验》、《化学综合实验》、《化学探究实验》构成了现代高等教育本科化学基本实验教学体系；《中学化学实验研究》为这个实验教学体系提供了教师教育延伸，为未来从事化学教育教学的学生提供专项培养；《化学创新实验》为这个实验教学体系提供了科学研究延伸，为未来从事科学研究和继续深造的学生提供专项培养。一个基本实验教学体系和两个专项培养模块使《大学化学实验》比传统化学实验教材更具系统性。

**针对性** 《大学化学实验》编写时充分考虑了“985”和“211”院校与一般高等院校人才培养目标和教学条件的差异，将《大学化学实验》使用的对象定位于一般高等院校的化学和应用化学专业。为了更好地适应一般高等院校的使用，教材内容选择不求仪器设备的高精尖，但求实验思路的异新变，教材内容为教学选择留出来足够的余地，使不同层次、不同类型的学校可以根据自身特点和区域特点进行特色办学、个性办学。

《大学化学实验》主要内容介绍如下：

**《化学技能训练》** 以教育部理科化学教学指导委员会制订的“化学、应用化学专业化学实验教学基本内容”为依据，包括实验安全、实验物品、样品采集、实验操作、测量仪器、数据处理、技能训练等内容，旨在规范和训练学生操作技能。

本册教学建议：教学在第1学期，时数为78学时。

**《化学基础实验》** 以教育部理科化学教学指导委员会制订的“化学、应用化学专业化学实验教学基本内容”为依据，包括重要常数测定、物质性质检验、无机物质制备、有机物质制备、物质分离鉴定、化学方法分析、仪器方法分析、重要参数测定和化学过程操作等内容，旨在强化化学实验操作和学习解决化学问题的基本方法。

本册教学建议：教学在第2、3、4、5学期，时数为216学时。

**《化学综合实验》** 内容选择标准有二，一是实验内容的综合性，一个实验含有两个或两个以上知识点的有机结合与渗透；二是实验方法(或手段)的多元性，综合运用两种或两种以上方法和手段来完成同一个实验。包括无机物制备与分析、配合物制备与测定、有机物合成与表征、物质的分离与检测、物质参数控制与测量、新技术训练与应用等内容，旨在强化知识、方法的综合运用，在化学学科层次理解化学。

本册教学建议：教学在第6学期，时数为54学时。

**《化学探究实验》** 提出课题，给出背景材料，通过学生的创新活动，共同构成学生的科学训练计划。包括合成路线设计、反应过程控制、物质分离提纯、物质结构表征、性能参数测定等内容，旨在帮助学生构建科学研究意识，提升科学探究能力，实现自我价值。

本册教学建议：教学在第7学期，时数为54学时。

**《中学化学实验研究》** 以中学化学实验教学内容为研究对象，通过科学探究，了解过程与结果之间的关系，为未来从事化学实验教学储备能量。包括典型高中化学实验、典型初中化学实验、改进型化学实验、手持化学实验、综合化学实验和探究化学实验等内容，旨在为学生未来从事化学教学做准备。

本册教学建议：教学在第7学期，时数为51学时。

**《化学创新实验》** 实验内容来自于教师科研项目成果、大学生创新性实验成果、化学学科的研究成果等。内容包括无机物、有机物、高分子化合物的合成与表征，新型功能性材料的制备与功能研究，食品、环境、化工等领域的化学问题与解决，旨在为学生从事科学研究和研究生学习做准备。

本册教学建议：教学在第7学期或第8学期，时数为54学时。

《大学化学实验》由张四方任总主编。参编院校有：太原师范学院、海南师范大学、晋中学院、忻州师范学院、运城学院和长治学院。所有分册的编写思路、实验内容、实验体例等都由大家共同讨论，充分酝酿确定，是集体智慧的结晶。《大学化学实验》的编写得到了参编院校、中国石化出版社的大力支持，太原师范学院教务处和中国石化出版社任翠霞老师给予了大力协助，在此向他们表示衷心的感谢。在编写过程中，我们参阅了大量文献资料，在此也衷心地向参阅文献的所有作者表示最诚挚谢意。

由于编者水平所限，加之时间仓促，教材中存在不妥之处，真诚希望读者提出宝贵意见。

张四方

《化学综合实验》[illegible]

[illegible]

《化学研究实验》[illegible]

[illegible]

《中学化学实验研究》[illegible]

[illegible]

《化学创新实验》[illegible]

[illegible]介绍了[illegible]

[illegible]

[illegible]谨致谢忱[illegible]

[illegible]

[illegible]

# 前　言

《化学探究实验》是完成《化学技能训练》、《化学基础实验》、《化学综合实验》教学之后，在化学学科层面运用化学知识、方法解决化学实际问题的一门实验课程，是高等教育本科化学基本实验教学体系的重要组成部分，旨在强化化学知识、方法的综合运用，加强在化学学科层面对化学的理解，构建科学研究意识，提升科学探究能力，实现自我价值。

《化学探究实验》的编写以高等化学教育改革为指导，以培养高素质化学人才为目的。内容选择上涉及废旧物质回收利用探究、物质组分含量测定探究、物质制备合成表征探究、物质性能参数测定探究等；问题选择上突出化学与生活、化学与环境、化学与社会的密切关系；探究要求上突出“思路要清晰、方案要可行、控制要准确、结果要可靠”的科学探究原则；方法运用上既有传统经典方法又有现代新型方法。通过努力，使本教材具备了探究性、生活性、教育性。

《化学探究实验》共有4个单元，其主要内容如下：

单元1　废旧物质回收利用探究，包括废旧电池中有用成分的回收、无机废弃物的鉴定与提纯、用官能团反应鉴别有机废弃物、化学实验室废液的简单处理、含铁污水的净化与铁含量的测定、蛋壳中钙含量的测定、从含碘废液中回收碘并制取碘化钾、由铜废液制备碱式碳酸铜及最佳条件探究、硝酸钾的制备及其溶解度测定、从印刷电路腐蚀废液中回收铜和氯化亚铁等。

单元2　物质组分含量测定探究，包括维生素片中VC含量的测定、啤酒中草酸含量的测定、环境水样中多环芳烃的测定、植物体中微量元素的测定、自来水中氟含量的测定、食品中亚硝酸根含量的测定、多维葡萄糖中维生素$B_2$含量的测定、摩尔盐的制备及其组成分析、胃舒平中铝含量的测定、$HCl-NH_4Cl$混合液各组分含量的测定、食醋中苯甲酸含量的测定、白酒中甲醇含量的测定、植物叶中铅含量的测定、面粉中过氧化苯甲酰含量的测定等。

单元3　物质制备合成表征探究，包括2，4－二氯苯氧乙酸的制备、超分子主体化合物——杯[4]芳烃的合成及表征、对溴苯胺的合成及表征、二茂铁衍生物的合成及表征、解热止痛药阿司匹林的合成及表征、抗痉挛药5，5－二苯乙内酰脲的合成、蜜蜂警戒信息素2－庚酮的合成及检测、香草醛合成方法的研究及表征、香蕉油的合成、香料“结晶玫瑰”的合成及表征、ZnO晶体的制备与表征、四苯基卟啉化合物的合成及表征、鲁米诺的制备及其在食盐中碘酸钾含量测定的应用等。

单元4　物质性能参数测定探究，包括植物性食品和动物性食品的热值测定与比较、苯分子共振能的测定、用差热分析法绘制二元金属相图、难溶盐溶度积测定、温度和浓度对电解质溶液平均活度系数的影响、电解质溶液浓度对电极电势的影响、反应热的测定、铝阳极氧化的最佳实验条件探究、酸度对蔗糖水解反应速率常数的影响、影响反应速率常数因素的探究、表面活性剂溶液临界胶束浓度测定、溶液吸附法测定活性炭的吸附量及比表面积等。

本教材由闫怀义任主编，闫怀义、张四方、李军修订并统校全稿。参加编写的有：运城学院王健(单元1)、运城学院周福林(单元2)、忻州师范学院赵三虎(单元3)、长治学院李燕(单元4)。在编写过程中，我们参阅了大量文献和资料，在此向这些文献和资料的作者表示衷心感谢。中国石化出版社、忻州师范学院及赵明根教授对本教材的出版给予了大力支持，晋中学院白官老师为本书的文字图表加工做了大量工作，在此也对他们表示衷心感谢。

由于编者水平所限，加之时间仓促，教材的不妥之处，恳请读者提出宝贵意见。

闫怀义

# 目　录

# 单元1　废旧物质回收利用探究

## 实验一　废旧电池中有用成分的回收

### 实验目的

(1) 了解废旧电池的回收利用，树立环保意识；

(2) 掌握废旧电池中铜、锌、二氧化锰等有用成分的回收方法；

(3) 体验科学探究的过程，学习科学探究的方法。

### 实验背景

含有有害物质的废旧电池如果丢弃到垃圾中，会因腐蚀作用而遭到破损，导致重金属和酸碱电解液泄漏出来，污染环境，直接或间接危害人类的健康。废旧电池中的重金属污染物在环境中的转移过程是废旧电池随生活垃圾进入填埋和焚烧的垃圾处理过程。在垃圾的填埋中，废电池的重金属会通过渗漏作用直接污染相关的水体和土壤；在土壤和水体中的重金属离子会被植物的根系吸收，当牲畜吃了含有这些重金属成分的植物后，重金属在体内慢慢积累，经过食物链的生物富集作用，重金属就会随着食物进入人体，在人体内聚集造成慢性中毒，损害人的神经系统及肝脏功能。在垃圾的焚烧过程中，废电池中的重金属会因高温挥发而被烟气带入空气，进入空气中的重金属可通过呼吸直接进入人体。因此，废旧电池如果丢弃到垃圾中，对环境的污染非常严重。

目前，中国已成为世界第一电池生产和消费大国，如何处理废旧电池以及如何废旧利用不仅关系着人们的身体健康，而且也关系着资源的再生利用。废旧电池再生处理已引起了人们的广泛关注。

废旧电池中所含的多种金属都属再生资源。目前，我国经济增长和资源供给的矛盾十分突出，多种自然资源趋于萎缩，人均资源量只有世界水平的 1/2，居世界第 53 位。所以从可持续发展的角度出发，应尽早考虑资源的回收再利用。

目前，发达国家已在为走向“循环经济社会”做准备，使以“大量生产，大量消费和大量废弃”为基本特征的现代经济社会，向以“最优消费和最少废弃”的可持续发展的循环经济社会转变。走循环经济之路，也是我国社会经济发展的必然之路。因此加强对废旧电池回收利用的研究，使其能够尽快实现无害化和资源化。否则，不仅造成大量的资源浪费，而且由于环境的污染，既有害于我们自己，又贻害子孙后代。

**1. 废旧锌锰电池的处理方法**

目前，废旧电池的回收工艺可大致分为人工分选回收利用技术、干法回收利用技术、湿法回收利用技术、干湿法回收利用技术。

(1) 人工分选回收利用技术　将回收的废旧干电池进行分类，在带有负压和净化装置的作业柜中用简单的机械将电池逐个剖开，人工分选出塑料盖、铁壳、铜帽、炭棒、锌皮、二氧化锰及水锰石的混合物，塑料盖送塑料厂再生利用；铁壳送冶炼厂回收铁；铜帽作为回收铜应用；锌皮洗净后送入电炉重新铸成锌锭；残存的二氧化锰及水锰石的混合物送入回转窑煅烧，脱水后获得二氧化锰，作为化工原料。此外，还可以将电池的黑色填充物质加水浸溶，静置沉淀，取上清液过滤后，蒸发结晶，制取氯化铵；也可用电池内的碳黑和电糊来制取肥料，补充农作物中锌的含量。

此方法简单易行，但费工费时，经济效益小。

(2) 干法回收利用技术　干法回收利用技术是让电池在高温下使其所含的金属及其氧化物等氧化、还原、分解、挥发和冷凝。这种方法又分为传统的常压冶金法及真空回收法。

常压冶金法是利用各种金属的不同沸点，随着温度的提高，各种金属先后挥发出来，再分级冷凝蒸气，便可使金属相互分离。此法中废旧电池需经预处理，一般冶炼厂中通常只需增加一些设备即可完成废旧电池部分有效物质的回收。

真空冶金法则是将电池在真空中焙烧到一定温度，由于在真空中金属的沸点和熔点会降低，从而达到节约能源的目的，其原理和常压冶金法基本相同。我国一些废旧电池回收厂家便是采用真空冶金的方法。其不足之处是：操作要求比较严格，要适时适量补加铁，否则不能生成符合要求的锰铁合金。

鉴于真空冶金法的不足，国外将废旧干电池整体处理后作为磁性材料，而不再回收单种金属。其方法是：将废旧干电池破碎后，高温加热除去杂质，然后氧化其中的金属元素，其产物可以用来生产铁氧体，而铁氧体在制造彩电及变压器等行业被广泛应用。该工艺简化了分离工序，成本大幅度下降，铁氧体产物附加值高。该方法具有良好的发展前景。

(3) 湿法回收利用技术　湿法回收技术是基于锌、二氧化锰等可溶于酸的原理，使干电池中的锌、二氧化锰与酸作用进入溶液，溶液经过净化后电沉积生产金属锌、二氧化锰或生产化工产品(如立德粉、氧化锌等)及化肥等。由于废干电池含有多种物质，回收后的电解液含有汞、镉、锌等贵重金属，能耗也较高。

(4)干湿法回收利用技术　干湿法回收技术也称作火法-湿法工艺或焙烧-酸浸-电积法工艺。具体方法是：废锌锰干电池经过筛选、分类、破碎、磁选除铁后，置于电热回转炉内焙烧。由于电池中含有乙炔黑和石墨，其含量约为把二氧化锰还原成氧化锰所需理论碳量的2倍，故在电池焙烧中可以不加还原剂。焙烧温度通常控制在850℃左右，不宜超过900℃(因为在850℃，电池的锌壳将以蒸气形式进入烟气，含锌烟气经冷却，可以用布袋除尘器回收含锌固体)。含锌固体除去铜帽、碳棒等杂质后，在800℃，用浓度小于$200g \cdot L^{-1}$的硫酸溶液作浸取剂，按液固比5∶1的比例浸取1h，锌全部进入溶液，同时，锰(MnO)也被浸出，浸出率大于95%。

干电池焙烧残渣浸出液的成分比较复杂，需要用电沉积法回收其中的锌、锰，因此，电沉积前必须将溶液净化，除去铁、铜、钴、镍等杂质。用电沉积法同时回收锌、锰是一个双电沉积过程，阴阳两极的电沉积条件不同，合理地调整两极的工作状态是非常重要的。如电解锰，电流密度最好在$1A \cdot m^{-2}$；而电解锌，电流密度最好能达到$1000A \cdot m^{-2}$，解决这一矛盾通常是调节电极面积选择不同材质的电极来解决。电解温度对两种金属电解的影响也不同，温度对电沉积锰影响较大，而对电沉积锌的影响不明显。因此，温度控制在85~90℃比较合适。此外，选择合适的酸度，尽量脱除溶液中的氯离子，对提高锌锰双电积效率是很有必要的。有人对"焙烧-电积法"再生工艺进行分析，结果表明此法在技术上和经济上都是可行的。

不论是湿法、干法还是干湿结合法均有一定的可行性，但技术并不成熟，也不够完善，有待于进一步研究。考虑其回收成本和再利用所创造的收益，湿法回收应该是目前最有效的方法。

## 实验要求

（1）设计从废旧电池中回收有用成分（最少要回收3种物质，其中氯化铵和二氧化锰必须回收）的实验方案（内容包括：实验目的、实验原理、实验仪器与试剂、实验步骤、预期的实验结果、实验中可能遇到的问题和对策、参考文献等）。

（2）各种回收物质的回收质量指标要求（见表1－1）。

**表1－1　各种回收物质的回收质量指标要求**

| 回收物质 | 颜　色 | 纯　度 |
|---|---|---|
| 金属锌 | 银白 | 85% |
| 金属铜 | 黄 | 99% |
| 二氧化锰 | 棕黑（褐） | 85% |
| 氯化铵 | 白 | 90% |

（3）利用锌壳制备 $ZnSO_4 \cdot 7H_2O$ 时，要对制得的产品进行定性检验。

（4）实验结果以研究报告形式提交。内容包括：引言或前言、药品试剂、仪器设备、实验方法（应包含工艺路线、主要溶液配制方法及测定方法等）、实验步骤、实验结果、结果讨论、结论、参考文献等。

## 实验指导

### 1. 废旧电池有效成分的回收

（1）金属铜片的回收　将废旧干电池碳棒上的铜帽取下，于平坦处锤平，置于烧杯中，加入一定量的稀硫酸，加热煮沸，滤去溶剂，晾干，可得紫红色的铜片。

（2）碳棒的回收　取出废旧干电池的碳棒，用水洗去表面的炭粉和 $MnO_2$ 粉末，晾干。

（3）$MnO_2$ 的回收、精制及纯度测定　将废旧干电池中的填充物取出，放入烧杯中弃去纸屑、棉纱等异物。加入适量蒸馏水（每节电池约加50mL水），再加入稀 $HNO_3$ 促进溶解，充分搅拌数分钟，用细纱布过滤，滤液保留。将滤渣冲洗滤干，放在坩埚中灼热除去有机物和炭粉，待坩埚中不冒白烟时停止加热，坩埚中剩余黑色固体残渣即为粗制的 $MnO_2$。

粗制的 $MnO_2$ 中含有一些低价锰和少量其他金属化合物，需要进一步的精致才能得到更纯的 $MnO_2$。可用少量稀硝酸及水洗涤、蒸发得到精制 $MnO_2$。

$MnO_2$ 可通过测定其熔点（$MnO_2$ 的熔点为535℃）的方法鉴定其纯度。熔点测定的方法可以参考相关书籍。

（4）$NH_4Cl$ 的回收　在（3）中，滤液的主要成分为 $NH_4Cl$ 和 $ZnCl_2$。二者在不同温度下的溶解度相差悬殊，见表1－2。因此可以通过过滤的方法进行分离，再利用重结晶法制得纯净的氯化铵晶体。

**表1－2　$NH_4Cl$ 和 $ZnCl_2$ 的溶解度**

| 温度 $t$/℃ | 20 | 30 | 40 | 60 | 80 |
|---|---|---|---|---|---|
| $NH_4Cl$/(g/100g 水) | 37.2 | 31.4 | 45.8 | 65.6 | 77.3 |
| $ZnCl_2$/(g/100g 水) | 396 | 437 | 452 | 541 | 614 |

$NH_4Cl$ 在 100℃开始显著挥发，338℃时升华，因此应控制适当的温度。

(5)氯化铵的含量测定　氯化铵与甲醛作用生成六亚甲基四胺和盐酸，后者用氢氧化钠标准溶液滴定，以酚酞为指示剂，到达终点时为红色。反应式为：

$$4NH_4Cl + 6HCHO \longrightarrow (CH_2)_6N_4 + 4HCl + 6H_2O$$

(6) 金属锌的回收及锌粒的制备　将废旧干电池的锌皮收集在一起，洗刷干净、剪成碎片，放在坩埚中用酒精喷灯加热至熔化，弃去液体表面的浮渣，趁热用小铁勺将坩埚内的锌液一滴一滴地滴入蒸馏水中，滤去水分，晾干，即得锌粒。

**2. 回收物的应用**

(1) 碳棒可以用作电解食盐水等电解实验的电极。

(2) 锌壳可以用来制备 $ZnSO_4 \cdot 7H_2O$。

将洁净的锌片溶解于适量的硫酸溶液中，可得 $ZnSO_4$ 溶液。反应式为：

$$Zn + H_2SO_4 + 7H_2O \longrightarrow ZnSO_4 \cdot 7H_2O$$

控制温度在 39～50℃之间，将 $ZnSO_4$ 溶液蒸发掉水分可得 $ZnSO_4 \cdot 7H_2O$ 晶体。

在制备 $ZnSO_4 \cdot 7H_2O$ 时，锌片中的杂质也一同溶解到酸性溶液中，杂质的主要成分是 Fe。为了能得到高品质的产品，应设法除去溶液中的 Fe 等杂质，可考虑采用加入 NaOH 溶液生成沉淀、过滤的方式去除。首先需将 $Fe^{2+}$ 氧化为 $Fe^{3+}$：

$$2FeSO_4 + H_2O_2 + H_2SO_4 \longrightarrow 2H_2O + Fe_2(SO_4)_3$$

用 NaOH 调节溶液到 pH = 8，使 $Zn^{2+}$ 和 $Fe^{3+}$ 完全沉淀，反应式为：

$$ZnSO_4 + 2NaOH \longrightarrow Zn(OH)_2\downarrow + Na_2SO_4$$

$$Fe_2(SO_4)_3 + 6NaOH \longrightarrow 2Fe(OH)_3\downarrow + Na_2SO_4$$

再加入稀硫酸，控制 pH = 4，此时 $Zn(OH)_2$ 溶解而 $Fe(OH)_3$ 不溶，即可除去 $Fe(OH)_3$。

(3)用 $MnO_2$ 制取 $Cl_2$　$MnO_2$ 与浓 HCl 在加热条件下可发生如下反应：

$$MnO_2 + 4HCl \longrightarrow MnCl_2 + Cl_2\uparrow + 2H_2O$$

(4)用 $MnO_2$ 制取 $KMnO_4$　高锰酸钾是深紫色的针状晶体，是最重要也是最常用的氧化剂之一。将 $MnO_2$ 与碱和氧化剂($KClO_3$)混合后共熔，即可得绿色的 $K_2MnO_4$：

$$3MnO_2 + 6KOH + KClO_3 \xrightarrow{\text{熔融}} 3K_2MnO_4 + KCl + 3H_2O$$

然后将锰酸钾溶于水，发生歧化反应，可得 $KMnO_4$：

$$3MnO_4{}^{2-} + 2H_2O \longrightarrow 2MnO_4{}^{-} + MnO_2\downarrow + 4OH^-$$

在此溶液中加酸降低溶液的 pH 值，可使反应正向进行。常用的方法是通入 $CO_2$ 气体：

$$3K_2MnO_4 + 2CO_2 \longrightarrow 2KMnO_4 + MnO_2\downarrow + 2K_2CO_3$$

从反应式可见，用酸化的方法只有 2/3 的 $MnO_2$ 转化为 $KMnO_4$，转化率较低。为了提高转换率，较好的办法是采用电解 $K_2MnO_4$ 溶液的方法来制备 $KMnO_4$：

$$2K_2MnO_4 + 2H_2O \longrightarrow 2KMnO_4 + 2KOH + H_2\uparrow$$

电极反应：

阳极：　$2MnO_4{}^{2-} \longrightarrow 2MnO_4{}^{-} + 2e^-$

阴极：　$2H_2O + 2e^- \longrightarrow H_2\uparrow + 2OH$

也可在 $K_2MnO_4$ 溶液中直接加氧化剂，将其氧化成 $KMnO_4$：

$$2MnO_4{}^{2-} + Cl_2 \longrightarrow 2MnO_4{}^{-} + 2Cl^-$$

高锰酸钾的纯度可以用草酸为基准物质，进行氧化还原滴定而得。草酸与高锰酸钾在酸性溶液中发生下列反应：

$$2KMnO_4 + 5H_2C_2O_4 + 3H_2SO_4 \longrightarrow K_2SO_4 + 2MnSO_4 + 10CO_2\uparrow + 8H_2O$$

反应产物 $Mn^{2+}$ 对反应有催化作用，开始反应较慢，随着 $Mn^{2+}$ 增多反应加快。

在利用 $MnO_2$ 制备锰酸钾时，由于反应是在熔融状态进行，因此要用铁棒不断搅拌。并且随着反应的进行，熔融物的黏度逐渐增大，搅拌力度也应加大，在反应快要干涸时，应加快搅拌，使呈颗粒状，以不结成大块粘在坩埚壁上为宜。待反应物干涸后，加大火焰，在仍保持搅拌下强热 4 ~ 8min，即得墨绿色的锰酸钾。

(5) 剖开电池外壳时，小心操作，避免割伤。

(6) 在制备 $ZnSO_4$ 时，会产生氢气，一定要注意通风、防火。

(7) 在制备 $Cl_2$ 的时候，应该逐滴加入浓 HCl。缓缓加热，使反应慢慢加速，用向上排气法收集。多余的 $Cl_2$ 可用 NaOH 溶液吸收。

## 实验思考

1. 如何利用熔点来分析物质的纯度？
2. 为什么熔融碱时不用瓷坩埚和玻璃搅拌？
3. 过滤 $KMnO_4$ 溶液为什么不能用滤纸？

### 参考文献


1. 文建国，常慧，徐勇军，软湘元．基础化学实验教程[M]．北京：国防工业出版社，2006
2. 徐云升，陈军，胡海强．基础化学实验[M]．广州：华南理工大学出版社，2007
3. 沈丽霞．废旧干电池的回收与再利用．辽宁华工[J]，2007，36(7)：725 ~ 727
4. 黄昌兵，苏冬艳，王华，崔俊华．我国废旧干电池的处理现状、技术与对策．河北工程大学学报[J](自然科学版)，2007，24(2)：45 ~ 49
5. 马莹，孙晓敏．废旧干电池的回收与综合利用——集绿色、环保、能力训练于一体的综合性化学实验．吉林农业科技学院学报[J]，2005，14(4)：38 ~ 39
6. 廖戎，景晓明，马晨，张林，杨鸿均，谢扬名．废旧锌锰电池的回收利用．西南民族大学学报[J](自然科学版)，2003，29(4)：420 ~ 423
7. 廖戎，孙波，乔海啸．锌锰废电池的处理．西南民族学院学报[J](自然版)，2002，(4)：504 ~ 507


# 实验二　无机废弃物的鉴定与提纯

## 实验目的

(1) 掌握常见阳离子和阴离子混合液的分离鉴定与提纯方法；

(2) 练习分离鉴定与提纯化学废弃物质的基本操作技术；

(3) 培养独立分析问题和解决问题的能力。

## 实验背景

工业生产、日常生活、科学实验室中常常会产生许多化学废弃物质。这些化学废弃物质如果随便丢弃，不仅严重污染环境，而且严重浪费资源。因此，对化学废弃物质进行鉴定并分离提纯成为化学纯品加以利用，具有十分重要的意义。

废弃物质的鉴定，通常是依据物质的特殊性质和特征反应，选择适当的试剂和方法，准确观察反应中的明显现象，如颜色的变化、沉淀的生成和溶解、气体的产生和气味、火焰的颜色等，进行判断、推理而得出结论的。

废弃物质的分离提纯，一般先用化学方法对物质进行处理，然后再根据混合物的特点用恰当的分离提纯方法进行分离提纯。

用化学方法除去溶液中的杂质时，要使被分离的物质或离子尽可能除净，需要加入过量的分离试剂。在多步分离过程中，后加的试剂应能够把前面所加入的无关物质或离子除去。

废弃物质的鉴定，除了常规的化学方法以外，还可利用相关的仪器分析来进行鉴定。如红外光谱仪可以用来研究物质的化学结构，确定物质的组成结构；能谱分析可以确定物质的主要组成元素并能进行定量分析；X 射线衍射可以确定主要组分的晶体结构。随着科学技术的不断发展以及新仪器的不断涌现，对于未知物的鉴定，仪器分析在鉴定中的的作用会越来越重要。

**1. 几种重要阳离子的鉴定**

（1）$H^+$：能使紫色石蕊试液或橙色的甲基橙试液变为红色。

（2）$Na^+$、$K^+$：用焰色反应检验，它们的火焰分别呈黄色、浅紫色(用蓝色钴玻片观察)。

（3）$Ba^{2+}$：能与稀硫酸或可溶性硫酸盐溶液反应，生成白色 $BaSO_4$ 沉淀，且沉淀不溶于稀硝酸。

（4）$Mg^{2+}$：能与 NaOH 溶液反应生成白色 $Mg(OH)_2$ 沉淀，该沉淀能溶于 $NH_4Cl$ 溶液。

（5）$Al^{3+}$：能与适量的 NaOH 溶液反应生成白色 $Al(OH)_3$ 絮状沉淀，该沉淀能溶于盐酸或过量的 NaOH 溶液。

(6) $Ag^+$：能与稀盐酸或可溶性盐酸盐反应，生成白色 AgCl 沉淀，该沉淀不溶于稀 $HNO_3$，但溶于氨水，生成$[Ag(NH_3)_2]^+$。

（7）$NH_4^+$：铵盐溶液可与浓 NaOH 溶液反应，加热放出能使湿润的红色石蕊试纸变蓝的有刺激性气味的氨气。

（8）$Fe^{2+}$：能与 NaOH 溶液反应，先生成白色 $Fe(OH)_2$ 沉淀，迅速变成灰绿色，最后变成红褐色 $Fe(OH)_3$ 沉淀；亚铁盐的溶液里加入 KSCN 溶液，不显红色，加入少量新制的氯水后，立即显红色。

（9）$Fe^{3+}$：能与 KSCN 溶液反应，变成血红色 $Fe(SCN)_3$ 溶液；能与 NaOH 溶液反应，生成红褐色 $Fe(OH)_3$ 沉淀。

（10）$Cu^{2+}$：蓝色水溶液(浓的 $CuCl_2$ 溶液显绿色)。能与 NaOH 溶液反应，生成蓝色的 $Cu(OH)_2$ 沉淀，加热后可转变为黑色的 CuO 沉淀；$Cu^{2+}$溶液能与 Fe、Zn 片等反应，在金属片上生成红色的铜。

**2. 几种重要阴离子的鉴定**

（1）$OH^-$：能使无色酚酞、紫色石蕊、橙色的甲基橙等指示剂分别变为红色、蓝色、黄色。

（2）$Cl^-$：能与硝酸银反应，生成白色的 AgCl 沉淀，沉淀不溶于稀硝酸，能溶于氨水生成$[Ag(NH_3)_2]^+$。

(3) $Br^-$：能与硝酸银反应，生成淡黄色 AgBr 沉淀，沉淀不溶于稀硝酸。

(4) $I^-$：能与硝酸银反应，生成黄色 AgI 沉淀，沉淀不溶于稀硝酸；能与氯水反应，生成 $I_2$，使淀粉溶液变蓝。

(5) $SO_4^{2-}$：能与含 $Ba^{2+}$ 的溶液反应，生成白色 $BaSO_4$ 沉淀，沉淀不溶于硝酸。

(6) $SO_3^{2-}$：浓溶液能与强酸反应，产生无色有刺激性气味的 $SO_2$ 气体，该气体能使品红溶液褪色；能与 $BaCl_2$ 溶液反应，生成白色 $BaSO_3$ 沉淀，该沉淀溶于盐酸，生成无色有刺激性气味的 $SO_2$ 气体。

(7) $S^{2-}$：能与 $Pb(NO_3)_2$ 溶液反应，生成黑色的 PbS 沉淀。

(8) $CO_3^{2-}$：能与 $BaCl_2$ 溶液反应，生成白色的 $BaCO_3$ 沉淀，该沉淀溶于硝酸（或盐酸），生成无色无味、能使澄清石灰水变浑浊的 $CO_2$ 气体。

(9) $HCO_3^-$：煮沸含 $HCO_3^-$ 的盐溶液，放出无色无味的 $CO_2$ 气体，该气体能使澄清石灰水变浑浊；向 $HCO_3^-$ 盐酸溶液里加入稀 $MgSO_4$ 溶液，无现象，加热煮沸，有白色沉淀 $MgCO_3$ 生成，同时放出 $CO_2$ 气体。

(10) $PO_4^{3-}$：含磷酸根的中性溶液，能与 $AgNO_3$ 反应，生成黄色 $Ag_3PO_4$ 沉淀，该沉淀溶于硝酸。

(11) $NO_3^-$：浓溶液中加入铜片、浓硫酸后加热，放出红棕色气体。

**3. 常用的分离提纯方法**

对于无机物溶液常用下列方法进行分离和提纯。

(1)生成沉淀法　例如：NaCl 溶液里混有少量的 $MgCl_2$ 杂质，可加入过量的 NaOH 溶液，使 $Mg^{2+}$ 转化为 $Mg(OH)_2$ 沉淀（但引入新的杂质 $OH^-$），过滤除去 $Mg(OH)_2$，然后加入适量盐酸，调节 pH 值为中性。

(2) 生成气体法　例如：$Na_2SO_4$ 溶液中混有少量 $Na_2CO_3$，为了不引入新的杂质，可加入适量的稀 $H_2SO_4$，将 $CO_3^{2-}$ 转化为 $CO_2$ 气体而除去。

(3) 氧化还原法　例如：在 $FeCl_3$ 溶液里含有少量 $FeCl_2$ 杂质，可通入适量的 $Cl_2$ 将 $FeCl_2$ 氧化为 $FeCl_3$。若在 $FeCl_2$ 溶液里含有少量 $FeCl_3$，可加入适量的铁粉而将其除去。

(4) 正盐和酸式盐相互转化法　例如：在 $Na_2CO_3$ 固体中含有少量 $NaHCO_3$ 杂质，可将其固体加热，使 $NaHCO_3$ 分解生成 $Na_2CO_3$，而除去杂质。若在 $NaHCO_3$ 溶液中混有少量 $Na_2CO_3$ 杂质，可向溶液里通入足量 $CO_2$，使 $Na_2CO_3$ 转化为 $NaHCO_3$。

(5) 利用物质的两性除去杂质　例如：在 $Fe_2O_3$ 里混有少量的 $Al_2O_3$ 杂质，可利用 $Al_2O_3$ 是两性氧化物，能与强碱溶液反应，往试样里加入足量的 NaOH 溶液，使其中 $Al_2O_3$ 转化为可溶性 $NaAlO_2$，然后将沉淀过滤并洗涤，即为纯净的 $Fe_2O_3$。

(6) 离子交换法　例如：用磺化煤（NaR）做阳离子交换剂，磺化煤（NaR）中的 $Na^+$ 可与水里的 $Ca^{2+}$、$Mg^{2+}$ 进行交换，从而可除去水中的 $Ca^{2+}$、$Mg^{2+}$。

## 实验要求

(1) 熟悉常见的阴、阳离子的基本性质及其分离鉴定方法和提纯方法。

(2) 根据收集到的化学废弃物，设计对未知废弃物进行鉴定和分离提纯的实验方案（内容要求参见实验一）。

(3) 如果收集不到化学废弃物，也可以配制如下混合物进行实验：

① 区分由铝片和锌片混合后的金属片。

② 配制 CuO、$Co_2O_3$、$PbO_2$、$MnO_2$ 的混合物，进行鉴定与分离提纯。

③ 配制含有 $Cl^-$、$CO_3{}^{2-}$、$PO_4{}^{3-}$、$SO_4{}^{2-}$ 的混合溶液，进行鉴定与分离提纯。

④ 配制含有 6 种阴离子或者阳离子的混合液，进行鉴定与分离提纯。

(4) 以小论文形式写出实验报告(内容要求参见实验一)。

## 实验指导

**1. 物态观察**

(1) 观察废弃物在常温时的状态。如果是固体要观察其晶形。

(2) 观察废弃物的颜色，这是判断的一个重要因素。可根据废弃物的颜色，预测哪些离子可能存在，哪些离子不可能存在。

(3) 嗅、闻试样的气味。

**2. 溶解性试验**

固体废弃物的溶解性也是鉴定和分离提纯废弃物的一个重要因素。首先试验废弃物是否溶于水，不溶于水的再依次用盐酸(稀、浓)、硝酸(稀、浓)试验其溶解性。

**3. 酸碱性判断**

酸或碱可直接通过对指示剂的反应加以鉴定；两性物质借助于既能溶于酸、又能溶于碱加以鉴定；可溶性盐的酸碱性可配置成水溶液加以鉴定。根据试液的酸碱性可确定或排除某些离子存在。

**4. 热稳定性试验**

物质的热稳定性是有差别的，有的物质常温时不稳定，有的物质灼热时易分解，还有的物质受热时易挥发或升华。通过被鉴定物的热稳定性试验，可确定其可能是或不是哪一类物质。

**5. 鉴定反应**

经过对试样的观察和初步试验，再进行相应的鉴定反应，就能更准确地判断被鉴定物是什么物质。在无机化学实验中鉴定反应大致采用以下几种方式。

(1) 通过被鉴定物与某试剂反应，是否生成沉淀，沉淀是否溶解或放出气体(必要时再将生成的沉淀和气体做性质试验)确定其可能是或不是哪一类物质。

(2) 通过显色反应鉴定。

(3) 通过焰色反应鉴定。

(4) 通过硼砂珠试验鉴定。

(5) 通过其他特征反应鉴定。

以上只是提供了鉴定化合物的一些基本方法，对于实验中遇到的问题，可根据具体情况，灵活处理。

## 实验思考

1. 你所采用的方案是否是最简单、最方便的方案？判断的依据是什么？
2. 除了实验背景中介绍的分析鉴定方法以外，还有什么分析鉴定方法？

### 参考文献

1. 大连理工大学无机化学教研室. 无机化学实验[M](第二版). 北京：高等教育出版社，2004

2. 李朴，古国榜．无机化学实验[M](第二版)．北京：化学工业出版社，2005
3. 北京师范大学无机化学教研室．无机化学实验[M](第三版)．北京：高等教育出版社，2001
4. 李方实，刘宝春，张娟．无机化学与化学分析实验[M]．北京：化学工业出版社，2006
5. 张桂珍，于韶梅，张燕明．无机化学实验[M]．北京：化学工业出版社，2006

# 实验三　用官能团反应鉴别有机废弃物

## 实验目的

(1) 了解各类型官能团的反应；

(2) 培养利用官能团反应快速鉴别未知有机物的能力；

(3) 在实验过程中，应逐渐体会化学分析和仪器分析二者之间的关系和各自的功能，进而确定使用哪一种方法。

## 实验背景

有机废弃物的定性确认和鉴定，是有机化学的重要组成部分。在现代分析手段未普及之前，化学分析方法是惟一的手段，它是一项艰苦而耗时的工作。现代波谱技术的普及使有机化合物的定性鉴定工作简单迅速，但这并不意味着化学分析方法已经过时，它仍和波谱技术一样是每位化学工作者必须掌握的实验手段。在实验过程中，往往需要在很短的时间内用很少量的样品作出鉴定，以保证实验工作的顺利进行。

官能团的定性分析是利用有机化合物中各官能团所具有的不同特性，能与某些试剂作用产生特殊的颜色或沉淀现象。它要求反应迅速，结果明显，且具有专一性。有机化合物分子的反应大部分都局限在官能团上，但具有同一官能团的不同化合物，由于受分子中其他部位的影响，反应性能存在差异，官能团定性试验中也会有例外情况发生。所以在有机化合物定性分析中常常用几种方法来检验同一官能团的存在。

## 实验要求

(1) 掌握各类有机化合物的快速化学鉴别方法；

(2) 设计一个实验，鉴别有机实验废弃物(通过实验收集有机物废弃物)中可能包含的物质或官能团。

(3) 以小论文的形式写出实验报告。

## 实验指导

**1. 烯、炔的鉴定**

(1)烯烃分子中含 C═C 双键，炔烃分子中含 C≡C 叁键。二者均能与溴发生加成反应，使溴的红棕色消失，因此可以来鉴别烯烃或炔烃。

$$CH_2{=}CH_2 + Br_2 \longrightarrow CH_2BrCH_2Br$$

$$CH{\equiv}CH + Br_2 \longrightarrow CHBr_2CHBr_2$$

(2) 烯烃分子中含 C═C 双键，炔烃分子中含 C≡C 叁键。当二者被高锰酸钾溶液氧化时，不饱和键被破坏，同时紫色高锰酸钾溶液褪色生成褐色的二氧化锰沉淀。根据上述实验现象可以来鉴别烯烃或炔烃。

$$RCH{=}CHR' + H_2O + KMnO_4 \longrightarrow RCOOK + R'COOK + MnO_2 \downarrow$$

（3）末端炔烃含有活泼氢，可与硝酸银氨溶液反应生成炔化银沉淀，也可与铜氨溶液反应生成炔化铜沉淀。借此可鉴别末端炔烃类化合物。

$$RCH{\equiv}CH + Ag(NH_3)_2NO_3 \longrightarrow RCH{\equiv}CAg \downarrow$$

$$RCH{\equiv}CH + Cu(NH_3)_2Cl \longrightarrow RCH{\equiv}CCu \downarrow$$

**2. 卤代烃的鉴定**

硝酸银－乙醇溶液与卤代烃反应时，如果烃基相同，不同卤素作为离去基团的反应性为：RI > RBr > RCl > RF；如果卤原子相同而烃基不同，则受电子效应和空间效应的影响，卤代烃的相对反应活性顺序：苯甲型、烯丙型、三级、二级、一级、苯型、乙烯型。两个和两个以上卤原子同连在一个碳原子上的卤代烃，如氯仿等，不与硝酸银溶液反应，由此可以推测卤代烃的可能结构。

**3. 醇的鉴定**

苯甲酰氯与醇反应生成有香味的酯，以此可鉴别醇类化合物。含 10 个碳以下的醇与硝酸铈铵反应能形成红色络合物，以此可鉴别小分子醇类化合物。

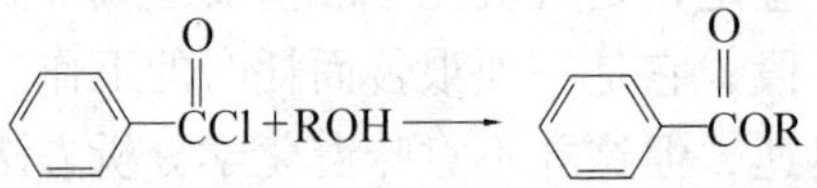

$$R_2CHOH + 2Ce(IV) \longrightarrow R_2C{=}O + 2Ce(III) + 2H^+$$

一级醇、二级醇、三级醇与 Lucas 试剂反应的速率不同。三级醇最快，二级醇次之，一级醇极慢。六个碳原子以下的各级醇均溶于 Lucas 试剂，反应后生成的氯代烷不溶于该试剂，故反应发生后体系会出现混浊或分层。根据实验现象可判别反应速率的快慢，依次区别一、二、三级醇。

$$ROH + HCl \xrightarrow{ZnCl_2} RCl + H_2O$$

**4. 醛、酮的鉴定**

Tollens 试剂是银氨离子(硝酸银的氢氧化铵溶液)，它与醛反应时，醛被氧化成酸，银离子被还原成银，附着在试管壁上形成银镜，因此称该反应为银镜反应。Tollens 试剂与酮不发生上述反应，所以此实验可区别醛和酮。

$$RCHO + 2Ag(NH_3)_2OH \longrightarrow RCOONH_4 + 3NH_3 + 2Ag + H_2O$$

2，4－二硝基苯肼能与醛、酮的羰基发生亲核加成反应并生成黄色、橙色或红色沉淀。利用此实验可以鉴定醛或酮。

Fehling 溶液是碱性铜络离子的溶液。该铜络离子能与脂肪醛反应，反应时，铜络离子被还原为红色的氧化亚铜沉淀，蓝色消失，醛被氧化成酸。Fehling 溶液与芳香醛和简单酮（α－羟基酮和 α－酮醛例外）不能发生上述反应，因此，利用 Fehling 溶液可以区分脂肪醛和芳香醛，也可以区分脂肪醛和酮。

$$RCHO + 2Cu^{2+} + NaOH \longrightarrow RCOONa + Cu_2O \downarrow + H_2O$$

甲基酮或能被次碘酸钠氧化成甲基酮的化合物与次碘酸钠反应会生成黄色的碘仿沉淀，

因此该反应称为碘仿反应。碘仿反应常用于鉴别甲基酮或能被次碘酸钠氧化成甲基酮的化合物。

$$RCOCH_3 \xrightarrow{I_2,\ NaOH} RCOCl_3 \xrightarrow{NaOH} RCOONa + CHI_3 \downarrow$$

**5. 酚的鉴定**

酚的酸性比碳酸和羧酸弱，比水和醇强。利用酸碱反应可以提纯酚。苯酚与溴水作用能生成三溴苯酚白色沉淀，因此可用这一反应鉴定苯酚。

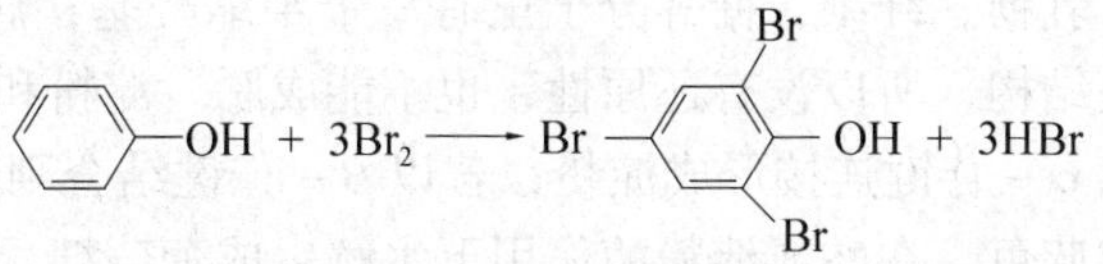

含有酚羟基的化合物具有烯醇结构，能与三氯化铁的水或醇溶液作用，生成具有红、蓝、紫、绿等颜色的络合物，这是检出酚羟基的特征反应，根据不同颜色区别各种酚。

$$6C_6H_5OH + FeCl_3 \longrightarrow [Fe(OC_6H_5)_6]^{3-} + 3Cl^- + 6H^+$$

**6. 胺的鉴定**

一级、二级、三级胺与磺酰氯的反应称为 Hinsberg 反应。苯磺酰氯与一级胺生成的 *N*－取代苯磺酰胺具有酸性，能溶于氢氧化钠溶液。苯磺酰氯与二级胺生成的 *N*，*N*－二取代苯磺酰胺没有酸性，不能溶于氢氧化钠溶液。苯磺酰氯与三级胺不发生这个反应，反应体系中加酸后油状物消失。因此，应用 Hinsberg 反应可以区别一级、二级和三级胺。

芳香族一级胺与亚硝酸作用生成重氮盐，重氮盐不稳定，遇热分解生成酚和放出氮气，未分解的重氮盐与生成的酚发生偶联反应产生橙红色的偶氮化合物。脂肪族一级胺与亚硝酸作用生成重氮盐，重氮盐在常温下即可放出氮气转变成相应的醇。不发生偶联反应。利用反应差别可用来鉴别脂肪族一级胺与芳香族一级胺。

$$RNH_2 + HNO_2 \longrightarrow ROH + N_2\uparrow + H_2O$$

$$C_6H_5NH_2 + HNO_2 \xrightarrow[0\sim5^\circ C]{HCl} [\ C_6H_5\overset{+}{N}\equiv N\ ]Cl^- + H_2O$$

$$[\ C_6H_5\overset{+}{N}\equiv N\ ]Cl^- + H_2O \xrightarrow{\triangle} C_6H_5OH + N_2\uparrow + HCl$$

$$[\ C_6H_5\overset{+}{N}\equiv N\ ]Cl^- + C_6H_5OH \xrightarrow{NaOH} C_6H_5N{=}NC_6H_4OH + NaCl + H_2$$

**7. 羧酸衍生物的鉴定**

羧酸衍生物能与羟胺反应生成羟肟酸，羟肟酸与三氯化铁在弱酸性溶液中能生成紫色或深红色的可溶性羟肟酸铁，由此可以鉴别羧酸衍生物。

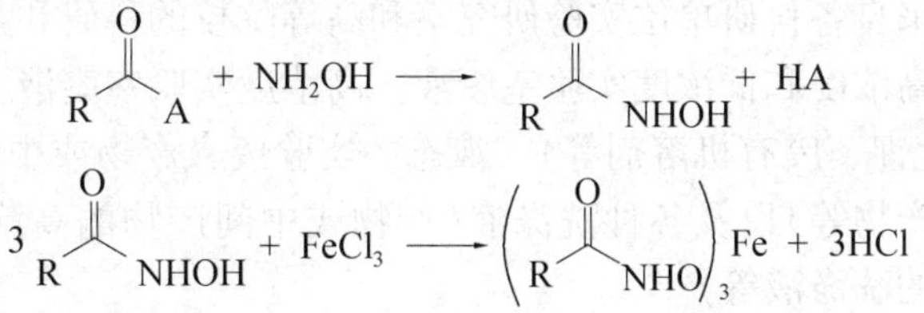

**8. 糖的鉴定**

糖类化合物是指多羟基醛或多羟基酮以及它们的缩合物，通常分为单糖(如葡萄糖、果糖)、二糖(如蔗糖、麦芽糖)和多糖(淀粉、纤维素)。

糖类化合物一个比较普遍的定性反应是 Molis 反应，即在浓硫酸存在下，糖与 α－萘酚作用生成紫色环。紫色环生成的原因通常认为是糖被浓硫酸脱水生成糠醛或糠醛衍生物，后

者再进一步与 $\alpha$－萘酚缩合成有色物质。

单糖又称还原性糖，能还原 Benedict 试剂、Fehling 试剂和 Tollens 试剂，并且能与过量的苯肼生成脎。单糖与苯肼的作用是一个重要的反应。糖脎有良好的结晶和一定的熔点，根据糖脎及单糖的形状和熔点可以鉴别不同的糖。果糖和葡萄糖结构不同但能形成相同的脎。虽然葡萄糖和果糖形成相同的脎，但是由于反应速度不同，析出糖脎的时间也不同，所以还是可以用这一反应加以区别和鉴定的。二糖由于两个单糖的结合方式不同，有的有还原性，有的则没有。麦芽糖、乳糖、纤维二糖等分子里有一个半缩醛基，属于还原糖，也能成脎。蔗糖分子里没有半缩醛结构，所以没有还原性，也不能成脎。淀粉和纤维素都是由很多葡萄糖缩合而成。葡萄糖以 $\alpha$－苷键连接形成淀粉；若以 $\beta$－苷键结合则形成纤维素。两者均无还原性。淀粉与碘生成蓝色，在酸或淀粉酶作用下水解生成葡萄糖。

## 实验思考

1. 甲基酮类化合物有明显的碘仿反应，为什么乙醇中加入碘与氢氧化钠也可发生碘仿反应？
2. 为什么对甲苯磺酰氯可区分伯胺、仲胺与叔胺？
3. 苯酚和有机羧酸可用什么试剂鉴别？

### 参考文献


1. 兰州大学，复旦大学．有机化学实验[M]（第二版）．北京：高等教育出版社，1994
2. 宋毛平，刘宏民，王敏灿．有机化学实验[M]（第一版）．北京：高等教育出版社，2004


# 实验四　化学实验室废液的简单处理

## 实验目的

（1）了解实验室废液的危害，增强环保意识；
（2）提高查阅文献资料的能力；
（3）掌握简单废液的处理方法，锻炼分析和解决实际问题的能力。

## 实验背景

实验室废液主要来自各科研单位实验研究室和高等院校的科研和教学实验室。实验室废液按污染程度可分为高浓度和低浓度实验室废液。高浓度实验室废液主要成分为液态的失效试剂（废洗液、废氰化钾、废有机溶剂等）、液态的实验废弃产物或中间产物（如各种有机溶剂、离心液、液体副产物等）以及各种洗涤液（产物或中间产物的高浓度洗涤液、仪器或器皿的润洗液和高浓度的洗涤液等）。

根据实验室废液中所含主要污染物性质，可以分为有机和无机及含病原微生物实验室废液三大类。无机废液主要含有重金属、重金属络合物、酸碱、氰化物、硫化物、卤素离子以及其他无机离子等；有机废液含有常用的有机溶剂、有机酸、醚类、多氯联苯、有机磷化合物、酚类、石油类、油脂类物质；含病原微生物废液主要来自医疗及生物实验室化验废液、解剖台冲洗废液、生物培养液、培养基和少量实验器具冲刷水、动物室笼具冲刷废液。这些废液中，含病原微生物废液和有机废液比无机废液污染的范围更广，带来的危害更严重。实验室废液处理的主要方法如下。

**1. 絮凝沉淀法**

此法适用于含重金属离子较多的无机实验室废液。当确定了废液的性质和沉降的特性后，选择合适的絮凝剂（石灰、铁盐、铝盐等），在弱碱性条件下，重金属离子可形成 $Mn(OH)_2$、$Fe(OH)_3$ 和 $Al(OH)_3$ 等絮胶状沉淀。其具有吸附作用，在去除重金属离子的同时，也可以除去一部分水中的其他污染物，降低废液的化学耗氧量（COD），提高废液的可生化性。

**2. 硫化物沉淀法**

此类方法是针对含有汞、铅、镉等金属比较多的实验室废液，一般是用 $Na_2S$ 或 NaHS 把废液中的重金属离子转变为难溶于水的金属硫化物，然后使其与 $Fe(OH)_3$ 共沉淀而分离除去。

将废液的 pH 值调到 8.0 ~ 10.0，再向废液中加入过量的硫化钠，使其生成硫化物沉淀，再加入 $FeSO_4$ 作为共沉淀剂，将水中悬浮的硫化汞、硫化铅、硫化镉微粒吸附而共沉淀，然后静置，过滤分离。

**3. 氧化还原中和沉淀法**

该法多适用于含有六价铬或具有还原性的有毒物质，如氰根离子等，以及一些金属的有机化合物。常规的处理方法是将废液经过氧化还原反应，使得毒性高的污染物转化成毒性低的物质，然后再经过混凝、沉淀将污染物从反应体系中除去。对于六价铬的废液，先把六价铬还原成三价铬，然后用沉淀剂将其沉淀除去。该反应中的还原剂常为铁粉、亚铁盐、亚硫酸氢盐或二氧化硫等，在 pH 值低于 3.0 的条件下进行反应，然后中和沉淀，将铬转化为难溶盐除去。当溶液中有氰根离子时，一般先在碱性条件下用氧化剂将其氧化成为 $N_2$ 和 $CO_2$。主要的方法有氯碱法、电解氧化法、普鲁士蓝法、臭氧氧化法。

**4. 活性炭吸附法**

活性炭吸附法多用于去除用生物法、化学法不能去除的呈溶解状态的微量有机物。

**5. 各类废液的具体处理方法**

（1）含重金属的无机废液处理　在废液中加入 $FeCl_3$ 或 $Fe_2(SO_4)_3$，并充分搅拌，然后用 $Ca(OH)_2$ 乳液调整 pH 值在 9 ~ 11（如果 pH 值过高，沉淀会再溶解），静置沉淀后，过滤并妥善保管好滤渣，滤液经检查确实不含重金属离子后，中性排放。

（2）含重金属的有机废液处理　将含重金属的有机类废液用氧化、吸附等适当的处理方法把有机物除去，然后将其作为无机类废液处理。

（3）含砷废液处理　废液中含砷量大时，加入 $Ca(OH)_2$ 溶液，调节 pH 值至 9.5 附近，充分搅拌，先沉淀分离一部分砷。在滤液中，再加入 $FeCl_3$，使其铁砷物质的量比达到 50，然后用碱调节 pH 值至 7 ~ 10 之间，并进行搅拌，放置一夜，然后过滤，保管好沉淀物。检查滤液不含砷时，中和后即可排放。此法可使砷的浓度降到 0.05μg/g 以下。除上述处理方法外，还有硫化物沉淀法（用盐酸酸化，然后用 $H_2S$ 或 NaHS 等试剂使之沉淀）及吸附法（用活性炭、活性矾土作吸附剂）。

（4）含氧化剂、还原剂的废液处理　首先查明各氧化剂和还原剂的性质，如果将其混合没有危险性时，即可边搅拌边分次少量加入的方法，混合两种废液，使之反应，待基本没有反应现象时，取少量反应液，调成酸性，用碘化钾 - 淀粉试纸进行检验。如果试纸变蓝时

(氧化剂过量)，调整 pH 值至 3，加入 $Na_2SO_3$(用 $Na_2S_2O_3$、$FeSO_4$ 也可以)溶液，至试纸不变色为止，充分搅拌，然后静置过夜；如果试纸不变色时(还原剂过量)，调整 pH 值至 3，加入 $H_2O_2$ 使试纸刚刚变色为止，然后加入少量 $Na_2SO_3$，然后静置过夜。不管哪一种情况，都要用碱将其中和至 pH 值为 7，并使其含盐浓度在 5% 以下，才可排放。

(5) 含一般有机溶剂的废液处理　一般有机溶剂是指醇类、酯类、有机酸、酮及醚等由 C、H、O 元素构成的物质。对此类废液中的可燃性物质，可用焚烧法处理。对难于燃烧的物质及可燃性物质的低浓度废液，则用溶剂萃取法、吸附法及氧化分解法处理。废液中含有重金属时，要保管好焚烧残渣。对易被生物分解的物质(即通过微生物的作用而容易分解的物质)，其稀溶液经用水稀释后，即可排放。

(6) 含有机磷的废液处理　此类废液包括：含磷酸、亚磷酸、硫代磷酸及磷酸酯类、磷化氢类以及磷系农药等物质的废液。浓度高的废液进行焚烧处理(因含难以燃烧的物质多，故可与可燃性物质混合进行焚烧)。浓度低的废液，经水解或溶剂萃取后，用吸附法进行处理。

(7) 含酚类物质的废液处理　此类废液包含有苯酚、甲酚、萘酚等。浓度大的可燃性物质，可用焚烧法处理。而浓度低的废液，则用吸附法、溶剂萃取法或氧化分解法处理。

(8) 含有天然及合成高分子化合物的废液处理　此类废液包括含有聚乙烯、聚乙烯醇、聚苯乙烯、聚二醇等合成高分子化合物，以及蛋白质、木质素、纤维素、淀粉、橡胶等天然高分子化合物的废液。含有可燃性物质的废液，用焚烧法处理。难以焚烧的物质及含水的低浓度废液，经浓缩后，将其焚烧。但对蛋白质、淀粉等易被微生物分解的物质，其稀溶液可不经处理即可排放。

(9) 含 N、S 及卤素类的有机废液处理　此类废液包含的物质有吡啶、喹啉、甲基吡啶、氨基酸、酰胺、二甲基甲酰胺、二硫化碳、硫醇、烷基硫、硫脲、硫酰胺、噻吩、二甲亚砜、氯仿、四氯化碳、氯乙烯类、氯苯类、酰卤化物和含 N、S、卤素的染料、农药、颜料及其中间体等。可燃性物质，用焚烧法处理。但必须采取措施除去由燃烧而产生的有害气体(如 $SO_2$、HCl、$NO_2$ 等)；难于燃烧的物质及低浓度的废液，用溶剂萃取法、吸附法及水解法进行处理。但对氨基酸等易被微生物分解的物质，经用水稀释后，即可排放。

(10) 含有酸、碱、氧化剂、还原剂及无机盐类的有机类废液处理　此类废液包括含有硫酸、盐酸、硝酸等酸类废液和氢氧化钠、碳酸钠、氨等碱类废液，以及含有过氧化氢、过氧化物等氧化剂与硫化物、联氨等还原剂的有机类废液。首先，按无机类废液的处理方法，把它分别加以中和，然后，若有机类物质浓度大时，用焚烧法处理(保管好残渣)。能分离出有机层和水层时，将有机层焚烧，对水层或其浓度低的废液，则用吸附法、溶剂萃取法或氧化分解法进行处理。易被微生物分解的物质，用水稀释后，即可排放。

## 实验要求

(1) 根据实验室产生的实验废液，设计实验室废液处理的实验方案(内容包括：实验目的、实验原理、实验仪器与试剂、实验步骤、预期的实验结果、实验中可能遇到的问题和对策、参考文献等)。

(2) 在实验之前，应做好充分的调查，充分调查和了解本次实验废液的主要成分，尤其要了解废液中是否有有毒、易燃、易爆的物质存在。

(3) 实验室废液处理完毕后，必须经过检验达到要求后，才能排放(相关要求查阅国家标准）。

（4）以研究报告形式提交实验报告。

## 实验指导

实验室废液的成分及数量稳定度低，种类繁多且浓度高。所以，实验室废液处理的危险性也相对较高，处理前要充分了解废液的来源及可能存在的成分，注意少数经由皮肤吸收而致毒的有害物质（如：氰类与酸混合会产生剧毒的氰酸、漂白水与酸混合会产生剧毒性之氯气或偏次氯酸、硫化物与酸混合会产生剧毒硫化氢气体），并且防止爆炸性物质的生成（如：叠氮化钠与铅或铜的混合、胺类与漂白水的混合、硝酸银与酒精的混合、次氯酸钙与酒精的混合、丙酮在碱性溶液中与氯仿的混合、硝酸与乙酸酐的混合）。

其他一些极容易产生过氧化物的废液（如：异丙醚）也应特别注意，因过氧化物极易因热、摩擦、冲击而引起爆炸，此类废液处理前应将其产生的过氧化物先行消除。

## 实验思考

1. 如何避免实验室废液对环境的破坏？
2. 你所在的学校对实验室废液是如何管理的？管理方法是否合理？

### 参考文献


1. 徐静年，苏建茹，郭奋．高校实验室污染不容忽视．实验技术与管理[J]，2005，22(11)：130～132
2. 吕明泉，焦书明．实验室常见有毒有害废液的危害及无害化处理．实验技术与管理[J]，2006，23(6)：123～125
3. 张奕，贺缨，程文涛．高校实验室废水处理及污染防治措施评价初探．环境科学与技术[J]，2006，29(08)：54～57
4. 蔡成翔，沈文闻，凌绍明．高校化学实验废水的处理．广西民族学院学报[J]，2001，11(7)：269～273
5. 解玉丽，邱洪森，孙宝真，沈洁．关于实验室废液处理的探讨．河南化工[J]，2010，27(5)：88～91


# 实验五　含铁污水的净化与铁含量的测定

## 实验目的

（1）了解间接测定铁的方法——催化动力学光度法；

（2）熟悉水样的预处理方法。

## 实验背景

铁是地球上含量最多的重金属之一。铁在地壳中的含量为5%～10%，地下水和地表水中含有相当数量的铁。铁以铁的硫化物、氧化物、有机物等多种状态存在于地壳中，经空气或微生物的作用，不断溶解进入水体。铁及其化合物均为低毒性和微毒性。含铁量高的水往往带黄色，有铁腥味，对水的外观也有影响。

在我国现行的《工业“三废”排放试行标准》中，铁的含量未作任何限制。含铁污水大多不经处理或只经简单的中和处理后，直接排入水体。尽管在中和时，部分铁形成难溶物，沉淀下来，但污水中还有大量的铁离子污染环境，随着低价铁离子($Fe^{2+}$)被氧化成高价铁离子($Fe^{3+}$)，水体中的溶解氧逐步下降，影响水生生物的生长，同时，由于大量沉淀物沉降到河底，影响底泥中微生物的生长，破坏了水体的生态平衡，甚至会造成难以挽回的生态破坏。

鉴于铁污染对水体的严重破坏性，一些国家在制定金属表面处理废水排放标准中，已专门增加了铁的排放标准，如联邦德国和意大利规定，废水中排放总铁不得超过 $2mg \cdot L^{-1}$；英国规定，总铁不得超过 $5mg \cdot L^{-1}$；新加坡制定的通用排放标准：排入公共下水道不得超过 $50mg \cdot L^{-1}$、排入河道不得超过 $20mg \cdot L^{-1}$、排入控制河道不得超过 $1mg \cdot L^{-1}$。

**1. 含铁污水的主要来源**

冷轧过程中产生的含铁污水，含有大量的 $Fe^{2+}$、$Fe^{3+}$、$H^{+}$ 以及少量的重金属离子等，污水中存在的溶解性铁离子造成水体中的溶解氧迅速降低，呈赤橙色且浑浊，会对环境造成严重污染。

铁矿、铁器生产工业含铁污水，尤其是含铁的酸性矿井污水，会造成江河、土壤和大气等自然环境的严重污染，给人体及动植物带来不利的影响。在开采黄铁矿时，从矿山排出的污水中含有 $Fe^{2+}$ $1000 \sim 2000mg \cdot L^{-1}$。

铁件电镀等行业，为了除去金属表面氧化物，使之便于进一步加工处理，通常用强酸(盐酸、硫酸、硝酸、氢氟酸等)对钢铁进行酸洗。每酸洗 1t 钢材，约产生 55 ~ 72kg 废液，内含 3 ~ 4kg 铁。

**2. 含铁污水的处理方法**

含铁污水中存在的可溶性铁，除二价铁和三价铁以外，还有胶态的无机络合物或有机络合物存在。不溶性铁有氢氧化铁、磷酸铁等无机形态，或者以铁的有机结合态存在。

目前，酸性含铁废水的处理方法主要有膜分离电解氧化法、电渗析法、氧化涡流法、曝气絮凝法、中和曝气后污泥循环接触除铁法等。

(1) 中和曝气絮凝法　中和曝气絮凝法是一种传统的工艺，已被广泛地应用于生产中。

采用中和曝气和二级沉淀处理工艺，电石渣浆作为调节酸性物质的中和剂。工艺流程：污水进预曝池和曝气调节池，通过曝气，将 $Fe^{2+}$ 氧化成 $Fe^{3+}$，同时起到搅拌、均匀水质的作用；经曝气调节处理后的水进入混合池，在混合池内投加纯碱和聚合三氯化铝(PAC)，去除水中的悬浮固体、胶体粒子、硅化合物、有机物和铁离子，同时适当调节污水中的 pH 值；经混合池处理后的水进入絮凝反应池，在反应池加入絮凝剂聚丙烯酰胺(PAM)使污水中的 $Fe^{3+}$ 更好地形成絮凝体；经絮凝反应池理后的出水进入沉淀池，大颗粒絮凝体在沉淀池中沉淀分离；清液进入二次混凝池；二次混凝后的水进入过滤池，过滤池采用石英砂滤料，滤料将水中未沉淀的微小悬浮颗粒截留，过滤池的出水自流排放。

(2) 石灰中和沉淀法　工业上常采用石灰中和沉淀法分离废水中的铁离子，这种方法操作简单、成本低、周期短，是比较常用的含铁废水处理方法。处理酸性含铁废水，通常是在氢氧化铁沉淀槽里，边加入石灰调节 pH 值，边吹入空气，二价铁被氧化成氢氧化铁沉淀除去。

氧化 $Fe^{2+}$ 不仅可以利用空气，而且也可以使用氧化氮来氧化 $Fe^{2+}$，使用氧化氮氧化的方法是把氨氧化成氧化氮，与空气一同吹入进行氧化，还可以使用细菌等氧化手段。

通过石灰沉淀法处理后，铁离子浓度小于 $0.5mg \cdot L^{-1}$，pH 值为 6.8。由于处理过程中要用到过量的石灰，生成的氢氧化铁(亚铁)沉淀中含有石灰石、未反应的熟石灰以及氯化钙母液，含铁量较低，铁渣达不到炼铁原料的工业要求。因此，有人研究了一种提高沉淀渣铁含量的分段沉淀法，采用沉淀渣的循环投料，并控制不同的 pH 值范围分段沉淀，此法使铁含量达到了 61.2%。

但是石灰具有很强的腐蚀性，过量投加会导致出水 pH 值过高，操作工艺繁琐。因此，有人研究了应用氢氧化镁代替石灰的方法。氢氧化镁具有活性大、吸附能力强、无腐蚀性、无毒、无害、易于泵送和储存、便于安全操作、处理强酸性废水后 pH 值一般不超过 9 等优点，可应用于印染废水脱色、除磷脱氮、去除重金属等方面。采用氢氧化镁处理冷轧工业废水，可同时除去水中的 $Zn^{2+}$、$Cr^{3+}$、$Fe^{2+}$、$Fe^{3+}$ 等重金属离子以及油和悬浮物等。

(3) 微生物法　用微生物吸附 $Zn^{2+}$、$Cr^{3+}$、$Fe^{2+}$、$Fe^{3+}$ 等重金属离子已有研究，此方法具有物理法、化学法不可比拟的优点，特别是在重金属的浓度为 $10\sim100mg\cdot L^{-1}$时，比物理、化学的方法更有效且经济。通过对生物膜菌体在铁环境下的驯化、纯化，筛选出在铁极限浓度下有耐受能力的菌株，并用筛选出的优势菌育生物膜处理含铁污水，可收到较好的效果。

(4) 其他方法　回收钕铁硼废料中的钕，主要是利用硫酸复盐法把钕元素以复盐形式析出，然后再经过灼烧得到氧化钕。在这个过程中产生了含铁丰富的污水，铁主要以硫酸亚铁的形式存在。硫酸亚铁在日常生产生活中是非常重要的工业原料，广泛应用于农药、肥料、饲料及颜料、催化剂、净化剂、消毒剂、磁性材料原料等。经过过滤、浓缩、结晶以及重结晶等过程后可以得到纯度比较高的硫酸亚铁(其纯度可用高锰酸钾滴定法测定)。

某些地方的地下水中含铁量较高，故生活用水需要除铁净水装置净化，一般采取接触氧化法除铁工艺，采用锰砂滤料进行过滤。随着生活用水的大量增加，对天然锰砂的需求量日益增加，加之锰砂价格昂贵，产地较远，运输困难，越来越不能满足生活用水的需要，有人用河沙代替锰砂滤料，也取得了较好的除铁效果。

**3. 含铁污水中铁含量的分析方法**

(1) EDTA 滴定法　EDTA 滴定方法主要有以下 4 种：

① 直接滴定。即用标准 EDTA 溶液直接滴定金属离子，以一适当指示剂确定终点。$Me^{n+}+H_2Y_2^{-}\longrightarrow MeY^{(n-4)}+H^+$(与金属离子化合价无关，均以 1∶1 的关系络合)。由于反应过程释出 $H^+$，须使用缓冲溶液以维持 pH 值恒定。对在控制 pH 值下易水解的金属，还须加入辅助络合剂以抑制之。

② 返滴定。对某些金属，容易水解或与 EDTA 络合缓慢，或者没有适于直接滴定的指示剂，可加入过量 EDTA，然后用一适当金属回滴。

$M^{n+}+H_2Y_2^{-}$(定量过量)$\longrightarrow MY^{-(n-4)}+H^+$、$H_2Y_2^{-}$(剩余)$+N^{2+}\longrightarrow NY_2^{-}+2H^+$

③ 置换滴定。若待测金属 $M_I$能参与置换反应：$M_I^{n+}+M_{II}Y\longrightarrow M_IY+M_{II}^{n+}$，且各稳定常数值符合 $M_IY>M_{II}Y>10^8$，则 $M_I$可定量地置换，然后用 EDTA 滴定，从而间接求出 $M_I$。另一种置换滴定法是用一种比 EDTA 更强的络合剂 HnZ 置换 M－EDTA 络合物中的 EDTA，用 $M_I$滴定 EDTA。

④ 间接滴定。主要用于滴定那些与 EDTA 弱络合的阳离子，或不与 EDTA 络合的阴离子。例如，在适宜条件下，加入一定量的过量的铋盐沉淀磷酸根为磷酸盐，然后用 EDTA 滴定过量的铋而间接测得磷。

络合滴定使用的指示剂多为金属指示剂。这些金属指示剂必须要与金属络合后呈相当深的颜色，络合物的 $\lg K>5$ 才有足够的灵敏度；指示剂络合物的稳定性要比 EDTA 络合物的稳定性低约 3 个 $\lg K$ 单位，终点才敏锐。

此外，在同一 pH 值下，游离指示剂与指示剂络合物要有显著不同的颜色。金属指示剂中能产生荧光的称为金属荧光指示剂。也可以使用仪器确定终点，如电位分析法、库仑滴定法、安培滴定法、分光光度滴定法等，既可提高灵敏度和准确度，也可用于测定微量元素。

（2）催化动力学光度法　催化动力学光度法由于灵敏度高、选择性好，且操作简便、仪器价廉等优点广泛应用于痕量分析。

在酸性介质中，$KIO_4$ 可以氧化紫脲酸胺（MX）发生褪色反应，而 $Fe^{3+}$ 对此反应具有明显的催化效应，催化程度的大小与 $Fe^{3+}$ 的浓度在一定范围内成线性关系。所以可用催化动力学光度法间接测定水中的痕量 $Fe^{3+}$。

（3）分光光度计比浊法　一些含铁污水中金属铁离子含量极少，测定其含量不能用普通分析常用的重量法和滴定法，而传统的目视比浊法不能得到精确的数据，且带有个人主观性，只适用于粗略分析，无法用于精确的科学研究中。根据目视比浊法的原理，可以采用分光光度计比浊法来测定含铁污水中铁的含量，此法可以得到更精确的数据，灵敏度高、重现性好、操作简便，可以作为测定痕量铁含量的通用方法。

## 实验要求

（1）根据可收集到的含铁污水（也可以是实验室的含铁废液）情况，设计含铁污水的净化与铁含量的测定的实验方案。内容包括：实验目的、实验原理、实验仪器与试剂、实验步骤、预期的实验结果、参考文献等。

（2）净化效果要达到铁含量在 $1mg \cdot L^{-1}$ 以下。

（3）以小论文形式提交设计报告。

## 实验指导

（1）应用沉淀方法净化含铁污水中的铁，必须保证 $Fe^{2+}$ 全部转化为 $Fe^{3+}$。

（2）根据实验处理的含铁污水的具体情况，选择合适的过滤滤料。

（3）EDTA 滴定法

① 水样的处理：对于不含悬浮物、低色度的无色透明水样，可准确移取含铁量约为 5 ~ 50mg 的水样于 250mL 锥形瓶中，加去离子水至约 100mL，加 5mL 浓 $HNO_3$、2mL$H_2O_2$，加热煮沸至剩余溶液约为 70mL 左右，使 $Fe^{2+}$ 全部被氧化为 $Fe^{3+}$。冷却后用去离子水稀释至 100mL。而对浑浊、色度较深的水样，先加浓 $H_2SO_4$ 和浓 $HNO_3$ 消解，再用 $H_2O_2$ 氧化。水样须加热消解至冒白烟且试液呈透明状，冷却后用去离子水稀释至 100mL。

② 样品测定：将上述预处理后的试液加热至 50 ~ 80℃，加入 110mL $N$ – 苯甲酰羟胺指示剂溶液，摇匀后用 EDTA 标准溶液滴定至深紫色变浅，滴加乙酸钠饱和溶液至 pH = 1.5 ~ 2.5（产生沉淀时滴加 1∶5 稀盐酸至沉淀刚溶解，必要时先用 1∶1 氨水中和，再用乙酸钠饱和溶液调节），继续用 EDTA 标准溶液滴至紫色消失并出现黄色即为终点。

③ 数据处理：根据下式计算水样中铁的质量浓度［$\rho/(mg \cdot L^{-1})$］

$$\rho(\mathrm{Fe}) = cV \times 10^3 \times M_{(\mathrm{Fe})}/V_{水}$$

式中：$c$ 为 EDTA 标准溶液的浓度，$mol \cdot L^{-1}$；$V$ 为滴定时消耗 EDTA 的体积，mL；$M_{(\mathrm{Fe})}$ 为 Fe 的相对原子质量；$V_{水}$ 为移取水样的体积，mL。

（4）催化动力学光度法实验关键

① 吸收波长扫描：用分光光度计分别作紫脲酸铵（MX）、$KIO_4-MX$、$Fe^{3+}-KIO_4-MX$（HAc）的波长扫描，得到体系溶液的吸收光谱图，其中吸光度最大处所对应的波长即为测定波长。

②实验条件选择：反应介质的选择及用量影响、试剂用量的影响、反应温度及加热时间的选择。

③标准曲线的绘制：分别取系列 $Fe^{3+}$ 标准溶液，在最佳反应条件下进行催化褪色反应，依次测定其吸光度值，同时做空白实验，以吸光度的降低值为纵坐标，$Fe^{3+}$ 的浓度为横坐标绘制标准曲线。方法如下：依次分别在两支 25mL 比色管中加入 1.5mL 1.0mg·$mL^{-1}$MX 溶液，一支加入适量铁标准溶液，一支不加（空白），再分别准确加入 0.8mL 2.0mol·$mL^{-1}$ HAc 溶液。加少量水摇均匀后，再加入 1.0mL 0.01mol·$L^{-1}$ $KIO_4$溶液，加水定容，摇匀。在 60℃水浴中加热 20min 取出，用流水冷却至室温。用 1cm 比色皿于最大吸收波长处分别测定催化反应的吸光度 $A$（试液）和非催化反应的吸光度 $A_0$（空白），计算 $\Delta A=A_0-A$。

④样品预处理与测定：根据实际样品性质，对样品进行测定前处理，然后按照上述实验方法进行测定。

⑤数据处理：根据标准曲线的线性方程计算样品中 $Fe^{3+}$ 的含量。

（5）采用 EDTA 滴定 $Fe^{3+}$ 时，$N$－苯甲酰羟胺作指示剂终点更为明显，实验效果较为理想。

（6）$Fe^{3+}$ 与 EDTA 虽能生成稳定的配合物（$\lg K=25.10$），但其反应速度较慢，滴定必须在加热下进行。

（7）用 $N$－苯甲酰羟胺作指示剂时，体系酸度对实验具有较大影响，适宜的酸度为 pH＝1.5～2.5，可用乙酸钠饱和溶液和稀盐酸调节。

（8）可加热分解而除去过量的 $H_2O_2$，避免影响其酸度的调节。

（9）本体系在 HAc 介质中反应实验效果较为理想。

（10）温度和反应时间对体系的测定影响明显，催化反应随反应温度的升高而加快，非催化反应在 60℃ 以下受温度影响较小。

## 实验思考

1. 用催化光度法测定时为什么要对实验条件进行选择？
2. 催化光度法与光度法在原理上有什么不同？

### 参考文献

1. 国家环保总局《水和废水监测分析方法》编委会．水和废水监测分析方法［M］（第四版）．北京：国家环境科学出版社，2002
2. 武汉大学．分析化学实验［M］．北京：高等教育出版社，1985
3. 瞿建国，张晓旗，夏曙演．高浓度酸性含铁废水处理的试验研究．上海环境科学［J］，2001，20(6)：441～443
4. 何文杰，韩宏大．酸性含铁废水处理回用研究．中国给水排水［J］，1994，10(2)：51～53
5. 邢富强，刘学．新型螯合剂的研制与应用．印染助剂［J］，2006，23(6)：43～46
6. 金向军，李小平，梅泽民．曼尼西反应机理的研究．辽松学刊［J］，2002，2(1)：51～52
7. 魏燕，赵梅．磺基水杨酸显色分光光度法测定螯合剂螯合铁能力的研究．清洗世界［J］，2009，25(3)：23～25

8. 杨诺，刘建. 胺接枝絮凝剂的制备及螯合铁性能的研究. 应用化工[J]，2010，39(12)：1802~1806
9. 邵水源. 水中痕量铁测定方法的研究. 西安科技学院学报[J]，2002，3：288~290
10. 王瑞斌，刘步明，王高祥. N-苯甲酰羟胺-EDTA 无汞滴定法快速测定铁矿石中全铁. 科学技术与工程[J]，2007，7(2)：236~238
11. 王瑞斌. 盐酸羟胺-重铬酸钾无汞滴定法测定铁矿石中铁. 冶金分析[J]，2005，25(6)：89~90
12. 王瑞斌，刘步明，王高祥. EDTA 无汞无铬滴定法快速测定废水中铁含量研究. 化学试剂[J]，2007，29(9)：551~552
13. 黄晓东，叶桂英，吴冷贞. 催化动力学光度法测定痕量铁的综述. 福州师专学报[J]，1998，18(2)：274~276

# 实验六　蛋壳中钙含量的测定

## 实验目的

（1）通过测定蛋壳中的钙含量，为蛋壳的开发利用提供理论依据；

（2）掌握蛋壳中钙含量的各种测定方法。

## 实验背景

钙是人体内的一种常量元素，它对人的各种生理活动具有重要作用。当前，由于人们在阳光下活动的减少和饮食结构的改变，缺钙现象非常严重。

各种蛋壳的主要成分为 $CaCO_3$，另外含有少量的有机物、P、Mg、Fe 及微量 Si、Al、Ba 等元素；其含量为：$CaCO_3$ 93%、$MgCO_3$ 1.0%、$Mg_3(PO_3)_2$ 2.8%、有机物 3.2%。钙是蛋壳的主要成分，蛋壳是钙的一种良好来源，因此，对其进行开发利用，加工成为补钙食品或药品，可以大大提高经济效益，减少环境污染，具有重要的经济意义和社会意义。

蛋壳中钙含量的测定方法较多，主要包括：配位滴定法、酸碱滴定法、高锰酸钾滴定法、原子吸收法等；常见的蛋壳预处理方法有：干式灰化法（干法）、湿式消化法（湿法）、直接酸溶法等。

**1. 配位滴定法**

以铬黑 T 为指示剂的 EDTA 方法，其原理如下：

$$Na_2[H_2Y] + Ca^{2+} \longrightarrow Ca[H_2Y] + 2Na^+$$

EDTA 二钠　　　　EDTA 钙配合物

（无色）　　　　（无色）

EDTA（乙二胺四乙酸）的二钠盐在用氨水-氯化铵缓冲液控制 pH 值为 10 的条件下，能与水中钙盐生成稳定的无色可溶性的配合物。铬黑 T 指示剂与水中钙盐结合形成酒红色的铬黑 T 钙配合物。

$$Ca^{2+} + H_2T \longrightarrow CaT + 2H^+$$

铬黑 T　　　　铬黑 T 钙

（蓝色）　　　　（酒红色）

由于 EDTA 与钙配合能力较铬黑 T 强，故 EDTA 把溶液中钙配合完毕后，才与铬黑 T 钙配合物中的钙配合，使溶液由酒红色变为纯蓝色。

$$2H^+ + 2Na_2[H_2Y] + CaT + Ca^{2+} \longrightarrow 2Ca[H_2Y] + H_2T + 4Na^+$$

（无色）　　（酒红色）　　（无色）（蓝色）

**2. 酸碱滴定法**

蛋壳中的碳酸盐能与 HCl 发生如下反应：

$$CaCO_3 + 2H^+ \longrightarrow Ca^{2+} + CO_2\uparrow + H_2O$$

过量的酸可用标准 NaOH 回滴，根据与 $CaCO_3$反应的标准盐酸体积，可求得蛋壳中的钙含量。

**3. 高锰酸钾法**

利用蛋壳中的 $Ca^{2+}$ 与草酸盐形成难溶的草酸盐沉淀，将沉淀过滤洗涤分离后溶解，用高锰酸钾法测定 $C_2O_4{}^{2-}$ 含量，可计算出 CaO 的含量，反应如下：

$$Ca^{2+} + C_2O_4{}^{2-} = CaC_2O_4\downarrow$$

$$CaC_2O_4 + H_2SO_4 = CaSO_4 + H_2C_2O_4$$

$$5H_2C_2O_4 + 2MnO_4{}^- + 6H^+ = 2Mn^{2+} + 10CO_2\downarrow + 8H_2O$$

某些金属离子（$Ba^{2+}$、$Sr^{2+}$、$Mg^{2+}$、$Pb^{2+}$、$Cd^{2+}$等）与 $C_2O_4^{2-}$ 能形成沉淀，对测定 $Ca^{2+}$ 有干扰。

## 实验要求

（1）查阅资料，设计并写出两种测定蛋壳中钙含量的实验方案。

（2）以研究报告形式提交探究结果。

## 实验指导

（1）配位滴定法实验关键

①0.01mol·$L^{-1}$的 $Zn^{2+}$ 标准溶液的配制：准确称量 0.2034g ZnO 于烧杯中，用 2、3 滴水润湿，然后加入 2～3mL 6mol·$L^{-1}$的 HCl 溶液，使 ZnO 全部溶解后定量地转移到 250mL 容量瓶中，定容。

②0.02mol·$L^{-1}$的 EDTA 标准溶液的配制和标定：称取 3.75 g 的 EDTA 二钠盐固体，用适量的水温热溶解，冷却后转移到试剂瓶中稀释至 500mL。

用移液管移取 25.00mL 的 $Zn^{2+}$ 标准溶液于 250mL 锥形瓶中，加 1 滴甲基红，用氨水中和 $Zn^{2+}$ 标准溶液中的 HCl，溶液由红变黄即可。加 20mL 水和 10mL $NH_3-NH_4Cl$ 缓冲溶液，再加 3 滴铬黑 T 指示剂，用 EDTA 标准溶液进行滴定，滴定至溶液由红色变为蓝色即为终点。平行滴定 3 次。

③鸡蛋壳的预处理：将蛋壳洗干净，在水中煮沸 5～10min，去除内表层的蛋白质膜，置于烘箱中，于 105℃ 烘干，研成粉末，储存于称量瓶中，放入干燥器内。

④鸡蛋壳中钙含量的测定：用减重法称取 0.4000～0.5000g 的鸡蛋壳粉末于 250mL 的锥形瓶中，加入 10mL 水，加入 4～5mL 的 1mol·$L^{-1}$的 HCl，待完全溶解后，加入 10mL 的 0.1mol·$L^{-1}$的 NaOH 溶液，滴入 1～2 滴的钙指示剂，用 EDTA 标准溶液滴定，滴定至溶液由酒红色变为蓝色即为终点。平行滴定 3 次。

⑤数据处理：计算钙含量。

（2）酸碱滴定法实验关键

①标定 0.1mol·$L^{-1}$NaOH 和 0.1mol·$L^{-1}$HCl 溶液：先用基准物 $Na_2CO_3$标定 HCl 溶液，再用该 HCl 标定待测 NaOH 溶液。

②蛋壳中 CaO 含量的测定：通过计算得出应准确称取经预处理的蛋壳 0.1g 左右，于 3 个 250mL 锥形瓶内，用酸式滴定管逐滴加入已标定好的 HCl 标准溶液 40mL 左右(需精确读数)，小火加热，并放置 30min，使其完全溶解，此时若有泡沫生成，则加入几滴 95% 无水乙醇，泡沫即可消失。然后加甲基橙指示剂 1 ~ 2 滴，以 NaOH 标准溶液回滴至橙黄色，即为终点，平行滴定 3 次。

③数据处理：计算钙含量。

（3）高锰酸钾法实验关键

①确定称取蛋壳的量：根据蛋壳中钙的含量，拟定蛋壳称量范围的试验方案。

②蛋壳的预处理：先将蛋壳洗净，加水煮沸 5 ~ 10min，去除蛋壳内表层的蛋白薄膜，然后把蛋壳放于烧杯中用烘箱 105℃ 烘干，研成粉末，储存于称量瓶中，放干燥器内备用。

③蛋壳中钙含量的测定：通过计算得处应准确称取 0.10 ~ 0.15g 蛋壳粉三份，分别放在 250mL 烧杯中，加 1∶1 HCl 3mL，加 $H_2O$ 20mL，加热溶解，若有不溶解蛋白质，可过滤之。滤液置于烧杯中，然后加入 5% 草酸铵溶液 50mL，若出现沉淀，再滴加浓 HCl 使至溶解，然后水浴加热至 70 ~ 80℃，加入 2 ~ 3 滴甲基橙，溶液呈红色，逐滴加入 10% 氨水，不断搅拌，直至变黄并有氨味逸出为止。将溶液放置陈化(或在水浴上加热 30min 陈化)，沉淀经过滤洗涤，直至无 $Cl^-$。然后，将带有沉淀的滤纸铺在先前用来进行沉淀的烧杯内壁上，用 1mol · $L^{-1}$ $H_2SO_4$ 50mL 把沉淀由滤纸洗入烧杯中，再用洗瓶吹洗 1 ~ 2 次。然后，稀释溶液至体积约为 100mL，加热至 70 ~ 80℃，用 $KMnO_4$ 标准溶液滴定至溶液呈浅红色为终点，30 s 内不消失为止。

④计算 CaO 的质量分数。

（4）由于溶解蛋壳时酸较稀，溶解时需要加热一定的时间，该时间和温度应适当，否则，温度过高、时间过长，都可能造成 HCl 物质的量的减少而导致误差。

（5）蛋壳在预处理时，一定要研细且均匀。

（6）先粗略确定蛋壳粉中钙含量，再估计蛋壳粉的称量范围。

（7）加入 95% 乙醇可以消除蛋壳粉溶解和稀释时的泡沫，同时可以使蛋白质变性，形成固体。

（8）蛋壳中钙主要以 $CaCO_3$ 形式存在，同时也有 $MgCO_3$，因此以 CaO 含量表示 Ca 与 Mg 总量。

（9）由于酸较稀，溶解时需加热一定时间，试样中有不溶物，如蛋白质之类，但不影响测定。

（10）在三次平行滴定时，最好每次滴定都从 0.00mL 开始，这样可以减小滴定误差。

## 实验思考

1. 如用酸碱滴定法测定时，能否使用酚酞指示剂？
2. 用高锰酸钾法测定时，可用碱式滴定管吗？

### 参考文献


1. 成都科技大学分析教研组，浙江大学分析教研组编．分析化学实验(第二版)[M]．高等教育出版社，1988
2. 周其镇，方国女，樊行雪．大学基础化学实验[M]．北京：化学工业出版社，2000
3. 廉波，谢定北．鸡蛋壳中钙含量三种测定方法比较的研究．牡丹江师范学院学报[J]，2000，4：17 ~ 18

4. 张振英，解从霞．蛋壳中钙镁含量的测定．内蒙古石油化工[J]，2006，11：15～16
5. 张建忠，汪久根，马家驹等．鸡蛋壳研究的现状与进展．功能材料[J]，2005，36(4)：503～506
6. 孙彩云，刘端，安志达．鸡蛋壳中钙镁含量的测定．唐山师范学院学报[J]，2009，31(2)：28～30
7. 程春萍，张丽娜．连续滴定法测定蛋壳中钙、镁离子的含量．内蒙古石油化工[J]，2010，8：35～36
8. 黄宝美，向静，曾玉婷等．设计性实验与创新型人才培养的研究与探索——以蛋壳中钙含量的测定为例．绵阳师范学院学报[J]，2009，28(2)：152～154

# 实验七　从含碘废液中回收碘并制取碘化钾

## 实验目的

（1）应用碘的性质研究碘化钾的制备方法；
（2）探究含碘废液回收碘的最佳方法。

## 实验背景

碘是人类必需的微量元素，如果人体内缺乏碘，就会引起甲状腺肿大等疾病。碘也是制备无机和有机碘化物的基本原料，在医药和工业中有非常广泛的用途。目前制备碘的资源有限，工业上主要从海水中制备碘，其制取工艺复杂，成本较高。

化学实验中应用碘的实验很多，碘和碘化钾是实验室中重要的化学试剂，用途广泛，消耗量大。分析化学中硫代硫酸钠的标定及硫酸铜含量的测定实验都要用到碘和碘化钾，这些废液中碘的含量远高于海水及海带，若直接排放，不仅会对环境造成较大污染，也会造成严重的资源浪费。随着市场上碘的价格上涨，从废液中回收碘变得越来越具有经济价值。

**1. 碘**

碘微溶于水，溶液呈棕色，其溶解度随温度升高而增加，难溶于硫酸，易溶于乙醚、乙醇、氯仿、四氯化碳等有机溶剂，更易溶于氢碘酸和碘化钾等碘化物溶液形成多碘离子，溶液呈深褐色。

**2. 碘化钾**

碘化钾是无色或白色结晶，固体状态比较稳定，在空气中久置或见光，将析出游离碘而变黄。碘化钾易溶于水，水溶液更易分解。当有重金属、铁等杂质存在时，会显著分解。

碘化钾是制备碘化物和染料的原料，用于感光乳化剂、食品添加剂。在医药上碘化钾做祛痰剂、利尿剂、甲状腺肿防止剂和甲状腺机能亢进手术前用药。碘化钾也是碘及某些难溶金属碘化物的助溶剂。同时还用作分析试剂，常用于色层分析和点滴分析。

**3. 实验原理**

（1）碘的回收　实验室含碘废液中碘的存在形式主要为 $I^-$ 和 $I_2$，对于含 $I_2$ 的废液在加入 $Na_2S_2O_3$ 后即可转化为 $I^-$，在 $I^-$ 废液中加入 $Cu^{2+}$ 和 $Na_2S_2O_3$ 可将废液中的 $I^-$ 和 $I_2$ 沉淀成 CuI 沉淀。

$$Cu^{2+} + 2I^- + 2S_2O_3{}^{2-} \longrightarrow 2CuI\downarrow + S_4O_6{}^{2-}$$

反应的平衡常数：$K^{\ominus} = 1.78 \times 10^{26}$。反应的平衡常数很大，在 $Cu^{2+}$ 稍过量的情况下，几乎可将废液中的 $I^-$ 全部沉淀出来。

生成的 CuI 在酸性介质中用 $FeCl_3$ 氧化，即可生成单质碘：

$$2CuI + 4Fe^{3+} \longrightarrow 4Fe^{2+} + 2Cu^{2+} + I_2 \downarrow$$

该反应的平衡常数：$K^{\ominus} = 5.40 \times 10^4$。反应的平衡常数不是很大，但加入过量的 $FeCl_3$，在加热的情况下可将 CuI 全部氧化，利用碘易升华和在水中溶解度小的特性可分离出碘。

（2）碘化钾的制备

制法 1：用单质碘和金属铁合成碘化铁，再用碳酸钾分解，即可制得碘化钾：

$$3Fe + 4I_2 \longrightarrow Fe_3I_8$$

$$Fe_3I_8 + 4K_2CO_3 \longrightarrow 8KI + Fe_3O_4 + 4CO_2 \uparrow$$

此法看似简单，铁屑也便宜，但由于铁常含有 Cu、Pb 等重金属杂质，需增加除去这些杂质的工序。另外 $Fe_3O_4$ 的组成比较复杂，有时呈胶体状态，不易滤净而影响质量。

制法 2：以碘为原料，在 KOH 溶液中，碘歧化分解为碘化钾和碘酸钾。然后用硫化氢或双氧水还原碘酸钾为碘化钾。

①用硫化氢作还原剂。首先将碘溶于 KOH 溶液中，使其发生歧化分解，然后通入 $H_2S$ 直至饱和，还原 $KIO_3$，反应式如下：

$$6KOH + 3I_2 \longrightarrow 5KI + KIO_3 + 3H_2O$$

$$3H_2S + KIO_3 \longrightarrow KI + 3S \downarrow + 3H_2O$$

所得溶液用硫酸酸化后，置水浴上加热，除尽硫化氢气体。然后加入碳酸钡，沉淀除去 $SO_4^{2-}$，合并滤液和洗涤液，蒸发至析出结晶，结晶经干燥得成品。

②用过氧化氢作还原剂。将 $I_2$ 溶于 KOH 溶于水中，使其发生歧化分解，然后在常温下缓慢加入过氧化氢溶液，还原 $KIO_3$，其反应如下：

$$6KOH + 3I_2 \longrightarrow 5KI + KIO_3 + 3H_2O$$

$$KIO_3 + 3H_2O_2 \longrightarrow KI + 3O_2 \uparrow + 3H_2O$$

稍待片刻，再加入过氧化氢溶液，直到碘全部反应为止(溶液由红色逐渐变到黄色)。然后加入适量活性炭和氢氧化钡或碳酸钡除去 $SO_4^{2-}$，精制后得成品。

用硫化氢作还原剂需采取措施，防止硫化氢气体逸出；用过氧化氢作还原剂比较省事，但成本较高一些。

如果用氢碘酸(HI)作原料，可以很方便地和 KOH 或 $K_2CO_3$ 合成碘化钾。不过这是本末倒置，因为氢碘酸是由碘制得的，成本高。偶而采取此法时，则需事先蒸馏氢碘酸，除去氯离子($Cl^-$)，一经生成碘化钾后，氯离子就不容易除去了。

## 实验要求

（1）设计从含碘废液中回收碘并制取碘化钾的实验方案(内容要求参见实验一)。

（2）回收的碘和制取的碘化钾的纯度应达到 95% 以上。

（3）以研究报告的形式提交实验报告(内容要求参见实验一)。

## 实验指导

**1. 碘的回收**

（1）在碘的回收实验中，由于废液中含有大量的水，操作不便，所以加热浓缩废液到最初体积的 5% ~10% 。

（2）在向浓缩后的废液中加入稍过量的 $FeCl_3$ 固体时，有大量的固体碘析出，应等待一段时间后再过滤。

（3）过滤得到的粗碘需要精制，可采用升华提纯法。

（4）过滤之后的溶液中仍然含有碘，可考虑用乙醚－四氯化碳的混合溶剂进行萃取。

**2. 碘化钾的制备**

（1）在烧瓶中放入铁屑(或用铁粉代替)及水，搅拌下分次少量加入制得的碘。

（2）可将混合物稍微加热至碘完全溶解，溶液呈深黄色或绿色。

（3）静止一段时间，滤去铁后将溶液加热至沸，分批加入 $K_2CO_3$ 固体，边加边搅动。此时反应放出大量气体，并产生 $Fe_3O_4$ 棕色沉淀。

（4）重结晶，可得到白色 KI 晶体。

## 实验思考

1. 实验中如何减少碘的损失，提高产率？
2. 你所选择的方法与其他方法相比较，有何优缺点？

### 参考文献


1. 成都科学技术大学分析化学教研组．分析化学实验[M](第二版)．北京：高等教育出版社，1989
2. 赵桦萍，侯近龙，白丽明．碘量法测铜废液中碘的回收．化工时刊[J]，2003，17(9)：47～48
3. 陈清艳．含碘废液的回收利用．江西化工[J]．2003，(2)：79～81
4. 吕俊芳，刘启瑞，郑国柱，唐浩英．含碘废液中碘的含量测定与回收．延安大学学报[J]（自然科学版），2000，19(1)：57～60
5. 陈小利，吕俊芳，师海龙，吴静．化学反应速度和活化能实验废液中碘的快速回收及测定．延安大学学报[J]（自然科学版)．2004，23(4)：47～49
6. 孟会娟，邓朝丽．用离子交换法处理实验室含碘废液．广西师范大学学报[J]，2002，化学专辑：31～33


# 实验八　由铜废液制备碱式碳酸铜及最佳条件探究

## 实验目的

（1）熟悉碱式碳酸铜的制备方法；

（2）学习最佳制备条件的探究方法。

## 实验背景

碱式碳酸铜，俗称铜绿，单斜晶系，孔雀绿色，无定形粉末；密度为 3.9～4.039 $g\cdot cm^{-3}$，不溶于冷水和醇，溶于酸并形成相应的铜盐；溶于氰化物、氢氧化钠、铵盐及碱金属碳酸盐的水溶液从而形成铜的配合物；在碱金属碳酸盐溶液中煮沸时，生成褐色氧化铜；在200℃下分解成黑色氧化铜；在硫化氢气氛中不稳定。碱式碳酸铜按 $CuO:CO_2:H_2O$ 的比值不同而存在十几种形式的化合物。

碱式碳酸铜的用途非常广泛，在无机盐工业中用于制备各种铜化合物，在有机工业中用作有机合成的催化剂，在电镀铜锡合金工业中用作铜的添加剂，可用作分析试剂，可用于烟火制造、颜料、电子陶瓷以及农作物黑穗病的防止剂和原油储存时的脱碱剂等。也用于木材防腐剂、水体杀藻剂、农作物杀真菌剂和饲料添加剂。

**1. 碱式碳酸铜的工业生产方法**

碱式碳酸铜最常用的生产方法有硫酸铜法、硝酸铜法和氨法，目前国内外研究较多的是硫酸铜法。

1979 年，人们提出利用铜盐和碱金属碳酸盐或碳酸氢盐反应生成碱式碳酸铜，反应条件控制在 pH 值 5 ~ 8，温度在 60℃以上。1987 年，有人提出利用铜盐和碱金属碳酸盐在加热条件下反应生成碱式碳酸铜的工艺，此工艺所用的铜盐来自电路蚀刻板废液，反应条件为 pH 值 6.5 以上，温度 40 ~ 70℃。此工艺所制得的碱式碳酸铜中铜含量(质量分数)可达到 55.4%。还有人提出用 $CuSO_4 \cdot 5H_2O$ 与碳酸钠溶液反应制取碱式碳酸铜。

目前，国内对碱式碳酸铜的合成技术的研究主要集中在硫酸铜法上，此法生产碱式碳酸铜的工艺已经比较成熟。1989 年，有人提出了沸水法制备碱式碳酸铜的工艺，利用 $CuSO_4 \cdot 5H_2O$和小苏打为原料采用沸水反应，在常压、100 ~ 200℃条件下制取碱式碳酸铜。此法工艺简单，但对硫酸铜晶体的纯度要求较高，且反应要在 100℃以上的条件下进行。1993 年，有人应用废铜液制备碱式碳酸铜的工艺。该工艺利用铜阳极泥湿法生产金银工艺中分铜工序产出的废铜液与碳酸钠反应制取碱式碳酸铜，控制反应终点的 pH 值在 7 ~ 7.5 之间。该工艺所生产的碱式碳酸铜可用于工厂亚砷酸工段替代部分铜粉作浸砷剂。该工艺的优点是对温度要求不高，利用废铜液为原料，成本较低，只要控制适当的 pH 值，即可得到符合要求的碱式碳酸铜产品。

在采用硫酸铜与碳酸钠溶液制取碱式碳酸铜时存在下列问题：由于碳酸钠溶液本身碱性较强，当硫酸铜与碳酸钠溶液混合时，则有三种不同的化合物生成，即水合碱式碳酸铜(形成大型沉淀)、水合碱式硫酸铜及氢氧化铜。由于三种产物均为不溶或难溶物，故分离也有一定难度。另外，由于 $SO_4^{2-}$ 体积较大，也易形成包合物。人们提出了用硝酸铜与碳酸氢铵溶液反应制备碱式碳酸铜的方法，取得了较好的效果。该方法与硫酸铜溶液和碳酸钠溶液制备碱式碳酸铜相比，具有以下几个优势：①条件易于控制，室温下即可进行制备；②产率较高，副产物少，易于分离；③产物颗粒较大，品质好。

氨法生产碱式碳酸铜是将铜盐溶液与碳酸氢铵溶液混合，反应在室温下进行，通入空气并进行长时间搅拌使蓝色胶体老化，转化为绿色结晶，反应完成后，过滤，加热滤液，浓缩结晶，控制 pH 值在 8 左右，生成碱式碳酸铜沉淀，经过滤、干燥后制得成品。但该工艺所用到的游离态的氨易挥发，氨耗较大，合成反应的温度也受到限制，提高反应速度十分困难，在室温下，溶解较大颗粒的铜料所需时间较长。且在此工艺中为了保证产品质量，需加入干冰($CO_2$)抑制碱式碳酸铜的水解，生产成本较高。有人提出了改进的氨法生产碱式碳酸铜工艺，该工艺采用碳酸氢铵的氨溶液浸取铜盐，该法可抑制热分解过程中碱式碳酸铜的水解，氨采用连续或者间歇的方式加入，从而避免大量游离态氨的挥发。

前面提到的碱式碳酸铜生产工艺多采用以硫酸铜晶体或铜粉为原料，对原料的要求很高，因此生产成本较高，而且环境污染严重。近年来，利用废铜液或废杂铜为原料制备碱式碳酸铜的研究逐渐增多。有人用废电解液和废杂铜为原料制备碱式碳酸铜取得了较好的效果。该工艺是将电镀厂或冶炼厂产生的含铜废液经除杂处理后，加入一定比例的 $NaHCO_3/Na_2CO_3$混合液与 $Cu^{2+}$ 反应制备碱式碳酸铜。2003 年，国内有人开发出利用含铜蚀刻液生产碱式碳酸铜的新工艺。该工艺采用印制电路板含铜蚀刻液和碳酸钠溶液为原料，经过除杂、中和、溶解、合成、结晶等工艺生产碱式碳酸铜。其所得的产品中 $Cu^{2+}$ 含量可达 56%，达到了出口级标准。

综观目前所采用的碱式碳酸铜生产工艺，归纳起来基本上都是利用铜盐和碱金属碳酸盐反应，虽然这些工艺方法比较成熟，产品质量也相对比较稳定，但生产工艺流程长，产品杂质的去除较为麻烦，在除杂过程中会有部分铜随杂质一起沉淀，造成资源浪费，且为满足产品质量指标需耗费大量的水来洗涤产品，增加了能耗和生产成本。

**2. 碱式碳酸铜的实验室制备方法**

碱式碳酸铜的实验室制备方法主要有以下几种：

(1) 由 $Na_2CO_3 \cdot 10H_2O$ 与 $CuSO_4 \cdot 5H_2O$ 反应制备　在稀的硫酸铜溶液中加入碳酸钠，或将二氧化碳通入氢氧化铜悬浮液中，都可得到碱式碳酸铜沉淀。$CuSO_4$ 跟 $Na_2CO_3$ 反应的化学方程式为：

$$2CuSO_4 + 2Na_2CO_3 + H_2O \longrightarrow Cu_2(OH)_2CO_3 \downarrow + 2Na_2SO_4 + CO_2 \uparrow$$

称取一定量的 $CuSO_4 \cdot 5H_2O$ 和 $Na_2CO_3 \cdot 10H_2O$，用研钵分别研细后再混合研磨，此时即发生反应，有“磁磁”产生气泡的声音，而且混合物吸湿很厉害，很快成为“黏胶状”。将混合物迅速投入沸水中，快速搅拌并撤离热源，有蓝绿色沉淀产生。抽滤，用水洗涤沉淀，至滤液中不含 $SO_4^{2-}$ 为止，取出沉淀，风干，得到蓝绿色晶体。

该方法制得的晶体，它的主要成分是 $Cu_2(OH)_2CO_3$，因反应产物与温度、溶液的酸碱性等有关，因而同时可能有蓝色的 $2CuCO_3 \cdot Cu(OH)_2$、$2CuCO_3 \cdot 3Cu(OH)_2$ 和 $2CuCO_3 \cdot 5Cu(OH)_2$ 等生成，使晶体带有蓝色。如果把两种反应物分别研细后再混合(不进行研磨)，采用同样的操作方法，也可得到蓝绿色晶体。

(2) 由 $NaHCO_3$ 与 $CuSO_4 \cdot 5H_2O$ 反应制备　称取 4.2g $NaHCO_3$、6.2g $CuSO_4 \cdot 5H_2O$，将固体混合(不研磨)后，投入100mL 沸水中，搅拌，并撤离热源，有草绿色沉淀生成。抽滤、洗涤、风干，得到草绿色晶体。该晶体的主要成分为 $CuCO_3 \cdot Cu(OH)_2 \cdot H_2O$。

(3) 由 $Cu(NO_3)_2$ 与 $Na_2CO_3$ 反应制备　将冷的 $Cu(NO_3)_2$ 饱和溶液，倒入与 $Cu(NO_3)_2$ 饱和溶液等体积等物质的量浓度的 $Na_2CO_3$ 冰冷溶液中，即有碱式碳酸铜生成，经抽滤、洗涤、风干后，得到蓝色晶体，其主要组成为 $2CuCO_3 \cdot Cu(OH)_2$。

由上述几种方法制得的晶体的颜色各不相同，这与产物的组成与反应物的组成、溶液的酸碱度、反应温度等有关，从而使晶体颜色发生变化。

## 实验要求

(1) 根据实际情况，设计由含铜废液(可以是工业含铜废液，也可以是实验室含铜废液)制备碱式碳酸铜并确定最佳条件的实验方案(内容要求参见实验一)。

(2) 采用对比法(单因素法)或正交试验法，确定碱式碳酸铜的最佳制备条件，条件包括：反应温度、反应物的配比和浓度、反应的 pH 值、反应时间等。

(3) 在确定的最佳制备条件下制备产品，产品的纯度应达到90%。

(4) 以论文形式提交实验报告(内容要求参见实验一)。

## 实验指导

(1) 制备反应温度不应超过100℃，且要处于恒温；

(2) 沉淀要洗涤干净；

(3) 若反应后不能观察到暗绿色或淡蓝色沉淀，可暂时不要过滤，将反应物静置 1 ~ 2 天，根据沉淀颜色决定是继续还是重新进行实验；

(4) 在制备碱式碳酸铜时，不能将 $Na_2CO_3$ 溶液加入 $CuSO_4$ 溶液中。

## 实验思考

1. 哪些废铜液适合于制取碱式碳酸铜?
2. 如何寻找实验的最佳操作条件?

### 参考文献

1. 华中师范大学，东北师范大学，陕西师范大学．分析化学实验[M](第一版)．北京：高等教育出版社，1980

2. 吴健松，梁海群，周春燕，张恒惠．一种简单的制备优质碱式碳酸铜工艺．茂名学院学报[J]，2007，17(6)：10~12

3. 陈秀宇，邱雪芬．碱式碳酸铜制备实验的改进探索．福建师范大学福清分校学报[J]，2007，82(5)：29~32

# 实验九　硝酸钾的制备及其溶解度测定

## 实验目的

(1) 了解钾盐的生产方法;

(2) 学习溶解度的测定方法;

(3) 学会 $KNO_3$ 的制备和提纯方法，了解 $KNO_3$ 溶解度与温度的关系。

## 实验背景

**1. 硝酸钾的性质**

硝酸钾($KNO_3$)俗称火硝，为无色透明斜方或菱形晶体或白色粉末，无臭、无毒，味咸并有清凉感，相对密度 2.019(16℃)，熔点 334℃；在空气中不易潮解，加热至约 400℃时，分解放出氧气，转变成亚硝酸钾，继续加热则生成氧化钾和氮氧化物气体。硝酸钾易溶于水，能溶于液氨和甘油，不溶于无水乙醇和乙醚；它是强氧化剂，与有机物接触能引起燃烧爆炸，并放出有刺激气味的有毒气体，与炭粉、硫黄加热时能发出强光并燃烧，与还原剂和钛、锌等金属粉末接触能引起燃烧或爆炸。

**2. 硝酸钾的用途**

在工业上，硝酸钾是一种重要的无机化工原料，可用于制造矿山火药、引火线、爆竹，还可用于焰火产生紫色火花、机械热处理淬火的盐浴、玻璃澄清剂和制造汽车灯玻壳、光学玻璃、显像管玻壳等；陶瓷工业用于制造瓷釉彩药，还可用作催化剂、选矿剂等；在电镀工业中用作纯化原料和助剂；医药工业上用于生产青霉素钾盐、利福平等药物；食品工业中用作发色剂、护色剂、抗微生物剂、防腐剂，还可用于制卷烟纸。

在农业上，硝酸钾是一种优良的无氯二元钾肥，主要优点有：①总营养成分高达 59%，其中约含 13.5% ~13.9% 硝基氮及 44.6% ~46% 的 $K_2O$；②当作为烟草、茶叶的肥料时，硫酸钾中的 $SO_4^{2+}$ 会使烟草、茶叶中含硫量偏高，降低品位，而硝酸钾则不存在这个问题；③硝酸钾在水中溶解度高，不易挥发，是液体肥料的最佳配料；④硝酸钾可被植物完全吸收，不会给生态环境带入化学物质残留；⑤硝酸钾不易潮湿结块，储运方便；⑥硝酸钾是生产复合混配肥及特种肥料的重要原料。在植物吸收硝酸钾时，阴离子酸根的吸收有助于钾离子和其他正离子养分的吸收；由于氨中的氮只有转化为硝基氮才能被植物吸收，所以硝酸钾的肥效要优于氨；硝酸钾中的硝基氮很易被植物吸收，且能够抑制作物对氯离子的吸收，用硝酸钾配制的无氯专用复混肥和硫酸钾相比，还提供了氮养分，因此，硝酸钾比硫酸钾更适合作钾肥。

**3. 硝酸钾的制备方法**

硝酸钾制备方法按原料不同可分为两大类：

天然原料直接提取法。天然原料直接提取法是指利用天然的含 $K^+$、$NO_3^-$ 的固体、液体矿，通过溶解、蒸发，分离出盐硝，得到硝酸钾产品。目前只有智利和中国利用这种方法生产硝酸钾。

氯化钾转化法。因为世界上天然硝酸钾资源很少，截至目前只在智利和中国新疆发现天然硝酸钾资源，所以氯化钾转化法是硝酸钾的主要生产方法。氯化钾转化法又可分为复分解法、离子交换法、吸收法等。

（1）硝酸钠 - 氯化钾复分解循环法　将硝酸钠和氯化钾混合，配成适当浓度，在 80 ~ 90℃条件下进行反应，然后边蒸发边析出氯化钠，分离出氯化钠后将母液适当稀释(防止析出钠盐)，再冷却到5℃左右，析出粗品硝酸钾，经离心过滤洗涤后，得到产品硝酸钾，经重结晶后可得工业级硝酸钾。

其反应式是：

$$NaNO_3 + KCl \longrightarrow KNO_3 + NaCl$$

该法流程简单，设备要求不高，投资少，操作方便，没有腐蚀问题且产品质量好，原料利用率高，是工业上最早采用的方法。但该法所得副产品氯化钠利用价值不高，经济效益低，且生产原料硝酸钠资源缺乏，提高了成本。另外由于杂质在母液中的积累，母液还需定期排放，对硝酸钾的产率也有影响。于是出现了以硝酸铵代替硝酸钠的复分解循环法。

（2）硝酸铵 - 氯化钾复分解循环法　硝酸铵 - 氯化钾复分解循环法是由法国 Auby 公司于 1964 年开发的，其反应式为：

$$NH_4NO_3 + KCl \longrightarrow KNO_3 + NH_4Cl$$

反应后溶液是由氯化钾、硝酸铵、硝酸钾、氯化铵 4 种物质组成。分析其溶液等温相图可知，当温度降低时，混合溶液中硝酸钾结晶区增大，即降低温度可使溶液中的硝酸钾大部分结晶析出。当结晶量析出达到最大时，将母液升温蒸发就可使氯化铵结晶析出，从而达到分离硝酸钾和氯化铵的目的。该法称为三步循环法，但是硝酸钾结晶需在 0℃下进行，能耗比较大，因此有人又根据相图提出四步循环法，结晶在常温下就可以进行，无需人工制冷，节约能源。

四步循环法原料来源广，蒸发能耗较低，原料利用率高，副产品氯化铵回收容易，可直接作为肥料出售，基本无环境污染，工艺设备简单，投资少。但在结晶过程中需严格控制母液组成及产品的结晶温度，以免破坏系统离子平衡，造成恶性循环。产品外观、质量稍差，须重结晶以提高产品质量。主要步骤有：

①工业盐(氯化钠)与碳酸氢铵作用生成氯化铵和碳酸氢钠：

$$NaCl + NH_4HCO_3 \longrightarrow NH_4Cl + NaHCO_3$$

②碳酸氢钠与硝酸铵反应生成硝酸钠，同时放出氨和二氧化碳：

$$NaHCO_3 + NH_4NO_3 \longrightarrow NaNO_3 + NH_3 + CO_2 + H_2O$$

③氨和二氧化碳气体用硝酸钙溶液吸收，得到硝酸铵和碳酸钙：

$$2NH_3 + CO_2 + H_2O + Ca(NO_3)_2 \longrightarrow 2NH_4NO_3 + CaCO_3$$

④硝酸钠与氯化钾作用生成硝酸钾和氯化钠：

$$NaNO_3 + KCl \longrightarrow KNO_3 + NaCl$$

在整个生产过程中，将所得的氯化钠和硝酸铵分别作为制取碳酸氢钠和硝酸钠原料而被循环使用，所需原料仅需碳酸氢铵、硝酸钙、氯化钾，得到的产品除硝酸钾外，还有氯化铵和轻质碳酸钙。由于原料氯化钠和硝酸铵在整个过程中内部循环使用，因而又称之为内循环法。对于富有氨气和二氧化碳的氮肥厂，可将工业盐加入氨水中，通入二氧化碳完成第 1 步反应，因而成本可望进一步降低。

（3）离子交换法　该法以强酸性阳离子交换树脂为交换媒介，以硝酸铵和氯化钾为原料，使 $K^+$ 和 $NH_4^+$ 交换，通过上钾和洗钾过程完成硝酸钾和氯化铵的生产。反应式为：

$$NH_4NO_3 + K-R \longrightarrow KNO_3 + NH_4-R$$

$$KCl + NH_4-R \longrightarrow NH_4Cl + K-R$$

该法的优点是：原料成本低，实现了盐的分离，流出液硝酸钾纯度高，经蒸发浓缩一次就可得工业一级品且工艺流程短，投资少，生产装置可连续运行，原料单耗低。主要缺点是：交换液硝酸钾浓度低，回收的氯化铵浓度也低，蒸发成本高，单位能耗高，设备腐蚀严重。

有人开发了连续式离子交换技术，发生的吸附和洗脱反应可表示如下：

$$R-NH_4^+ + KCl \longrightarrow R-K + NH_4Cl$$

$$R-K^+ + NH_4NO_3 \longrightarrow R-NH_4^+ + KNO_3$$

该法使用12%的氯化钾溶液和51%～60%的硝酸溶液通入连续离子交换系统，在温度为40℃时，硝酸钾溶液的浓度可达35%，副产盐酸的浓度可达12%，得到的产品可达工业级。此法可连续制得24%～30%的硝酸钾溶液和盐酸溶液，且在常温、常压下操作。该工艺的缺点是产品溶液浓度较低，能耗高，副产的盐酸不便利用和储运。

（4）溶剂萃取法　溶剂萃取法是以硝酸与氯化钾在低温加入有机萃取剂生产硝酸钾并副产盐酸的方法。20 世纪 60 年代以色列 Haifa 公司开发此方法，使硝酸钾生产成本大大降低。基本原理为：

$$KCl(固) + HNO_3(液) \longrightarrow KNO_3(固) + HCl(液)$$

反应生成的 HCl 在低温用溶剂萃取移走，使反应不断向右进行。再将萃取剂与盐酸分开，并回收再进入原体系反复使用。该生产技术关键是溶剂的选择与循环利用。溶剂萃取法在常温下进行，消耗指标较低，投资也较少，具有一定的发展潜力。但萃取与反萃取工艺较复杂，分离技术未达到工业化要求，工艺中使用异戊醇或胺类化合物，增加了安全要求。副产的盐酸浓度为22%，须配套稀盐酸的后加工装置。

（5）合成法　此法是用硝酸与氯化钾反应生成硝酸钾，氯化钾和硝酸溶液的反应属于固－液非均相反应，在反应过程中不断析出硝酸钾晶体。影响反应的操作因素主要有氯化钾粒度、硝酸与氯化钾的摩尔配比（原料配比）、硝酸浓度、反应温度及反应时间；影响产品质量和产量的因素还有结晶温度和结晶时间。由于副反应的存在使硝酸钾收率大为降低，而且设备腐蚀严重，逐渐被淘汰。

（6）细菌法　细菌法制硝酸钾，是把含氮量高的有机废物，特别是动物的粪尿与含石灰和钾碱的泥土、草木灰混合，松散地堆成透气的垛堆。氮化合物被细菌转化为硝酸盐，用水浸取堆置物，向粗提液加钾碱，使硝酸钙、硝酸镁转化成硝酸钾和溶解度小的碳酸钙镁，过滤分离后将滤液蒸发，再经重结晶得到硝酸钾。

**4. 溶解度的测定方法**

溶解度是指在一定压力和温度下，物质在一定量溶剂中溶解的最高量。一般以100g溶剂中能溶解的物质的克数来表示。实验测定溶解度的常用方法有平衡法和合成法。

（1）平衡法　平衡法又称为分析法，是一种被广泛采用的溶解度测定方法，针对不同的固－液体系有不同的装置。此法的关键在于恒温下使溶液达到饱和，分析装置的主要部分为饱和装置。典型的饱和装置是基于渗透扩散原理，一些不稳定物质的溶解度可用一些特殊装置来测定。

平衡法测定固体在液体中的溶解度的过程是将过量的固体溶质置于液体溶剂中，密封后，将体系加热至所希望测定的温度后，采用适当的控温手段恒温几天，甚至几周，期间连续或间歇搅拌，促进固体的溶解，直至固－液体系真正平衡，静止后，吸取上层饱和清液，采用适当的分析方法，从而获得固体溶质在液体溶剂中的溶解度数据。

平衡组成的分析方法有很多种，主要取决于所测物系的性质。通常采用色谱分析法进行分析。如果实验原料含有羧基，可使用酸碱滴定法；如果是有色物系可选用分光光度法；其他还有银量滴定法及重量分析法等。在实验原料纯度较高的情况下，平衡法测定固体溶质溶解度的关键是固－液两相要真正达到相平衡、对组成的分析方法要准确可靠。多数有机物在溶剂中溶解时形成的溶液是非电解质溶液，溶解速度非常缓慢，达到平衡的时间常常很长。平衡法实验测定固体溶质的溶解度，固－液两相达到平衡的判定标准一般是：间隔一定的时间取澄清后的清液，分析其组成，如果两次或三次测定结果相差不大，即可认为其达到平衡。平衡法测定溶解度设备简单，在确保固－液两相达到平衡且两相充分分离的前提下，通过适当的分析方法对平衡组成进行分析可得到准确可靠的溶解度数据。

平衡法实验设备简单，测定精度决定于长时间恒温、取样、分析的可靠性。该法耗时长，过程复杂，取样时很难保证固－液两相完全分离，液相夹带细小晶粒会引起误差，对所测体系必须建立特定的分析方法。另外，高温或在一定压力下取样较为困难，有液相挥发问题。总的来说，平衡法一般用于常压和温度不太高的物系。

（2）合成法　合成法又称为动态法，动态法测定溶解度是将准确计量的固体溶质和溶剂加入测定装置中，体系用水或其他导热介质缓慢加热。随着温度的升高，溶质向溶剂中的扩散速率不断加快，一段时间后溶质溶解速率降低并趋于平缓，固体颗粒消失，溶解趋于平衡。记录固相完全进入液相瞬间的温度，此温度即为与该体系达到溶解平衡对应的温度。

动态法又可分为恒温溶解法、变温溶解法和激光法三种。恒温溶解法是将准确称量的溶质加入到溶解度测定装置中，在恒定的温度并充分搅拌下分批加入准确计量的溶剂使固相完全溶解，由加入的溶质量和总的溶剂量来计算溶解度。而变温溶解法是溶质和溶剂的量一定，温度一直在变化，固相完全消失那一时刻的温度即为给定溶液组成所对应的平衡温度。激光法是动态法中的一种新方法，具有灵敏度、准确度高、简便易行、适应范围广和动态响应快等优点。它的测定原理为以激光作为入射光源通过固液混合物，通过控温装置给样品升温，固体颗粒逐渐变小，出射光强度的光电压读数相应增加。停止搅拌后，固体缓慢下沉，光束通过的线路上固体量缓慢减少，光电压读数较搅拌时有所增大。当动静之间的光电压读数无差别时，表明混合物为均一相，判断溶质已完全溶解。

动态法和平衡法相比，测定效率较高，不需相应的确定溶液组成的分析方法，但它对升温速率有严格的要求，溶解开始时可快速升温，以后不断降低升温速率，当接近溶解终点时升温应极其缓慢，使体系有足够的时间趋于平衡，否则会影响所测溶解度数据的准确性。此法对能快速达到固 - 液平衡的体系很有优势。只要严格控制升温速率，此法也可应用于溶解较慢的体系。

## 实验要求

(1) 根据实验室条件，设计硝酸钾制备(方法可选择实验室和工业制法中的一种或多种)及其溶解度测定的实验方案(内容要求参见实验一)。

(2) 制备的硝酸钾纯度要求达到95%以上。

(3) 任选一种方案，测定 $KNO_3$ 在不同温度下的溶解度，并绘制出 $KNO_3$ 的溶解度曲线。

(4) 实验报告按科技小论文形式提交(内容要求参见实验一)。

## 实验指导

**1. 硝酸钾晶体的制备和提纯**

采用转化法由 $NaNO_3$ 和 KCl 来制备 $KNO_3$，其反应如下：

$$NaNO_3 + KCl \longrightarrow NaCl + KNO_3$$

该反应是可逆的，可通过改变反应条件使反应向右进行。

从表 1 - 3 可以看到，氯化钠的溶解度随温度转变不大，而硝酸钾的溶解度随温度的升高却快速增大而温度低时溶解度急剧下降。因此，将硝酸钠和氯化钾的混合溶液加热到较高温度时，由于氯化钠的溶解度增加很少，随着溶剂的减少，氯化钠晶体最终析出。而硝酸钾溶解度增加许多，它达不到饱和，所以不析出。趁热减压抽滤，除去氯化钠。然后将此滤液冷却至室温，硝酸钾因溶解度快速降低而大量析出。过滤后可得含少量氯化钠杂质的硝酸钾晶体。再经重结晶提纯，可得硝酸钾纯品。

**表 1 - 3　各种盐在不同温度下的溶解度**　　$g \cdot (100g\ 水)^{-1}$

| $t$/℃ | 0 | 10 | 20 | 30 | 40 | 60 | 80 | 100 |
|---|---|---|---|---|---|---|---|---|
| $KNO_3$ | 13.3 | 20.9 | 31.6 | 45.8 | 63.9 | 110.0 | 169.0 | 246.0 |
| KCl | 27.6 | 21.0 | 34.0 | 37.0 | 40.0 | 45.5 | 51.1 | 56.7 |
| $NaNO_3$ | 73.0 | 80.0 | 88.0 | 96.0 | 104.0 | 124.0 | 148.0 | 180.0 |
| NaCl | 35.7 | 35.8 | 36.0 | 36.3 | 36.6 | 37.3 | 38.4 | 39.8 |

**2. 利用制得的硝酸钾晶体进行溶解度实验，绘制硝酸钾的溶解度曲线**。

(1) 溶质质量法　在一个质量已知的蒸发皿中，称量一定温度下的饱和硝酸钾溶液的质量，然后加热饱和溶液，蒸发掉全部的水分，再称量蒸发皿的质量，这样就可计算出这一温度下的硝酸钾溶解度。

$$s = \frac{(c - a) \times 100}{b - c}$$

式中 $a$——蒸发皿的质量，g；

$b$——蒸发皿 + 饱和溶液总质量，g；

$c$——蒸发皿＋固体溶质总质量，g；

$s$——溶解度。

实验中应测出 $a$、$b$、$c$ 值。

（2）结晶析出法

①准确称取一定质量的硝酸钾晶体，放到试管中，用移液管向试管中加入一定体积(一般以 5～10mL 为宜)的蒸馏水。

②水浴加热，至硝酸钾全部溶解。

③将试管从水浴中取出，插入一支温度计，在空气中自然降温，仔细观察，记下晶体刚刚析出时的温度。然后再重复做一次。将试管再放入水浴中加热，待晶体全部溶解后，略等少许时间，再从水浴中取出试管，冷却，记下析出晶体的温度。两次实验记录温度差不应超过 0.5℃。由下式即可算出该温度时的溶解度。

$$s_1 = \frac{n}{m} \times 100$$

式中 $n$——硝酸钾晶体的质量，g；

$m$——蒸馏水的体积(也是蒸馏水的质量)，g；

$s_1$——溶解度。

④在上述试管中，再加入 1mL 水，如上操作可测出另一个温度下硝酸钾的溶解度。

$$s_2 = \frac{n}{m+1} \times 100$$

⑤如此连续测定，可测出一系列温度下硝酸钾的溶解度。

（3）平衡法测定溶解度

①当加入硝酸钾晶体后，要不断地搅拌溶液，一般恒温时间需要 10min 为宜。因为达到溶解平衡需要一定的时间，有时由于恒温时间短，未达到溶解平衡，造成测定值不准确。

②测定每个温度下的溶解度，要预先计算硝酸钾的理论值，实验所需用的量大于理论值。称出实验用量，并一次倒入试管中。

③从试管里倒出饱和溶液时要迅速，防止由于离开热水后留在空气中时间过长使溶液温度发生变化，造成晶体过早地析出。特别是在室温低的情况下，溶液的温度与室温相差较大时，从试管里倒出饱和溶液的速率慢，则试管壁上能析出不少晶体。为确保转移饱和溶液时不会有晶体析出，可用一块热湿布迅速地将试管包好，以保持温度不会改变，再倒出溶液。

④加热蒸干硝酸钾溶液时，所用玻璃棒常常带有硝酸钾，造成晶体的损失，因此使测定值偏低。

⑤在硝酸钾饱和溶液加热蒸干时，当大量水分已蒸发掉，会使硝酸钾晶体小颗粒蹦溅出来，造成损失，故最好改用砂浴继续加热，以除去少量水分。

⑥每测定一个温度下的溶解度时，务必将试管、蒸发皿、玻璃棒洗净烘干，才能进行下一个温度的测量。蒸发皿也得重新称量。

⑦加热用的水不能用自来水，要用蒸馏水。

⑧试管在水浴中进行加热时，为使试管上下受热均匀，可在试管内放一搅拌器。

（4）合成法测定溶解度

①当室温不够低时，可把试管浸入冷水中冷却降温。

②溶液在降温的过程中，用玻璃棒轻轻搅拌溶液并摩擦管壁，以防止溶液出现过饱和。

③读取温度时，必须是晶体刚刚开始析出的时刻。

**3. 注意事项**

（1）无论用什么方法测定物质的溶解度来绘制溶解度曲线，要求最低测出5个温度的溶解度，不可过少。并且所取温度要分布均匀，否则不能绘制出较正确的曲线。

（2）制备硝酸钾时需要对溶液过滤，此时必须要趁热快速减压抽滤，这就要求布氏漏斗在热水中或烘箱中预热。

## 实验思考

1. KCl与$NaNO_3$的反应并无难溶物质和难电离的物质，为什么可用来制备$KNO_3$？
2. 溶液沸腾后为什么温度高达100℃以上？
3. 可否将除去氯化钠后的滤液直接冷却制取硝酸钾？这样做对实验结果有何影响？

### 参考文献

1. 南京大学编写组．无机及分析化学实验[M]．北京：高等教育出版社，1998
2. 彭晓生，吴梅，张杰．二硝酸钾的生产技术和市场现状．四川化工[J]，2008(1)：6~8
3. 汪家铭．硝酸钾发展概况与市场前景．氮肥技术[J]，2008，29(4)：40~45
4. 汪家铭．硝酸钾正在提速—谈硝酸钾生产现状与市场前景．中国农资[J]，2008(6)：34~35
5. 张俊先．硝酸钾的技术现状和市场展望．现代化工[J]，1999，19(9)：34~36
6. 汤胜文．国内外硝酸钾生产工艺综述．安徽化工[J]，1998(1)：16~17
7. 蒋太平，杨开伦．用沸石法直接提取硝酸钾的研究．无机盐工业[J]，1988(01)

# 实验十　从印刷电路腐蚀废液中回收铜和氯化亚铁

## 实验目的

（1）了解板印刷电路(简称PCB)腐蚀废液的处理方法；
（2）熟悉铜、铁化合物的性质及其鉴定方法；
（3）巩固有关分离提纯的基本操作。

## 实验背景

**1. PCB蚀刻技术**

印刷电路技术的起源可以追溯到1903年英国人“用电缆连接及相同连接法的改进”，而现代印刷电路工业的确立是在1940年。在此之前，印刷电路的主要制造方法包括涂料法、模压法、粉末烧结法、喷涂法、真空镀膜法以及化学沉淀法等。但是这些技术各有利弊，因而没有一种技术可以独占鳌头，也没有成为印刷电路板制造的通用方法，但是其中的有些方法至今仍被借鉴、沿用。1936年英国人首先提出了“印刷电路的概念”，并对原有的工艺方法进行研究比较，提出了铜箔腐蚀法工艺，首创在全面覆盖有金属铜箔的绝缘基板上在所需要的金属铜箔部分涂上耐蚀刻油墨加以保护，而将不需要部分腐蚀掉的PCB板制造技术。该种技术得到了快速发展，到20世纪50年代初，铜箔腐蚀法已经成为最实用的印刷板制造技术，得以广泛应用。在该工艺中，用于腐蚀基板上不需要的铜箔部分的化学试剂即为蚀刻液或腐铜液。由于印刷板电路图形部位的电镀金属体系有抗蚀合金镀层或者被覆有有机化合物体系的抗蚀剂，对蚀刻液具有抗蚀性，其他没有耐蚀镀层的铜箔，在蚀刻液中被腐蚀溶解掉，从而在覆铜箔板上形成印刷电路。

**2. PCB 蚀刻废液的成分**

PCB 蚀刻废液是在 PCB 生产过程中蚀刻工序后产生的。随着蚀刻过程的进行，溶铜量不断增加，蚀刻液中 $Cu^{2+}$ 逐渐转变为 $Cu^{+}$，蚀刻液中含铜量逐渐接近其最大蚀刻容量，虽仍具有一定蚀刻能力，但其蚀刻速度已大幅下降，溶液极不稳定，易形成泥状沉淀或析出结晶，不能再满足 PCB 工业生产蚀刻工序的要求，此时蚀刻液成为废液而被废弃，蚀刻槽中须更换新的蚀刻液。

产生蚀刻废液的主要工序和成分：

(1) 照相制板工序。在废显影液和废定影液中有银和有机物。

(2) 孔化和全板镀铜工序。在废液和漂洗水中含有大量铜和少量锡、有机络合物和微量钯。

(3) 图形镀铜和镀铅、锡工序。在废液和漂洗水中含有大量铜和少量锡、铅和氟硼酸。

(4) 内层氧化工序。含有铜、次亚氯酸钠和碱液。

(5) 去腻污工序。含有铜、高锰酸钾、有机还原剂等。

(6) 插头镀金工序。含有金、铅、锡、镍和微量氰化物。

(7) 蚀刻工序。含有大量铜、氨。

(8) 显影和去膜工序。含有大量有机光致抗蚀剂和碱液。

**3. PCB 蚀刻液的分类**

目前 PCB 厂家应用的蚀刻液主要有三氯化铁蚀刻液、酸性氯化铜蚀刻液和碱性铜氨蚀刻液三种。

(1) 三氯化铁蚀刻液　三氯化铁价格便宜，但易沉淀和呈胶状，蚀铜量不高，而且不能用在铅锡合金做阻蚀剂的板上，只有一些单面板生产厂家还在采用。一般的三氯化铁蚀刻废液含铜大于 $50g \cdot L^{-1}$，通常采用工业废铁置换的方法回收铜。

(2) 酸性蚀刻液　酸性蚀刻就是酸性氯化铜蚀刻，该方法蚀铜量也不高，而且含大量盐酸，对设备和操作者有害，但它的蚀刻成本低、容易再生，仍然受到众多厂家的青睐，现主要用于多层板的内层蚀刻，其蚀刻原理为：

$$Cu + CuCl_2 \longrightarrow 2CuCl$$

当 $CuCl_2$ 大部分转化成 CuCl 后，蚀刻速度大大降低成为废液，含铜量为 150 ~ 250 $g \cdot L^{-1}$。

(3) 碱性蚀刻液　碱性蚀刻近期发展最为迅速，价格比较便宜，蚀铜量大，速度快且很稳定，目前在 PCB 企业中广泛采用，其蚀刻原理为：

$$Cu + Cu(NH_3)_4Cl_2 \longrightarrow 2Cu(NH_3)_2Cl$$

**4. 蚀刻废液的处理方法**

印刷电路板行业生产工序有多种，其工艺流程主要包括基板内层处理、电镀、外层处理、表面加工成型和最终处理等 5 个主要工序，且在各个生产工序中使用了多种化学药剂，结果产生了不同的工业废液，这些废液一起汇集于废液池中，各种废液成分相互反应，使工业废液的成分极其复杂。同时不同的企业使用一些不同专利配方，废液中还有一些特殊的物质，这也在一定程度上增加了印刷电路板废液的治理难度。对印刷电路板废液的处理，国内外都做了较多的研究，常用的处理方法有：

(1) 化学沉淀法　化学沉淀法是利用各种物质在水中具有不同的溶解度。在待处理的废液中投加化学药品，与废液中的有害物质发生化学反应，再经过凝聚、沉淀、过滤等方法实现固液分离，除去有害物。化学沉淀法是处理印刷电路板废液中较成熟的一种方法，国内常用 $Na_2S$、NaOH、CaO、$Ca(OH)_2$ 作沉淀剂，使废液中重金属与沉淀剂作用形成固体沉淀物而析出分离。

一般企业都采用硫化钠去除蚀刻废液中的铜离子，去除铜的效果比较理想，并且具有适应范围广、操作成本低的优势，而且除铜后的废液可回用于制备新蚀刻液。其回收过程为：将铜氨废液先加 $Na_2S$，再加碱(用石灰较好)调 pH = 11，再加混凝剂经 4h 沉淀即可。处理后的废液 $Cu^{2+}$ 的含量为 $0.26mg \cdot L^{-1}$（铜一级排放 $Cu \leq 0.5mg \cdot L^{-1}$），达到排放标准。用硫化物处理含铜废液，其优点是 CuS 溶度积小、除铜效率高、适用 pH 值范围大。但实际运行中，如果 pH 值调的太低将产生 $H_2S$ 毒气放出，污染环境，影响人体健康，应将 pH 值控制在 9.5 ~ 11.5 较好。此外，也可以利用絮凝原理对经过一定预处理的铜氨络合废液投加硫酸亚铁、烧碱，利用 $Fe(OH)_2$、$Fe(OH)_3$ 絮凝和共沉作用形成较大颗粒的矾花，经分离可以去除其中的铜。但是处理后的铜浓度依然超标。同时此工艺需要大量的化学试剂，增加了废液处理的成本，虽然可以利用石灰节省烧碱的用量，节省一定的药剂费，但处理后所产生的大量污泥难以利用，且易产生二次污染，仍需做进一步的处理。

化学沉淀法具有技术成熟、工艺简单、运行管理方便、费用低、沉降脱水性能好等优点，而且可以同时去除多种重金属离子，因此一般情况下，使用化学沉淀法来处理高浓度印刷电路板废液。采用化学沉淀法处理时，金属离子沉淀的最佳 pH 值的选择是关键，但由于各种金属离子沉淀的最佳 pH 值不同，处理后出水通常达不到国家排放标准。该法的另一缺点是产生大量含重金属离子的污泥，对这些污泥如不妥善处理，就会造成二次污染，通常在固 - 液分离的过程中，为了加速固体的沉淀速度，降低污泥的含水率，需要加入一定的絮凝剂。

(2) 电解法　电解法是在有废液流过的电解槽中通入电流，使废液中的阴离子移向阳极而被氧化，阳离子移向阴极被还原，使重金属生成不溶于水的沉淀物，使废液得到净化。

电解法作为一种较为成熟的水处理技术，以往多用于处理含氰、含铬的电镀废液，目前已用于处理高浓度的印刷电路废液，并将重金属通过电解回收利用。有人采用电解法处理印刷电路板生产过程中产生的碱氨蚀刻废液，研究结果表明电解法能够有效地去除废液中的铜离子，并可回收金属铜。其中极距对铜离子的去除率有较大的影响，当极距较大或者是较小时去除的效果都不好。随着电流密度的增加，铜离子的去除率也增加，同时电解液的温度也随之增高。电解法的优点在于：①具有多种功能，便于综合处理；②电解法可与生物学方法结合使用；③电解反应可避免产生二次污染物；④设备相对简单，易于自动控制。但此方法存在耗电量高、电极板消耗大、处理成本高的问题。

近年来在电解法基础上发展起来的微电解法也被用于处理印刷电路板废液。微电解法处理废液的原理是使铸铁屑在废液中腐蚀形成微小原电池。由于铸铁是铁和碳的合金，当铸铁铁屑与电解质溶液接触时，碳的电位高成为无数的阴极，铁的电位低成为无数的阳极，它们之间形成无数的微小原电池。当铸铁屑中再加入碳粒时，铸铁屑与碳粒接触形成大的原电池，这样除铸铁本身的微电池外，又加入一个大的阴极——碳粒，加速铸铁的腐蚀。在酸性介质及有氧条件下，产生新生态的氢和亚铁，而新生态的氢和亚铁能与水中的许多物质发生氧化还原反应，从而破坏络合物的结构，使其失去或降低与铜的络合能力。同时新生的$Fe(OH)_2$与$Fe(OH)_3$具有较高的絮凝-吸附性，能吸附废液中的分散微小颗粒及有机分子而絮凝沉降下来，使废液得到进一步的净化。另外铁还能与废液中的铜进行置换反应，把络合铜中的铜置换成单质铜。

(3) 化学氧化法　化学氧化法就是用一些强氧化剂(如$H_2O_2$、次氯酸钠、氯酸钠、高锰酸钾、二氧化氯等)将水中的有机物转化为简单成分。在处理过程中经常加入催化剂提高处理效果，即称为化学催化氧化法。通常将加入$Fe^{2+}$和$H_2O_2$的反应体系称为Fenton试剂法，该方法也是用得较多的化学催化氧化技术。其实质是$Fe^{2+}$和$H_2O_2$的链式反应催化生成$\cdot OH$自由基。

化学氧化法具有原理简单、操作可行的特点，但是化学氧化试剂的成本大多比较高，当采用人工投加时，会增加劳动强度，而且投加量不好控制；采用设备在线投加时，可减小工作量，且药物的投加量易于控制，但是在一定程度上增加了设备费用。

(4) 离子交换法　离子交换法是利用重金属离子与交换树脂上同种电性的离子发生离子交换反应，然后再进行树脂的解吸去除重金属。树脂性能对重金属去除有较大影响，常见的离子交换树脂有阳离子交换树脂、阴离子交换树脂、螯合树脂等。

离子交换树脂法是处理印刷电路板废液的一种重要方法，具有处理容量大、出水水质好、可回收重金属的优点。但是树脂易受污染、容易氧化失效，回收重金属和树脂的再生费用高。尤其是用离子交换法处理高浓度废液时，操作麻烦、成本高，残留重金属离子浓度不稳定，所以该方法常用来处理低浓度废液。

(5) 吸附法　吸附是两相交界面上物质分子浓度自动发生变化的自然现象。常用的吸附剂是活性炭。人工制造的活性炭比表面积一般高达$500 \sim 2500m^2 \cdot g^{-1}$，吸附能力强、吸附容量大，对有机物、重金属等具有较强的吸附能力，对处理含金属络合物的废液效果较好。

一般的吸附剂具有能吸附多种重金属离子、吸附容量大等特点，但价格贵，使用寿命短，再生费用高。吸附法中常用的有螯合吸附法和生物吸附法。

螯合吸附法是通过吸附剂表面的功能基螯合去除重金属离子，与普通的吸附剂相比，螯合吸附剂与重金属的键合力更强，往往能有选择地去除重金属，去除效果受溶液中干扰离子、有机溶剂的影响小。尤其是将天然高分子应用到这一领域后，成本降低，处理工艺也变简单。利用自然资源制备吸附剂，原料来源广、制造容易、价格低廉、易于降解。利用硅藻土可以制得处理金属离子的效果较好的吸附剂，褐煤、草炭、风化煤也作为吸附剂。有研究者利用天然沸石，如丝光沸石、斜发沸石、膨润土等制备重金属离子吸附剂。

生物吸附法是利用具有吸附分离能力的生物体及其衍生物来分离水中金属的一种废液处理技术。研究发现，生物吸附剂主要来源于菌类和藻类，细菌、真菌、藻类等微生物能够吸附或富集重金属，而且不同的微生物种类对不同的金属离子有特殊亲和性。

(6) 生物处理法　生物处理法主要是利用微生物即细菌、霉菌或原生动物的代谢作用处理废液。目前化工行业中的高浓度难降解有机废液处理，已培养出一种特殊菌株，在实践中已获得较好的效果。采用生物法的关键是特殊菌的培养和筛选。一旦在菌种培养和筛选上获得突破，生物法处理PCB废液就会产生质的飞跃。

生物法处理印刷电路板废液的主要优点是：减少投资，降低运行成本，如果运行得当可以达到较好的处理效果。缺点是：印刷电路板废液大多先要经过预处理之后才能应用生物处理法，对废液有一定的要求，因此在一定程度上增加了预处理的成本和费用。如果废液不符合要求可能会对生物处理法有较大的影响。

## 实验要求

（1）根据可得到的废液，设计回收铜和氯化亚铁的实验方案（内容包括：实验目的、实验原理、实验仪器与试剂、实验步骤、预期的实验结果、实验中可能遇到的问题和对策、参考文献等）。

（2）回收指标要求：金属铜纯度≥99%，不同水合物的氯化亚铁纯度≥75%。

（3）实验报告按研究报告形式提交（内容要求参见实验一）。

## 实验指导

不同生产工艺、工序所产生的废液不一样，大体上有三类：有 $FeCl_3$ 型酸性废液、过氧化氢型酸性废液及碱性蚀刻废液（含氨）。如下主要介绍 $FeCl_3$ 型酸性废液进行回收利用。

印制电路板在被蚀刻时，氯化铁作为氧化剂将铜板上印制电路以外的铜腐蚀掉。其化学反应为：

$$Cu + 2FeCl_3 \longrightarrow Cu^{2+} + 2Fe^{2+} + 6Cl^-$$

这种电路板腐蚀废液具有较强的酸性，主要组成为 $CuCl_2$、$FeCl_2$ 和过量的 $FeCl_3$，因此，加入铁粉发生如下反应：

$$CuCl_2 + Fe \longrightarrow Cu + FeCl_2$$

$$2FeCl_3 + Fe \longrightarrow 3FeCl_2$$

经过分离可得到金属铜，溶液经过蒸发结晶，可得到含有不同水合物的 $FeCl_2$ 晶体。

（1）腐蚀废液一般为绿色或棕色，无浑浊，若有浑浊可加少量 HCl 至溶液澄清。

（2）在加入铁粉时应不断搅拌，且应过量，此时溶液呈透明的青绿色。

（3）对溶液进行抽滤（抽虑操作请参照无机及分析化学实验）操作时，滤渣（铜粉混有少量杂质）移至烧杯中，加水及 HCl 浸泡，以除去多余的铁粉，过滤即可得到 Cu。

（4）滤液移至蒸发皿，加铁粉加热、蒸发、浓缩，直至液面出现少许晶膜为止。迅速趁热抽滤，溶液移入烧杯后用冷水冷却结晶，即得 $FeCl_2 \cdot 2H_2O$（注意：溶液在蒸发过程中若出现浑浊变黄，则滴加 HCl 搅拌使之澄清）。

（5）若第二次抽滤的滤渣仍有铜粉，则与第一次的合并，回收，加酸浸泡铜粉除去多余的铁后（沉渣应无黑色，无气泡放出），抽滤水洗并尽量吸干，称量（湿重）后，盛于干净的试管中。

（6）$FeCl_2 \cdot 4H_2O$ 结晶后，倾出母液，晶体用一张滤纸吸干，称量后，盛于干净的试管中密封。

## 实验思考

1. 如何提高铜的回收率？
2. 蚀刻废液还有什么用途？

### 参考文献

1. 韩洁，聂永丰，王晖．废印刷线路板的回收利用．城市环境与城市生态[J]，2001，14（6）：11～13
2. 杨玉芬，盖国胜，徐盛明，陈清如．废印刷线路板回收利用的现状与存在的问题．环境污染与防治[J]，

2004, 26 (3): 193 ~ 195
3. 香港生产力促进局材料科技部. 发展一个再循环蚀铜系统来增强 HDI 线路板生产过程的精密度. 表面处理通讯[J], 2007 (35): 33 ~ 39
4. 刘远彬, 左玉辉, 程志光. 循环经济与 PCB 行业废弃物循环利用. 城市环境与城市生态[J], 2003, 16 (6): 121 ~ 122
5. 郑淑玉, 汤清家. 利用碱氨蚀刻废液制造胆矾. 化工环保[J], 1997, 17 (1): 45 ~ 47
6. 辰光. 酸性氯化铜蚀刻液与碱性氯化铜蚀刻液比较. 印制电路资讯[J], 2003 (5): 89 ~ 90
7. 吴卫东, 高瑞华. 电解法蚀刻液再生新工艺. 浙江化工[J], 2002, 33 (2): 54 ~ 59
8. 朱大安, 文凤, 余岳峰. 碱氨蚀刻废液处理方法研究. 环境保护科学[J], 1999, 25 (1): 13 ~ 15
9. 蔡天晓, 鞠鹤, 芦丽娜. 印制电路板废液电解回收铜用阳极的研制. 印制电路资讯[J], 2007 (2): 62 ~ 65
10. 贾宝琼, 古国榜, 朱萍. 从印刷电路板蚀刻废液中回收铜, 环境污染治理技术与设备[J]. 2002, 3 (11): 70 ~ 73
11. 黄淑兰, 凌远兵. 从印制板蚀刻废液中萃取回收铜. 化工冶金[J], 1998, 19 (3): 271 ~ 273
12. 汪晓军, 何花, 万小芳, 崔晓飞. 从废蚀刻液中回收资源的应用研究. 环境工程[J], 2004, 22 (2): 75 ~ 77

# 单元2 物质组分含量测定探究

## 实验一 维生素片中 VC 含量的测定

### 实验目的

(1) 查阅相关文献，了解测定 VC 含量的各种方法及特点；
(2) 对实验数据进行正确的分析和处理；
(3) 掌握测定维生素片中 VC 含量的方法。

### 实验背景

维生素片是严格依据《中国居民膳食营养推荐摄入量》标准，充分考虑了从日常食物中摄取的维生素和矿物质，通过精确地设计科学剂量配方所制备的一种全面均衡补充人体所需的维生素及矿物质的药物。其主要成分包含维生素 A、乙酸酯干粉、维生素 D3 干粉、维生素 E 乙酸酯干粉、$VB_1$硝酸盐、$VB_2$(核黄素)、$VB_6$ 细粉、$VB_{12}$(氰钴胺素)及 VC。

有些物质在化学结构上类似于某种维生素，经过简单的代谢反应即可转变成维生素，此类物质称为维生素原，例如：$\beta$－胡萝卜素能转变为 VA；7－脱氢胆固醇可转变为 $VD_3$；但要经许多复杂代谢反应才能成为尼克酸的色氨酸则不能称为维生素原。维生素是个庞大的家族，就目前所知的维生素就有几十种，大致可分为脂溶性和水溶性两大类，水溶性维生素易溶于水而不易溶于非极性有机溶剂，被肠道吸收后，通过循环到机体需要的组织中，多余的部分大多由尿排出，在体内储存甚少。脂溶性维生素易溶于非极性有机溶剂，而不易溶于水，脂溶性维生素大部分由胆盐帮助吸收，由淋巴系统循环到体内各器官，可大量储存在体内，同时，可随脂肪为人体吸收并在体内储积，排泄率不高，体内可储存大量脂溶性维生素。VA 和 VD 主要储存于肝脏，VE 主要储存于体内脂肪组织，而 VK 储存较少。

VC 又称为抗坏血酸，是维持机体正常生理功能的重要维生素之一，具有多种重要的生理功能，广泛参与机体氧化、还原等复杂代谢过程。人体纤维组织的胶原蛋白、骨与软骨的基质、血管的内皮以及其他非上皮性的黏合质等的形成均需 VC 的帮助，人体若严重缺乏 VC 会引起坏血病。同时，VC 具有防治缺铁性贫血、预防白内障和心血管疾病的功能。近年来的医学研究发现，补足适量的 VC 能提高人体的免疫力，从而预防感冒及防止一些皮肤病的发生，特别是它具有防癌作用以及对肝炎、肝硬化等有显著的疗效。但人体自身不能合成 VC，必须从食物中摄取。

目前国内测定 VC 的常见方法有：2，4－二硝基苯肼法、荧光法、碘滴定法、高效液相色谱法、紫外分光光度法等。

**1. 高效液相色谱法**

高效液相色谱仪由储液器、泵、进样器、色谱柱、检测器、记录仪等几部分组成。储液器中的流动相被高压泵打入系统，样品溶液经进样器进入流动相，被流动相载入色谱柱(固定相)内，由于样品溶液中的各组分在两相中具有不同的分配系数，而发生相对运动，经过反复多次的吸附－解吸的分配过程，各组分在移动速度上产生较大的差别，被分离成单个组分依次从柱内流出，通过检测器时，样品浓度被转换成电信号传送到记录仪，数据以图谱形式显示出来。

按分离机制的不同，高效液相色谱法分为液固吸附色谱法、液液分配色谱法(正相与反相)、离子交换色谱法、离子对色谱法及分子排阻色谱法。

(1) 液固色谱法　使用固体吸附剂，根据固定相对各组分吸附力大小不同而使组分得以分离。分离过程是一个吸附－解吸附的平衡过程。常用的吸附剂为硅胶或氧化铝，粒度为5～10μm。适用于分离相对分子质量为200～1000的组分，由于离子型化合物易产生拖尾，因此多数用于非离子型化合物的分离，同时常用于分离同分异构体。

(2) 液液色谱法　分离原理是根据被分离的组分在流动相和固定相(将特定的液态物质涂于担体表面，或化学键合于担体表面而形成的固定相)中溶解度的不同而分离。分离过程是一个分配平衡过程。其中涂布式固定相要求具有良好的惰性，流动相必须预先用固定相饱和，以减少固定相从担体表面流失；温度的变化和不同批号流动相的不同常引起柱子的变化；另外在流动相中存在的固定相也使样品的分离和收集复杂化。

由于涂布式固定相很难避免固定液流失，现在已很少采用。现在多采用的是化学键合固定相，如$C_{18}$、$C_8$、氨基柱、氰基柱和苯基柱。

液液色谱法按固定相和流动相的极性不同可分为正相色谱法(NPC)和反相色谱法(RPC)。

①正相色谱法：采用极性固定相(如聚乙二醇、氨基与腈基键合相)，流动相为相对非极性的疏水性溶剂(烷烃类如正已烷、环已烷)，常加入乙醇、异丙醇、四氢呋喃、三氯甲烷等以调节组分的保留时间。正相色谱法常用于分离中等极性和极性较强的化合物(如酚类、胺类、羰基类及氨基酸类等化合物)。

②反相色谱法：一般用非极性固定相(如$C_{18}$、$C_8$)，流动相为水或缓冲液，常加入甲醇、乙腈、异丙醇、丙酮、四氢呋喃等与水互溶的有机溶剂以调节保留时间。适用于分离非极性和极性较弱的化合物。RPC在现代液相色谱中应用最为广泛，据统计占80%左右。

随着柱填料的快速发展，反相色谱法的应用范围逐渐扩大，现已应用于某些无机样品或易解离样品的分析。为控制样品在分析过程的解离，常用缓冲液控制流动相的pH值。但需要注意的是，$C_{18}$和$C_8$使用的pH值通常为2.5～7.5，pH值太大会使硅胶溶解，pH值太小会使键合的烷基脱落。现在随着材料的改进，有的商品柱可在pH＝1.5～10范围操作。

(3) 离子交换色谱法　固定相是离子交换树脂，常用苯乙烯与二乙烯交联形成的聚合物骨架，在表面末端芳环上接上羧基、磺酸基(称阳离子交换树脂)或季铵基(阴离子交换树脂)，被分离组分根据各离子与离子交换基团具有不同的电荷吸引力而分离。

(4) 离子对色谱法　又称偶离子色谱法，是液液色谱法的分支。它是根据被测组分离子与离子对试剂离子形成中性的离子对化合物后，在非极性固定相中溶解度增大，从而使其分离效果改善。主要用于分析离子强度大的酸碱物质。

(5) 排阻色谱法　固定相是有一定孔径的多孔性填料，流动相是可以溶解样品的溶剂。相对分子质量小的化合物可以进入孔中，滞留时间长；相对分子质量大的化合物不能进入孔中，直接随流动相流出。它利用分子筛对相对分子质量大小不同的各组分排阻能力的差异而实现分离。常用于分离高分子化合物，如组织提取物、多肽、蛋白质、核酸等。

利用高效液相色谱法可进行定量分析和定性分析，其中定量分析的理论依据是组分的质量或在流动相中的浓度与检测器的响应信号峰高或峰面积成正比，定性分析的依据是在一定的条件下，不同的物质有不同的保留时间。所以可以根据峰面积和保留时间进行定量和定性分析。

标准曲线法是液相色谱法中定量分析较常用的方法。将多环芳烃的纯品配成系列标准溶液，准确定量进样，得到一系列色谱图。以峰高或峰面积为纵坐标，浓度为横坐标作图，得到标准曲线。然后在相同的实验条件下，对样品进行测定，得到样品色谱图，根据得到的峰高或峰面积在标准曲线上查出被测组分的含量。

**2. 紫外 - 可见分光光度法**

紫外 - 可见分光光度法是利用物质分子对紫外 - 可见光(200 ~ 800nm)的吸收作用来对物质进行定性、定量及结构分析的一种仪器分析方法。广泛用于无机物和有机物的定性和定量分析。

描述物质分子对辐射的吸收程度随波长而变的曲线，称为吸收光谱或吸收曲线。由于各种物质具有各自不同的分子、原子和不同的分子空间结构，其吸收光能量的情况也就不同。因此，每种物质就有其特有的、固定的吸收光谱，可根据吸收光谱上的某些特征波长来判别物质的种类，这就是分光光度法定性分析的理论基础。紫外可见分光光度法的定量分析的基础是 Lambert - Beer 定律，即一束强度为 $I_0$ 的单色光照射吸收层厚度为 $l$、浓度为 $c$ 的吸光物质时，吸收光的强度正比于该物质的浓度与吸收层的厚度。公式表示为：

$$A = \lg(1/T) = \varepsilon lc$$

式中：$A$ 为吸光度；$T$ 为透光率，透射光强度与入射光强度之比；$c$ 为吸光物质的浓度；$l$ 为吸收层厚度。

由于 VC 在紫外光区有特征吸收，所以可用紫外分光光度法对 VC 进行定量分析。

## 实验要求

(1) 查阅文献，设计维生素片中 VC 含量测定的实验方案。

(2) 根据设计的方案列出实验所需的仪器、药品的清单，认真进行实验前准备。

(3) 详细记录实验步骤、现象和原始数据，并对所记录的实验数据进行整理、分析和演算，得出实验结论。

(4) 对实验结果进行讨论，指出实验方法的优缺点，提出实验改进方案

(5) 撰写实验报告。在认真完成实验数据的整理分析后，进行实验报告或论文的书写。内容包括：研究目的、实验原理、仪器、试剂、详细的操作步骤、实验现象、实验结果、结果分析及讨论等项目。

## 实验指导

**1. 高效液相色谱法实验关键**

(1) 色谱条件设定：Waters 公司 Noca - pak $C_{18}$(4.0 mm，3.9 × 150 mm) Column，流动相为 0.1% 草酸，流速为 0.6 $mL \cdot min^{-1}$，检测波长为 254nm，灵敏度为 0.05AUFS，柱温为 25℃。以 VC 峰面积计算，理论塔板数大于 2000。VC 与其他杂质峰的分离度大于 1.5。

(2) 标准曲线的制备：精密吸取对照品储备溶液 2、4、6、8、10 mL，分别置于 10 mL 容量瓶中，加流动相稀释至刻度，摇匀。分别吸取 10 μL 注入高效液相色谱仪，测量峰面

积，绘制回归方程。

（3）样品测定：测定方法与标准溶液的测定方法相同。

（4）数据处理：计算样品中 VC 的含量。

**2. 紫外 - 可见分光光度法实验关键**

（1）确定最大吸收波长：取 $10\mu g \cdot mL^{-1}$ 的 VC 标准溶液经紫外分光光度法进行全波长扫描，以吸光度为纵坐标，波长为横坐标作吸收光谱图，其中最大吸光度值所对应的波长为最大吸收波长。

（2）标准曲线：配制系列标准溶液，以试剂空白为参比，在最大吸收波长处测定系列标准溶液的吸光度，绘制标准曲线。

（3）样品预处理：取维生素片一片，磨碎后，用新煮沸并冷却的蒸馏水溶解并稀释定容，得样品溶液。

（4）样品的测定：准确称取适量样品溶液于 50mL 棕色容量瓶中，用新煮沸并冷却的蒸馏水定容摇匀后，立即以蒸馏水为空白，在最大吸收波长处测定其吸光度值。

（5）计算样品中 VC 的含量。

**3. 碘量法实验关键**

$I_2/I^-$ 电对的标准电极电势为 0.535V，因此 $I_2$ 是较弱的氧化剂，只能与较强的还原剂作用。由于 VC 分子中的烯二醇基具有较强的还原性，故能被 $I_2$ 定量地氧化成二酮基：

$$C_6H_8O_6(\text{VC、抗坏血酸}) + I_2(\text{碘}) \longrightarrow C_6H_6O_6(\text{脱氢抗坏血酸}) + 2HI(\text{碘化氢})$$

VC 的半反应为：

$$C_6H_8O_6 \longrightarrow C_6H_6O_6 + 2H^+ + 2e^- \qquad \varphi^{\ominus} = +0.18V$$

1mol VC 与 1 mol $I_2$ 定量反应，VC 的摩尔质量为 $176.12g \cdot mol^{-1}$。

$I_2$ 溶液的浓度可以由已知浓度的 $Na_2S_2O_3$ 标准溶液滴定，以淀粉溶液为指示剂，滴定至蓝色刚好消失即为终点，它们之间发生如下反应：

$$2S_2O_3^{2-} + I_2 \longrightarrow S_4O_6^{2-} + 2I^-$$

根据以上反应，可计算出药片中 VC 的含量：

$$w_{C_6H_8O_6}(\%) = \frac{c_{I_2}V_{I_2}M_{C_6H_8O_6}}{m_{C_6H_8O_6}} \times 100\%$$

式中：$c_{I_2}$ 为 $I_2$ 溶液的浓度；$V_{I_2}$ 为滴定时所用 $I_2$ 溶液的体积；$M_{C_6H_8O_6}$ 为 VC 的摩尔质量；$m_{C_6H_8O_6}$ 为称取的 VC 的质量。

（1）VC 在中性或碱性溶液中易变质，加入 0.1% 草酸溶液调节 pH = 6.0，可减少其变质。

（2）由于 VC 对光不稳定，遇氧易分解，故本实验应避光操作，整个实验均用棕色容量瓶定容。

（3）由于 VC 极易被空气中的氧气氧化变质，所以实验时应盖上比色皿塞且快速进行测定。

（4）VC 会缓慢氧化成脱氢 VC，因此本实验所用蒸馏水需新煮沸并冷却，以除去水中的氧气。

## 实验思考

1. 该实验获得准确测定结果的关键是什么？

2. 测定出 VC 的浓度后，如何求得药片中 VC 的含量？

### 参考文献

1. 桑宏庆，王丽，刘宏．二苯胺磺酸钠褪色光度法测定饮料中还原型 VC．检测与分析[J]，2008，11(11)：40～42
2. 李玉红．钼蓝比色法测定水果中还原型 VC．天津化工[J]，2002，(1)：30～33
3. 陈建华，梁勇．HPLC 法测定复合维生素咀嚼片 VC 的含量．中国热带医学[J]，2005，5(3)：565～566
4. 赵连俊．水果中 VC 含量测定的研究．当代化工[J]，2008，37(6)：672～673
5. 刘军鸽，王增盛．紫外分光光度法测定蔬菜中 VC 含量．湖南农业大学学报[J]，1997，23(5)：474～476
6. 姚建华，董宝励，席晓岚，刘红．荧光法测定部分果蔬中 VC 含量．贵阳医学院学报[J]，1997，22(4)：365～367
7. 李文奇．荧光光度法测定食品中 VC 的总量．食品与发酵工业[J]，1994，1：67～69
8. 杨更生，朱岩，庄向平．高效液相色谱法同时测定饮料中的抗坏血酸、糖精、苯甲酸和山梨酸．色谱[J]，1989，7(5)：318～321

# 实验二　啤酒中草酸含量的测定

## 实验目的

（1）了解测定草酸含量的各种方法及特点；

（2）学习实验方案的设计并掌握确定实验条件的方法。

## 实验背景

啤酒于 20 世纪初传入中国，属外来酒种，是世界上消耗量排名在水和茶之后的第三种饮料。啤酒以大麦芽、酒花、水为主要原料，经酵母发酵作用酿制而成。

草酸是一种最简单的二元羧酸，普遍存在于各种蔬菜、谷物、水果之中，如小麦芽中都含有少量草酸。由于啤酒的主要原料是小麦、麦芽、大米等谷物，因此在酿造过程中会不可避免地引入一定量的草酸。如果人体草酸含量过高，会导致人体结石症，对人体健康产生危害。另外，作为非挥发性有机酸的一种，少量的草酸赋予啤酒清爽的酸味，但酸含量过高会导致啤酒出现非生物性浑浊，降低啤酒的质量和口感，总酸过高或嗅之有明显酸味的啤酒是不被消费者认可的。因此监控啤酒生产过程中的草酸和钙离子含量显得非常重要。

目前，草酸含量的测定方法很多，有分光光度法、荧光法、离子色谱法、高压液相色谱法、高锰酸钾滴定法等。

**1. 催化荧光光度法**

荧光，又称作“萤光”，是指一种光致发光的冷发光现象。一些物质被入射光照射时，会选择性地吸收某些波长的光而跃迁到较高能级的激发态，激发态分子不稳定，经振动弛豫和内转换等非辐射的跃迁形式跃迁到第一电子激发态的最低振动能级，再由第一电子激发态的最低振动能级跃迁回到基态，能量以光辐射的形式释放出来，这种光辐射就叫荧光。

每种荧光物质都有特征的荧光激发光谱和荧光发射光谱，根据荧光光谱可以进行定性分析，根据荧光强度的大小可以进行定量分析。荧光光度法的特点是灵敏度高(较吸收光谱法高约 1～3 个数量级)、选择性强，可提供激发光谱、荧光光谱、荧光效率、总荧光量等更多的分子结构和样品浓度信息。

荧光动力学分析始于20世纪50年代。化学反应的速率与反应物或催化剂的浓度有关，因而可以通过应用荧光法来检测反应速率，从而对待测物进行测定。催化荧光动力学分析法是荧光动力学分析法的主要类型，该法基于催化反应来检测物质的含量。

催化荧光光度法测定草酸，主要是利用草酸对氧化还原反应的催化作用，致使被氧化物的荧光强度明显减弱或熄灭，根据催化程度与草酸浓度在一定范围内呈线性关系从而对草酸进行定量分析。

在硫酸介质中，罗丹明B可发射很强的荧光。重铬酸钾可氧化罗丹明B使其荧光强度降低，但反应进行的较慢。当有草酸存在时，反应速率明显加快。因此，可通过找到荧光强度改变值与草酸含量的关系，从而测定啤酒样品中草酸的含量。

**2. 紫外－可见分光光度法**

在酸性条件下，草酸与三氯化钛反应可形成黄色配合物，其在400nm处有吸收，且在一定范围内，吸光度值与草酸浓度呈线性关系，据此可用紫外－可见分光光度法间接测定草酸的含量。

## 实验要求

（1）查阅文献，设计啤酒中草酸含量测定的实验方案。

（2）详细记录实验步骤、现象、数据和实验中遇到的问题。

（3）撰写实验报告。实验报告内容包括：研究目的、实验原理、仪器、试剂、详细的操作步骤、实验现象、实验结果、结果分析及讨论等。

## 实验指导

（1）催化荧光光度法实验关键

①最大激发和发射波长的测定：于25mL比色管中依次加入一定体积的硫酸溶液、罗丹明B溶液、重铬酸钾溶液，再加入适量的草酸标准溶液，加水至刻度，摇匀。放入一定温度的恒温水浴中加热一定时间，取出后用流水冷却至室温，于荧光光度计上测定荧光激发和发射光谱，确定最大激发和发射波长。

②实验条件的探讨：对反应介质及浓度、罗丹明B用量、重铬酸钾用量、反应温度和反应时间进行选择，确定各反应物的最佳浓度和最佳反应温度及时间。

③标准曲线的绘制：于6只25mL比色管中依次加入优化后的硫酸溶液、罗丹明B溶液、重铬酸钾溶液，加水约20mL，在1～6号比色管中分别加入不同体积的草酸标准溶液，加水定容至刻度，摇匀。放入最优化温度的恒温水浴中加热一定时间，取出后用流水冷却至室温，测定其在最大发射波长处的荧光强度，绘制标准曲线并给出线性回归方程。

④样品测定：测定方法与标准溶液的测定方法相同。

⑤数据处理：计算样品中草酸的含量（$mg \cdot mL^{-1}$）。

⑥荧光光度法的检测限较低，适合于草酸含量较低的啤酒样品的测定，很多啤酒中草酸的含量都超出了此检测范围，需对样品进行预处理。

⑦在测定前，应对啤酒进行脱气处理。

（2）紫外－可见分光光度法实验关键

①最大吸收波长的测定：将一定浓度的草酸标准溶液和一定浓度的三氯化钛溶液进行显

色反应，然后扫描并绘制其吸收光谱图，其中最大吸收峰所对应的波长即为最大吸收波长。

②显色条件的优化：三氯化钛溶液浓度和用量、温度、时间及 pH 值的选择。

③标准曲线的绘制：分别吸取 5mL 浓度分别为 $0mg\cdot L^{-1}$、$8mg\cdot L^{-1}$、$16mg\cdot L^{-1}$、$24mg\cdot L^{-1}$、$32mg\cdot L^{-1}$、$40mg\cdot L^{-1}$、$48mg\cdot L^{-1}$、$56mg\cdot L^{-1}$ 标准草酸溶液于 10mL 比色管中，在最佳显色条件下进行显色反应，在最大吸收波长处测定其吸光度值，以吸光度值为纵坐标，草酸浓度为横坐标绘制标准曲线。

④样品预处理：取啤酒样品 300mL 加入 30g 活性炭，于 65℃（磁力搅拌器控温）搅拌脱色 40min，过滤得到脱色啤酒，再于 70℃恒温水浴锅中减压蒸发至 100mL。

⑤样品测定：准确吸取预处理后啤酒样品 5mL，在最佳条件下进行显色反应，然后测定其吸光度值。

⑥数据处理：计算样品中草酸的含量（$mg\cdot L^{-1}$）。

（3）三氯化钛添加量偏低或偏高都会影响到吸光度值的稳定性。

（4）由于啤酒呈淡黄色且其中草酸浓度较低，不利于草酸的测定，因此要进行脱色与浓缩。

## 实验思考

1. 在荧光分析中为什么荧光物质的最大激发波长总是大于最大发射波长？
2. 紫外可见光度法测定草酸的原理是什么？
3. 对啤酒进行脱色与脱气的方法是什么？

### 参考文献

1. 任光明，闫永正，张海容．荧光法测定啤酒中的草酸．酿酒科技[J]，2006，12：110 ~ 111
2. 郑晓峰，郑华超．啤酒中的草酸及草酸钙沉淀．啤酒科技[J]，2006，9：20 ~ 22
3. 展海军，周长智，张立，弓彦忠．啤酒中草酸含量的测定．酿酒科技[J]，2006，4：102 ~ 104
4. 徐大好．啤酒中草酸含量的测定．中国酿造[J]，2008，15：79 ~ 82
5. 刘景，李崎，顾国贤．反相高效液相色谱法（RP－HPLC）测定麦汁中的草酸．中国酿造[J]，2005（10）：43 ~ 46
6. 唐波，韩芳，马骊．催化荧光动力学分析法的应用及其新进展．分析化学[J]，2001，29（3）：347 ~ 354

# 实验三　环境水样中多环芳烃的测定

## 实验目的

（1）熟悉多环芳烃的性质，了解环境水中多环芳烃的来源，增强环保意识；

（2）熟悉高效液相色谱仪的各组成部分及其作用；

（3）掌握环境水样的处理方法。

## 实验背景

多环芳烃（简称 PAHs）是指分子中含有两个或两个以上苯环的碳氢化合物，可分为芳香稠环型及芳香非稠环型。常见的多环芳烃类有机污染物主要有萘、苊、芴、菲、蒽、芘、苯并蒽、苯并芘以及它们衍生出的各种化合物。

环境中 PAHs 的来源有天然源和人为源。天然源主要是陆地和水生生物的合成、森林和草原火灾、火山爆发等。人为源是环境中 PAHs 的主要来源，包括化学工业污染源、交通运输污染源、生活污染源等。PAHs 因疏水性、难降解性和长距离迁移性，在自然水体中以痕量浓度广泛分布。PAHs 可通过呼吸道、皮肤、消化道进入人体，极大地威胁着人类的健康，有很强的致畸、致癌、致突变作用。PAHs 的监测已越来越受到人们的重视，各国通过制定相关法律来控制 PAHs 对人类生活环境的危害。我国饮用水卫生标准规定，苯并芘在水中的含量应小于 $0.01\mu g \cdot L^{-1}$，美国环保局列出 16 种 PAHs，要求总量不得大于 $0.2\mu g \cdot L^{-1}$。

多环芳烃中的很多化合物具有较强的致癌作用，它们普遍存在于各种水体中，因而是环境水优先监测的有机污染物。水体中的 PAHs 可呈 3 种状态：吸附在悬浮性固体上；溶解于水；呈乳化状态。水体中多环芳烃类有机污染物含量很低，因此在检测前，往往需要对水样进行富集预处理才能进行检测。常见水样预处理方法如下：

**1. 液－液萃取技术**

采用两种互不相溶或相互间溶解度较小、可以分层的溶剂系统(分别将其称为强极性相和弱极性相)进行两相萃取，其中强极性相通常是被污染的水溶液相，弱极性相要使用那些对芳烃类有机物易溶的溶剂，如：环己烷、正己烷等弱极性溶剂，在连续萃取完成后合并有机相并浓缩。

**2. 固相萃取法**

用固体物质作为萃取剂从样品中提取某些组分的方法，具体步骤包括活化、上柱、淋洗和洗脱。当水中痕量待测物质通过 SPE 柱时被富集，再被少量的选择性溶剂洗脱。因而，SPE 是同时进行萃取和浓缩的有效方法，特别适合远距离采集样品的处理。

**3. 固相微萃取技术**

传统的液－液萃取方法操作繁琐费时，需要消耗大量有机试剂，污染环境，危害实验人员的健康。固相萃取操作相对简单，试剂用量较少，但需进行多步操作，富集效率受水样过柱速度影响较大，样品前处理时间较长。固相微萃取是一种集采样、萃取和富集于一体的样品前处理方法，与前两种方法相比，其操作简单快速、无需有机溶剂、样品用量少、灵敏度高。

随着科学技术的不断进步，PAHs 的检测方法也在不断地发展，从最早的柱吸附色谱、纸色谱、薄层色谱(TLC)和凝胶渗透色谱(GPC)发展到现在的气相色谱(GC)、高效液相色谱(HPLC)、紫外吸收光谱(UV)、发射光谱(包括荧光、磷光和低温发光等)以及质谱分析、核磁共振等。

**4. 高效液相色谱法**

高效液相色谱法是常用的分析方法，由于组分在固定相和流动相之间的分配系数不同，使组分在固定相上的保留时间不一样，从而将混合样品中的各个组分分离，根据保留时间和峰面积(或峰高)进行定性和定量分析。

与气相色谱相比，高效液相色谱法有高压、高速、高效和高灵敏度四个突出的特点。气相色谱法只能分析永久性气体、低沸点(沸点在500℃以下)或相对分子质量在400以下的化学稳定的物质；与之相比，高效液相色谱法对样品的适用性较广，不受分析对象挥发性和热稳定性的限制，从而弥补了气相色谱法的不足。对那些高沸点、热稳定性差、相对分子质量大的有机物，原则上都可以用高效液相色谱法进行分析。在目前已知的有机化合物中，其中20%的物质可用气相色谱法分析，而80 %的物质则需用高效液相色谱法进行分析。

## 实验要求

（1）根据实验条件，设计环境水样中多环芳烃含量测定的实验方案。

（2）按照实验设计方案和操作步骤认真进行实验前准备。

（3）详细记录实验步骤、现象和原始数据。

（4）绘制标准样品的色谱图，并测定其保留时间。

（5）对实验结果进行讨论，指出实验方法的优缺点，提出实验改进方案。

（6）实验报告。在认真完成实验数据的整理分析后，以论文形式书写实验报告，内容包括：课题名称、研究目的、实验原理、仪器、试剂、详细的操作步骤、实验现象、实验结果、结果分析及讨论、误差分析等。

## 实验指导

（1）高效液相色谱法实验关键

①实验条件的优化：包括萃取涂层、萃取时间、萃取温度和离子强度；解吸条件优化，包括解吸方式、解吸溶剂及解吸时间。

②HPLC 条件的优化及定性分析：以254nm 为测定波长，$1mg \cdot L^{-1}$多环芳烃直接进样，同$20\mu g \cdot L^{-1}$多环芳烃在以上优化条件下萃取进样所得色谱图比较，根据色谱峰保留时间进行定性分析。

③标准曲线的绘制：待高效液相色谱仪基线平直后，依次注入多环芳烃系列标准溶液10μL，重复两次，取平均值，要求两次峰面积基本一致，记下峰面积和保留时间，根据实验数据绘制标准曲线。

④样品测定：注入样品溶液10μL，根据保留时间测定样品中多环芳烃的位置峰面积，再重复两次，取平均值，要求两次峰面积基本一致。

⑤数据处理：计算水样中 PAHs 的含量。

（2）极性较弱的100μm PDMS(Polydimethylsiloxane)萃取 PAHs 的效果最好；但对于较强极性的分析物，如苊烯、芴、蒽、菲和芘，50μm CW/TPR(Carbowax/Templated resin)的萃取效率比其他两者都好；而65μm PDMS/DVB(Divinylbenzene)对于每种 PAHs 的萃取效率均低于其他两种涂层。

（3）萃取时间是固相微萃取(SPME)中一个重要的影响因素，萃取达到平衡时，萃取效率最高。萃取平衡时间主要取决于分析物在溶液中的扩散系数，扩散系数越大，达到萃取平衡需要的时间越短。

（4）从热力学角度看，升高温度会减小分析物在萃取涂层相和水相之间的分配系数，从而降低吸附量；从动力学角度看，可加快分析物从水相扩散到萃取涂层的速度，缩短萃取平衡时间。

（5）用$1\mu g \cdot L^{-1}$标准溶液，在同样的萃取条件下，对 PAHs 的解吸效果静态优于动态。静态解吸所得色谱峰对称，灵敏度较高；动态解吸所得色谱峰出现拖尾，灵敏度也较低。增加甲醇在解吸溶剂(甲醇－水)中的比例可以提高解吸效率。

（6）用微量进样器取样时要注意不要吸入气泡。

(7)标准溶液和样品溶液的进样量要保持严格一致。

(8)实验结束后，要用蒸馏水清洗进样器，防止进样器生锈。

## 实验思考

(1) 高效液相色谱法实现高效的关键是什么?

(2) 试样中组分的洗脱顺序是什么?

### 参考文献


1. 魏复盛，徐晓白．水和废水监测分析方法指南[M]（下册）．北京：中国环境出版社，1997
2. 韩豫萍，项伟，孙汉董．多环芳烃类有机污染物的采样和预处理技术．云南化工[J]，2002，29(5)：37~39
3. 叶振福．高效液相色谱法分析水中多环芳烃(PAHs)．厦门科技[J]，1999，4：38~40
4. 郑海涛，刘菲，刘永刚．固相萃取-气相色谱法测定水中多环芳烃．岩矿测试验[J]，2004，23(2)：148~152
5. 贾瑞宝．水中多环芳烃测定方法的研究．中国环境监测[J]，1999，15(1)：40~43
6. 彭华，多克辛，南淑清，王伟．膜-柱串联固相萃取-高效液相色谱法测定水中多环芳烃(PAHs)的研究．中国环境监测[J]，2003，19(4)：29~30
7. 陈硕，韩宗勋，全燮，林官燮，杨凤林．毛细管固相微萃取-液相色谱法测定水中的多环芳烃．分析化学[J]，2003，31(2)：171~174
8. 郁建栓，朱晨红．高效液相色谱荧光检测快速分析水中多环芳烃化合物．中国环境监测[J]，1997，13(1)：20~22
9. 陶敬奇，王超英，李碧芳．固相微萃取——高效液相色谱联用分析环境水样中的痕量多环芳烃．色谱[J]，2003，21(6)：599~602
10. 林玉晖，张勇，袁东星．流动注射在线预富集——同步扫描荧光法分析水样中痕量多环芳烃．分析测试学报[J]，1998，17(2)：66~68


# 实验四　植物体中微量元素的测定

## 实验目的

(1) 了解微量元素及其检测方法;

(2) 提高综合运用知识分析解决问题的能力。

## 实验背景

微量元素是相对主量元素(大量元素)来划分的，根据寄存对象的不同可以分为多种类型，目前较受关注的主要是两类，一种是生物体中的微量元素，另一种是非生物体中(如岩石中)的微量元素。

植物体除需要钾、磷、氮等元素作为养料外，还需要吸收极少量的铁、硼、砷、锰、铜、钴、钼等元素作为养料，这些需要量极少，但是又是生命活动所必须的元素。

人体所需要的各种元素都是从食物中得到补充的，由于各种食物所含的元素种类和数量不完全相同，所以在平时的饮食中，能做到粗、细粮结合和荤素搭配，不偏食、不挑食，就能基本满足人体对各种元素的需要。反之，会造成某些元素的缺乏。

人体缺乏某种微量元素会导致疾病，如缺铁导致贫血；缺锌使免疫力下降并影响发育和智力；缺碘发生甲状腺肿大等。若能在对这些疾病进行药物治疗的同时辅以食补，效果将会更好。研究表明，黑木耳、海藻类、动物肝脏、黄花菜、血豆腐、蘑菇、油菜、腐竹、酵母、芝麻、蚬子等含铁量较多，而含锌多的食物有鱼、牡蛎、瘦猪肉、牛肉、羊肉、动物肝肾、蛋类、可可、奶制品、干酪、花生、芝麻、大豆制品、核桃、糙米、粗面粉等，含镁多的食物有海带、紫菜、芝麻、大豆、糙米、玉米、小麦、菠菜、芥菜、黄花菜、黑枣、香蕉、菠萝等，含碘多的食物有海带、紫菜、海鱼、海虾等。上述食物究竟含有多少铁、锌、镁、碘呢？必须要对它们的含量进行测定才能知道。

微量元素含量测定的方法主要有比色法、分光光度法、原子吸收光谱法、原子发射光谱法、质谱法、原子荧光法、毛细管电泳法等。

**1. 比色法**

比色法是以生成有色化合物的显色反应为基础的，一般包括两个步骤：首先是选择适当的显色试剂与待测组分反应，形成有色化合物，然后再比较或测量有色化合物的颜色深度。比色分析对显色反应的基本要求是：①反应应具有较高的选择性，即选用的显色剂最好只与待测组分反应，而不与其他干扰组分反应；②反应生成的有色化合物有恒定的组分和较高的稳定性；③反应生成的有色化合物有较高的灵敏度、摩尔吸光系数一般应在 $10^4$ 以上；④反应生成的有色化合物与显色剂之间的颜色差别较大，它们的最大吸收波长之差一般应在 60nm 以上。选用的显色剂可以是一种试剂，也可以是两种不同的试剂。如果待测组分与两种不同的试剂反应生成一种有色化合物，则称为三元络合物显色反应。这类显色反应常常具有更高的灵敏度和选择性，在比色法和紫外－可见分光光度法中应用非常普遍。选择适当的显色反应，研究最合适的反应条件和消除干扰的方法是比色分析的关键。溶液的酸度、显色剂的用量、温度、溶剂等对显色反应都有影响。

**2. 原子吸收光谱法**

原子吸收光谱法（Atomic Absorption Spectrometry，简称 AAS）是基于从光源辐射出待测元素的特征光波，通过样品的蒸气时，被蒸气中待测元素的基态原子所吸收，由辐射光波强度减弱的程度，求出样品中待测元素含量的分析方法。利用原子吸收光谱法测量的设备称为原子吸收分光光度计。原子吸收分光光度计一般由四大部分组成，即光源（单色锐线辐射源）、试样原子化器、单色仪和数据处理系统（包括光电转换器及相应的检测装置）。

在原子吸收光谱分析中，试样中被测元素的原子化是整个分析过程的关键环节。实现原子化的方法，最常用有两种：一种是火焰原子化法（火焰原子化器），是原子光谱分析中最早使用的原子化方法，至今仍在广泛地被应用；另一种是非火焰原子化法，其中应用最广的是石墨炉电热原子化法。

火焰原子化法的优点是：操作简便，重现性好，有效光程大，对大多数元素有较高灵敏度。缺点是：原子化效率低，灵敏度不够高，而且一般不能直接分析固体样品。

石墨炉电热原子化法的优点是：原子化效率高，在可调的高温下试样利用率达 100%，灵敏度高，试样用量少，适用于难熔元素的测定。缺点是：试样组成受不均匀性的影响较大，测定精密度较低，共存化合物的干扰比火焰原子化法大，干扰背景比较严重，一般都需要校正背景。

**3. 原子发射光谱法**

原子发射光谱法（Atomic Emission Spectrometry，简称 AES）是利用样品受到激发后发射光谱的波长及强度对样品进行定性及定量分析的方法。目前原子发射光谱法多用电感耦合等离子体(Inductively Coupled Plasma，简称ICP)作为光源，等离子体的高温消除了火焰中存在的许多化学干扰，而且由于此时大多数元素都容易被激发，因此也可适用于难熔氧化物元素及难激发的元素。ICP-AES法具有检出限低、精确度高、选择性好、线性范围宽、分析速度快、测定范围广等优点，并能同时测定多种元素，在中药微量元素分析中得到了广泛应用。同时也可与流动注射联用，提高分析方法的效率。

**4. 质谱法**

质谱法(Mass Spectrometry，简称MS)是一种在电场和磁场的作用下，对带电荷离子进行分离，测量各种离子谱峰的强度而实现分析目的的一种分析方法。质量是物质的固有特征之一，不同的物质有不同的质量谱——质谱，利用这一性质，可以进行定性分析(包括分子质量和相关结构信息)，也可用于定量分析(谱峰强度与化合物含量有关)。质谱法具有灵敏度高、样品用量少、分析速度快、结果精确、分离和鉴定可同时进行等优点，广泛用于地质学、矿物学、地球化学、核工业、材料科学、环境科学、医学卫生、食品化学、石油化工等领域以及空间技术和公安工作等特种分析方面。

用于检测物质谱的仪器叫做质谱仪。质谱仪按照应用范围可以分为同位素质谱仪、无机质谱仪和有机质谱仪。无机质谱仪主要用于无机元素微量分析和同位素分析等方面。分为火花源质谱仪、离子探针质谱仪、激光探针质谱仪、辉光放电质谱仪、电感耦合等离子体质谱仪。火花源质谱仪不仅可以进行固体样品的整体分析，而且可以进行表面和逐层分析甚至液体分析；激光探针质谱仪可进行表面和纵深分析；辉光放电质谱仪分辨率高，可进行高灵敏度、高精度分析，适用范围包括元素周期表中绝大多数元素，分析速度快，便于进行固体分析；电感耦合等离子体质谱仪，谱线简单易认，灵敏度与测量精度很高。

**5. 毛细管电泳法**

毛细管电泳法由于具有高效、快速、进样量少、易于自动化等优点，广泛地应用于药物、生物、临床医学等领域。毛细管电泳法是以弹性石英毛细管为分离通道，以高压直流电场为驱动力，依据样品中各组分之间淌度和分配行为上的差异而实现分离的电泳分离分析方法。金属离子在毛细管电泳中的分离很大程度上取决于离子的当量电导，因此在对它们进行分离时常常需要加入络合剂，以改变单个离子的淌度，取得最佳的分离效果。

用于金属离子分离的络合剂分为弱络合剂和强络合剂。弱络合剂为羧酸和羟基羧酸类(如乙酸、$\alpha$-羟基异丁酸、乳酸、酒石酸等)，所产生的络合物自身无紫外吸收，用间接方法检测。强络合剂主要是氨基多羧酸类(如EDTA、DTPA、NTA等)。用于金属离子毛细管电泳分析的络合剂应具有以下特点：①与金属离子的络合反应灵敏、快速；②形成的金属络合物应具有一定的稳定性；③各种金属络合物的最大吸收波长尽可能相近，并应远离络合剂的最大吸收波长。

**6. 原子荧光光谱法**

原子荧光光谱法是处于气相的原子蒸气适当吸收光源辐射后，又重新激发出具有荧光形式的特征光谱，根据其特征及强度，确定化学元素及含量的方法。吸收和再次发射的波长可以相同也可以不同。原子荧光光谱法具有以下优点：①有较低的低检出限，灵敏度高，特别对Cd、Zn等元素有相当低的检出限，Cd为0.001 $ng \cdot cm^{-3}$、Zn为0.04 $ng \cdot cm^{-3}$；②干扰较少，谱线比较简单；③分析校准曲线线性范围宽，可达3~5个数量级；④由于原子荧光是向空间各个方向发射的，比较容易制作多道仪器，因而能实现多元素同时测定。

## 实验要求

（1）选择日常生活中常见的一些植物或自己感兴趣的植物，设计测定其中常见微量元素（如：Cu、Zn、Fe、Mg）的实验方案。

（2）以论文形式提交实验报告，内容包括：课题名称、研究目的、实验原理、仪器、试剂、详细的操作步骤、实验现象、实验结果、结果分析及讨论等。

## 实验指导

**1. 试样的预处理**

大多数样品必须先经物理或化学处理，使其变成适合测定的形式。样品预处理中，最重要的环节之一就是样品的分解。常规的固体样品溶解方法有干灰化法和湿消化法。植物样品常采用的分解方法可分为干法、湿法、高压溶样法、微波炉消化法及酸浸提法等。

（1）湿消化法　湿消化法又称为湿分解法或湿氧化法，通常指用酸与样品在常压下一起消煮，从而将有机物分解的方法。大多数植物样品在加热的情况下与强酸或混合酸作用，有机物质被分解为二氧化碳和水而被除去，不会干扰微量元素的测定。样品湿法氧化中常用的酸为硝酸、硫酸、高氯酸以及它们的混合物。

（2）干灰化法　干灰化法是在一定气氛和一定温度范围内加热，破坏有机物，将残留的矿物质成分溶解在稀酸中。它是处理植物样品的有效方法之一。依照灰化方式的不同，干灰化法可分为三种：高温电炉法、低温灰化法和燃烧法。

**2. 消解体系的选择**

不同的消解体系对样品的破坏程度不同，所以对于不同的样品，应根据样品本身的性质及欲测定的不同元素在不同检测器上的灵敏度、受干扰情况等因素选择不同的消解体系。常见的一些消解体系有 $HNO_3$、$HNO_3-H_2SO_4$、$HNO_3-HClO$、$HNO_3-H_2O_2$；$NH_3-HCl$、$HNO_3-HF$ 等。$HNO_3-HF$ 常用于溶解硅酸盐，但过程比较危险，而且过多的 HF 不易除去，有很强的腐蚀性；选用 $HNO_3-H_2SO_4$ 时，当样品中含有大量的 Ba、Ca 等碱土金属时，易和 $H_2SO_4$ 形成难溶的硫酸盐，并吸附样品中的其他金属离子沉淀下来，使溶液的黏度增大，同时消化温度高，易引起挥发元素的损失，驱赶过量的硫酸不易，所以不常采用；采用 $HNO_3$ 或 $HNO_3-HCl$ 为消解体系时，一般遇到的问题是消解不完全；在消化生化样品时，通常是采用 $HNO_3-HClO_4$ 和 $HNO_3-H_2O_2$ 这两种混酸体系，因为这两种消解体系氧化能力强，分解速度快，$HClO_4$ 氧化性特强，尤其在高温冒烟时，易出现危险，只能在特定的通风橱中使用；$HNO_3-H_2O_2$ 体系是最适用于生化样品的消解体系，因为一方面，高压下 $HNO_3$ 分解温度提高，加速反应，另一方面由于其具有强氧化性，在酸性介质中分解产生高能态的活性氧且过量的 $H_2O_2$ 易除去，不干扰测定。

## 实验思考

1. 植物体和动物体中微量元素的测量有何异同？
2. 如何测量人体中的微量元素？
3. 通过实验，你认为最方便的微量元素测定方法是哪一种？为什么？

### 参考文献

1. 王夔．生命科学中的微量元素［M］．北京：中国计量出版社，1992

2. 高路斯，邹龙江，潘学民．设计性综合开放实验教学模式探索．实验技术与管理[J]，2006，23（3）：96~99
3. 李增新，薛淑云，梁强，黄婕，郑清华，李辉．高师化学专业实验室开放的探索与实践．实验室研究与探索[J]，2007，26（3）：172~173
4. 郑成，黄开勋．中药微量元素研究的内容、方法及进展简述．广州化工[J]，2000，28(4)：139~142
5. 周天泽．无机微量元素形态分析方法学简介．分析实验室[J]，1991，10(3)：44~50
6. 屈锋，王敏，林金明．微量金属元素的毛细管电泳分析方法及应用．分析化学[J]，2005，33(4)：562~568

# 实验五　自来水中氟含量的测定

## 实验目的

（1）了解氟的性质以及水中过量氟对人体的危害；

（2）掌握用软件绘制标准曲线；

（3）掌握水中氟含量的测定方法。

## 实验背景

氟是人体生命活动的必需微量元素之一，广泛存在于自然水体中。适当的氟是人体所必需的，人体各组织中都含有氟，主要积聚在牙齿和骨筋中。但过量的氟对人体有危害，我国生活饮用水按照国际标准规定，饮用水中氟化物含量必须≤$1.0mg \cdot L^{-1}$。

氟化钠对人的致死量为6~12g，饮用水含$2.4 \sim 5mg \cdot L^{-1}$则可出现氟骨症。表现为胳膊伸不直、网球肘、易摔跤、摔跤易骨折等。这些都是因为包括骨质疏松、骨硬化、肌腱韧带骨化等造成的，称为慢性氟骨症。高浓度氟污染可引起皮肤灼伤、皮炎、呼吸道炎症，低浓度氟则能造成人体牙齿和骨骼的氟中毒，导致出现牙质缺损、脱落或腰腿疼、关节畸形、钙化等。近年的研究还发现，氟化物对人体的毒害作用不仅局限于骨和齿，还能引起物质代谢紊乱，甚至间接导致一系列更为严重的后果。目前，人体中的氟化物对生命健康的影响机理和确切结果等许多研究仍在进展中，但体内氟化物过量对健康有害则是定论。

高氟水在我国分布很广，遍布27个省、市、自治区。其中，山西、陕西、东北、内蒙古、山东、河北、贵州等地是氟斑牙发生率较高的地区。因此，测定空气、水、食品等周围环境中氟的浓度有着重大的意义。

目前，测定水中氟的方法主要有离子选择电极法、离子色谱法、极谱法、分光光度法、流动注射光度法等。下面主要介绍氟离子选择性电极法（标准曲线法和标准加入法）。

离子选择性电极是一种电化学传感器，它将溶液中待测离子的活度转换成相应的电位。氟离子选择性电极的敏感膜是$LaF_3$单晶膜，电极管内装$0.1mol \cdot L^{-1}NaCl-NaF$内参比溶液和Ag-AgCl内参比电极。将其插入待测溶液时，在敏感膜内外两侧产生膜电位。电位与离子活度间的关系可用Nernst方程来表示。

以氟电极为指示电极，饱和甘汞电极为参比电极插入被测溶液组成原电池，电池的电动势可以表示为：

$$E = k - \frac{RT}{F}\ln a_{F^-} \tag{1}$$

活度和浓度的关系为：

$$a_{F^-} = \gamma \cdot c_{F^-} \text{ —（}\gamma\text{ 为活度系数）} \quad (2)$$

根据路易斯经验式：

$$\lg \gamma_{\pm} = -\kappa\sqrt{I} \text{（}k\text{ 为常数，}I\text{ 为离子强度）} \quad (3)$$

在测量中，控制总离子强度为定值，则 $\gamma_{\pm}$ 可看作是定值，所以式(1)可以写为：

$$E = k - \frac{RT}{F}\ln a_{F^-} = k - 2.303\frac{RT}{F}\lg c_{F^-} = k - 0.0592\lg c_{F^-} \quad (25℃)$$

$E$ 与 $\lg c_{F^-}$ 呈线性关系，只要做出 $E-\lg c_{F^-}$ 的标准曲线，根据测得水样的 $E$，在标准曲线上就可以求得水中氟的含量。

氟电极只对游离的氟离子有响应。溶液的酸度对测定有影响，在酸性溶液中，$H^+$ 和 $F^-$ 形成 HF 或 $HF_2^-$，降低 $F^-$ 浓度。在碱性溶液中，$LaF_3$ 与 $OH^-$ 发生反应从而增加 $F^-$ 的浓度。因此，使用氟电极适宜的 pH 值范围是 5～8(因 $F^-$ 浓度大小而异)。

与氟离子形成混合物的多价阳离子(如三价铝、三价铁和四价硅)干扰测定，其他常规离子无影响，测量溶液 pH 值最佳为 5～6。用总离子强度调节缓冲液消除干扰离子和酸度的影响。

## 实验要求

(1) 通过查阅资料，设计测定自来水中氟含量的实验方案。

(2) 详细记录实验数据，最好列成表格形式。

(3) 以小论文形式按时提交设计报告。内容包括：实验目的、实验原理、仪器、试剂、详细的操作步骤、实验现象、实验结果、结果分析及讨论等。

## 实验指导

(1) 氟离子选择性电极法实验关键

①仪器校准：插上电源插头，按下电源按键，指示灯亮，将选择开关置于"mV"档，预热半小时左右。

②清洗氟离子选择性电极：氟电极接仪器负极接线柱，甘汞电极接仪器正极接线柱。将两电极插入蒸馏水中，开动搅拌器，使电位小于 -200 mV，若读数大于 -200mV，则更换蒸馏水，如此反复几次即可达到电极的空白值。若仍不能使电位小于 -200mV，可用金相砂纸轻轻擦拭氟电极，继续清洗至 -220 mV。

③标准曲线：吸取 $10\mu g \cdot mL^{-1}$ 的氟标准溶液 0.00、0.50、1.00、3.00、5.00、8.00、10.00mL，分别放入 7 个 100mL 容量瓶中，各加入 20mL 总离子强度调节缓冲溶液(TISAB)，用水稀释至标线，摇匀。由低浓度到高浓度依次移入塑料烧杯中(空白溶液除外)，插入氟电极和参比电极，放入一只塑料搅拌子，电磁搅拌 2min，静置 1min 后读取平衡电位(达平衡电位所需时间与电极状况、溶液浓度和温度等有关，视实际情况掌握)，最后测定水样电位值。在每一次测量之前，都要用水将电极冲洗干净，并用滤纸吸干(注意：测定时，需由低浓度到高浓度依次测定)。以 $E$ 为纵坐标，$\lg c_{F^-}$ 为横坐标作图，即得标准曲线。

④样品测定：取 20.00mL 水样(或适量)于 100mL 容量瓶中，加入 20mLTISAB 溶液，用水稀释至刻度，摇匀后全部转入 200mL 的干燥烧杯中，测定电位值 $E$。在标准曲线上查出稀释后水样的 $F^-$ 浓度，然后计算出水样中 $F^-$ 含量。

（2）氟电极在使用前应放入纯水中浸泡半天以上，或在 $1\times10^{-3}$ mol·$L^{-1}$ NaF溶液中活化1～2h，再用去离子水洗到空白电位（电极在不含 $F^-$ 的去离子水中的电位接近 −260mV）。连续使用的间隙电极可浸泡在水中，长期不用则晾干保存。$LaF_3$ 单晶膜片勿与坚硬物碰破，晶片上如有油污，可用脱脂棉浸以酒精、丙酮依次轻拭，再用去离子水洗净。电极钝化后可用06金相砂抛光固态膜，一般可恢复到原性能。测定时，为避免记忆效应，应按溶液浓度从稀到浓的次序进行。

（3）温度对电极电位和电离平衡有影响，须使试液和标准溶液的温度相同，并注意调节仪器的温度补偿装置使之与溶液的温度一致。

（4）每测一个溶液之前，都必须把电极清洗干净，并用滤纸吸干；电极在插入溶液中不得碰撞；读数时一定要注意读稳定的电位值。

（5）用氟离子选择电极法测定自来水中氟离子含量时，加入TISAB的组成有三部分：盐酸缓冲溶液，作用是控制溶液的pH值；柠檬酸钠，作用是掩蔽干扰离子；大量支持电解质如 $NaNO_3$，作用是控制溶液的总离子强度。

（6）电极使用后，应清洗至电位为空白电位值，擦干再保存。

（7）电极在连续使用期间，要浸泡在水中，长期不用时，要风干后保存。

## 实验思考

1. 总离子强度调节剂包括哪些成分？各成分的作用是什么？
2. 标准曲线法定量分析的缺点是什么？
3. 氟离子选择电极测定 $F^-$ 的原理是什么？

### 参考文献

1. 张晓丽，江崇球，吴波．仪器分析实验[M]．北京：化学工业出版社，2006
2. 胡敏．水中微量氟测定方法比较．牙膏工业[J]，2006，2：41～43
3. 霍广进，刘桂英．环境水中微量氟的测定．河北师范大学学报[J]，2005，29(4)：390～394
4. 吴宏，徐丽娜，王镇浦．流动注射分光光度法测定水中痕量氟化物．化工环保[J]，1999，19(6)：369～372
5. 李锦昕，刘国均．离子交换预浓集流动注射离子选择电极法测定水中氟．分析化学[J]，1995，23(6)：671～673
6. 胡美珍，黄秋怡．水中氟的快速测定．上海师范大学学报[J]，2003，32(4)：57～61
7. 何建英，刘绣华，刘海澜．水中痕量氟的动力学光度法测定．河南大学学报[J]，1993，23(3)：68～70

# 实验六　食品中亚硝酸根含量的测定

## 实验目的

（1）了解食品中亚硝酸盐对人体的危害；

（2）学习食品试样的处理方法；

（3）掌握测定亚硝酸盐的方法。

## 实验背景

亚硝酸盐主要指亚硝酸钠，为白色至淡黄色粉末或颗粒，味微咸，易溶于水。外观及滋味都与食盐相似，并在工业、建筑业中广为使用，肉类制品中作为发色剂限量使用。亚硝酸根广泛存在于土壤、水、食品和其他一些物料中，易与食品中的蛋白质结合，能较长时间保持食品的色香味不变；对梭状芽孢杆菌有一定的抑制作用，具有防腐性；但亚硝酸盐具有一定的毒性，是食品添加剂中急性中毒最强的物质之一。当人体摄入一定量的作为氮循环中间产物的亚硝酸盐时，可发生高铁血红蛋白症。大量的亚硝酸盐进入人体，不仅会导致中毒，而且在一定条件下亚硝酸盐会转化为致癌的亚硝胺。联合国粮农和世界卫生组织专门委员会认为，每人每天亚硝酸盐的摄入量应 $<20$mg。因此亚硝酸根是食品、卫生、水质、环境、纺织等行业中的重要监测项目之一。

测定亚硝酸根的标准方法为 Griess 法，但其灵敏度不高，$\varepsilon$ 为 $10^4$ 数量级，所需试剂和显色反应稳定性较差，且使用的 $\alpha$－奈胺是一种致癌物质，易污染环境。目前，还没有一种测定方法能在基体中存在大量潜在干扰物质时有效地测定亚硝酸根。因而针对不同基体而建立了测定亚硝酸根的电化学法、荧光法、化学发光法、极谱法等。

**1. 化学发光法**

化学发光是指在某些特殊的化学反应中，反应的中间体或产物由于吸收了反应释放的化学能而处于电子激发态，当其回到基态时伴随产生的光辐射现象。根据化学发光反应在某一时刻的发光强度或反应的发光总量来确定反应中相应组分含量的分析方法，称为化学发光分析。广义的化学发光也包括电致化学发光。一个化学反应要产生化学发光现象，必须满足以下条件：第一是该反应必须提供足够的激发能，并由某一步骤单独提供；第二是要有有利的反应过程，使化学反应的能量至少能被一种物质所接受并生成激发态；第三是激发态分子必须具有一定的化学发光量子效率释放出光子，或者能够转移它的能量给另一个分子使之进入激发态并释放出光子。化学发光反应能用于分析测定，是因为化学发光强度与化学反应速度相关联，因而一切影响反应速度的因素都可以作为建立测定方法的依据。

在化学分析中，酰肼类有机化合物（鲁米诺及鲁米诺类）作为发光试剂的例子很多，其中以鲁米诺的研究和使用最多。鲁米诺在碱性溶液中被氧化剂氧化，可产生最大波长为 425nm 的光辐射。在通常情况下，鲁米诺被氧化的化学发光反应相当缓慢，但当有某些催化剂存在时，反应非常迅速。在很大浓度范围内，催化剂浓度与发光强度成正比，从而可进行化学发光分析，达到很高的灵敏度。酸性介质中，$NO_2^-$ 将亚铁氰化钾氧化为铁氰化钾，在尿酸的增强作用下，铁氰化钾氧化鲁米诺产生化学发光，从而可间接测定 $NO_2^-$ 的浓度。

**2. 催化动力学光度法**

动力学分析法是以反应速率的测量为基础的定量分析的方法，其中催化动力学方法的研究和应用比非催化方法应用更为普遍。催化动力学光度法是一种动力学分析方法与分光光度法联用的分析技术，主要基于被测物催化某种显色反应或褪色反应，催化程度与被测物浓度在一定范围内呈线性关系，据此建立了测定物质的催化动力学光度法。催化动力学光度法具有仪器廉价、灵敏度高、操作简便、分析成本低等优点。

催化动力学光度法测定亚硝酸根是根据亚硝酸根对某些氧化还原反应具有催化作用，使研究体系中指示物质的吸光度降低，而吸光度降低的程度与亚硝酸根的量存在定量关系，据此可测得亚硝酸根的含量。在稀 $H_3PO_4$ 介质中，痕量亚硝酸根对高碘酸钾氧化结晶紫的褪色反应有明显的催化作用，因此能用催化动力学光度法测定亚硝酸根的含量。

## 实验要求

（1）通过文献检索，设计测定食品中亚硝酸根含量的实验方案。

（2）实验报告。内容包括：研究目的、实验原理、仪器、试剂、详细的操作步骤、实验现象、实验结果、误差分析、结果分析及讨论等。

（3）总结设计方案的优缺点，并提出改进意见。

## 实验指导

（1）化学发光法实验关键

①鲁米诺分析液的制备：吸取尿酸溶液5.00mL，鲁米诺溶液10.00mL，用0.5mol·$L^{-1}$ NaOH溶液定容至50mL；

$NO_2^-$ 分析液的制备：吸取不同浓度的 $NO_2^-$ 标准溶液5.00mL、0.10mol·$L^{-1}$亚铁氰化钾溶液10.00mL、$5.0\times10^{-3}$mol·$L^{-1}$EDTA溶液3.00 mL、0.06 mol·$L^{-1}$ HCl 5.00mL，定容至50mL。

②优化实验条件：对尿酸浓度、鲁米诺浓度、亚铁氰化钾浓度和体系酸度进行选择。

③标准曲线的绘制：取鲁米诺分析液3.00mL，由试剂管加入到化学发光仪的反应池中，取 $NO_2^-$ 分析液2.00mL于试液储管中，平稳快速地打开试液储管活塞，把试液加入到反应池中，记录反应的发光峰信号，绘制标准曲线。

④样品处理与测定：按上述方法测定处理后的样品溶液，记录数据。根据标准曲线进行计算，得到样品中亚硝酸根的含量。

（2）催化动力学光度法实验关键

①绘制吸收曲线：配制不同浓度溶液，按实验方法操作，在紫外可见分光光度计上扫描并绘制吸收曲线。

②实验条件选择：反应介质的选择及用量影响、试剂用量的影响、反应温度及加热时间的选择。

③标准曲线的绘制：分别取一系列亚硝酸根标准溶液，在最佳反应条件下进行催化褪色反应，依次测定其吸光度值，同时做空白实验，以吸光度的降低值为纵坐标，亚硝酸根的浓度为横坐标绘制工作曲线。

④样品预处理与测定：根据实际样品性质，对样品进行测定前处理。然后按照上述实验方法进行测定。

⑤数据处理：根据标准曲线线性方程计算样品中 $NO_2^-$ 的含量。

（3）尿酸浓度为$5.0\times10^{-3}$g·$L^{-1}$时，发光强度最大。

（4）鲁米诺是体系的发光剂，随着鲁米诺浓度的增加，发光强度增大，但基线也会随之而增高。

（5）$NO_2^-$ 氧化亚铁氰化钾需要在酸性溶液中进行，而铁氰化钾氧化鲁米诺要在碱性介质中进行。

(6)在绘制吸收曲线，配制不同体系的溶液时，相同组分溶液的浓度相同。

## 实验思考

1. 化学发光的原理是什么?
2. 什么是催化动力学光度法?

### 参考文献

1. 王琦．亚硝酸盐的危害及其替代物的研究进展．中国饮食卫生与健康[J]，2005，33(6)：55～56

2. 罗志勇，张胜涛，赵会明．催化光度法测定痕量亚硝酸根的研究进展．理化检验[J]（化学分册），2005，41(10)：788～792
3. 彭少伟．甲基红褪色光度法测定微量亚硝酸根的研究．光谱实验室[J]，2007，24(3)：303～305
4. 庄会荣，刘晓泓．吸光光度法测定微量亚硝酸根的研究．山东农业大学学报[J]，2006，37(2)：227～230
5. 周之荣，王文敏，王黎．动力学光度法测定食品中痕量亚硝酸根．食品科学[J]，2005，26(10)：181～183
6. 苏小东．亚硝酸根光分析方法研究的新进展．四川师范大学学报[J]，2003，26(6)：61～62
7. 杨维平．用偶合反应——流动注射化学发光法测定食品和水中痕量亚硝酸根．化学分析研究简报[J]，1997，25(8)：257～260
8. 高岐，张海燕．化学发光分析法测定食品中微量亚硝酸根．理化检验－化学分册[J]，2003，39(9)：87～89
9. 陈雪松．催化动力学光度法在痕量元素测定中的进展．内蒙古石油化工[J]，2004，30：23～25

# 实验七　多维葡萄糖中维生素 $B_2$ 含量的测定

## 实验目的

（1）了解 $VB_2$ 的化学结构式及其性质；

（2）熟悉干扰测定的意义及方法；

（3）掌握荧光光度计的操作技术和测定多维葡萄糖中 $VB_2$ 的方法；

（4）学习选择物质的最大激发波长和最大发射波长。

## 实验背景

多维葡萄糖原料组成主要包括：$VB_1$、$VB_2$、$VB_{12}$、VC、烟酸、泛酸钙及载体葡萄糖，其组分是生长发育所必需的维生素，并参与机体代谢过程，促进机体对钙、磷和其他营养成分的吸收利用。

维生素 $B_2$（简称 $VB_2$），又称核黄素、维他命 $B_2$，是橘黄色无臭的针状结晶，易溶于水而不溶于乙醚等有机溶剂。在中性或酸性溶液中稳定，光照易分解，对热稳定。它是人体必需的 13 种维生素之一，在自然界分布广泛，是哺乳动物必需的营养物。

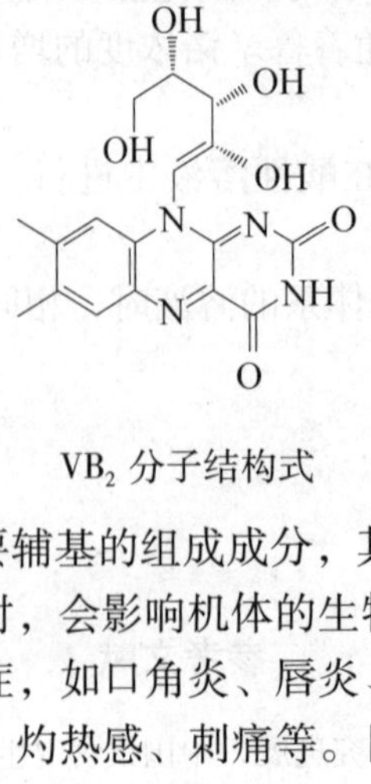


$VB_2$ 分子结构式

$VB_2$ 是机体中许多酶系统的重要辅基的组成成分，其辅酶形式是黄素单核苷酸和黄素腺嘌呤二核苷酸。当机体缺乏核黄素时，会影响机体的生物氧化，使代谢发生障碍。其病变多表现为口、眼和外生殖器部位的炎症，如口角炎、唇炎、舌炎、眼结膜炎和阴囊炎等。如果摄取过多，则可能引起瘙痒、麻痹、灼热感、刺痛等。目前，$VB_2$ 的测定方法主要是荧光法和高效液相色谱法等。

在紫外或波长较短的可见光照射后，一些物质会发射出比入射光波长更长的荧光。以测量荧光的波长和强度为基础的分析方法叫做荧光光度分析法。

荧光光谱包括荧光激发光谱和荧光发射光谱两种。激发光谱是荧光物质在不同波长的激发光作用下测得的某一波长处的荧光强度的变化情况，也就是不同波长的激发光的相对效率；发射光谱则是某一固定波长的激发光作用下荧光强度在不同波长处的分布情况，也就是荧光中不同波长的光成分的相对强度。每种荧光物质都有特征的荧光激发光谱和荧光发射光谱，根据荧光光谱可以对物质进行定性分析。对同一物质而言，若 $\varepsilon bc \ll 0.05$，即溶液浓度很小时，溶液产生的荧光强度 $F$ 与该物质的浓度 $c$ 成正比。荧光强度的公式为：

$$F = 2.3\varphi I_0 \varepsilon bc$$

式中：$\varphi$ 为荧光量子产率；$I_0$ 为入射光强度；$\varepsilon$ 为荧光物质的摩尔吸光系数；$b$ 为试液的吸收光程；$c$ 为荧光物质的浓度。

$VB_2$ 的水溶液在 430～440nm 蓝光或紫外光照射下会发生绿色荧光，荧光峰在 535nm，在 pH = 6～7 的溶液中荧光强度最大，在 pH = 11 的碱性溶液中荧光消失。故可用荧光光谱法测定 $VB_2$ 的含量。

多维葡萄糖中含有 $VB_1$、$VB_2$、VC、$VD_2$ 及葡萄糖，其中 VC 和葡萄糖在水溶液中不发荧光，$VB_1$ 本身无荧光，在碱性溶液中用铁氰化钾氧化成色素后方可产生荧光，$VD_2$ 用二氯乙酸处理后才有荧光，且最大激发波长在 390nm，最大发射波长在 480nm，它们都不干扰 $VB_2$ 的测定。$VB_2$ 在碱性溶液中经光线照射，会发生分解而转化为光黄素，后者的荧光比核黄素的荧光强得多。因此，测量 $VB_2$ 的荧光时，溶液要控制在酸性范围内，且须在避光条件下进行。

## 实验要求

（1）通过检索文献和收集资料，设计多维葡萄糖中 $VB_2$ 含量测定的实验方案。

（2）根据实验的设计方案列出实验所需仪器、药品的清单。按照实验设计方案和操作步骤认真进行实验前准备。

（3）对实验结果进行讨论，指出实验方法的优缺点，提出实验改进方案，并总结心得体会。

（4）在认真完成实验数据的整理分析后，按照课题名称、研究目的、实验原理、实验方法、实验现象、实验结果、结果分析及讨论等项目完成实验报告或论文的书写。

## 实验指导

（1）实验关键

①荧光光度计设定：打开氙灯，再打开主机，然后打开计算机启动工作站并初始化仪器，预热 30min。设置参数：激发波长，发射波长，灵敏度，入射缝宽和出射缝宽。

②标准曲线的绘制：于 6 只 50mL 容量瓶中，分别加入 $10\mu g \cdot mL^{-1}$ $VB_2$ 标准溶液 0.50、1.00、1.50、2.00、2.50、3.00mL，再各加入冰乙酸 2.0mL，加水至标线，摇匀。在荧光分光光度计上，用 1cm 荧光比色皿于激发波长 440nm、发射波长 535nm 处，从稀到浓测量系列标准溶液的荧光强度。

③多维葡萄糖粉中 $VB_2$ 的测定：准确称取 0.15～0.2 g 多维葡萄糖粉试样，用少量水溶

解后转入 50mL 容量瓶中，加冰乙酸 2.00mL，摇匀。在相同的测量条件下，测量其荧光强度。平行测定三次。

④退出主程序，关闭计算机，先关主机，最后关氙灯。

⑤数据处理：以相对荧光强度为纵坐标，$VB_2$ 的质量(或浓度)为横坐标绘制标准曲线。从标准曲线上查出待测试液中 $VB_2$ 的质量(或浓度)，并计算出多维葡萄糖粉试样中 $VB_2$ 的含量。

(2) 按规定操作仪器。对于石英比色皿，应握住侧棱，不能直接接触正面。

(3) 荧光光度法对于以给定物质，当激发光波长和强度一定时，荧光强度只与溶液浓度有关：$I = Kc$。由于自猝灭或者自吸效应，此线性关系只在极稀的溶液中成立。

(4) 因为 $VB_2$ 在碱性溶液中经光线照射，会发生分解而转化为光黄素，后者的荧光比核黄素的荧光强得多。因此，测量时溶液要控制在酸性范围内，且必须在避光条件下进行。

(5) 荧光强度一般随温度升高而降低。

(6)注意事项

①检测样品时的测量条件应与测量标准溶液时的条件一致。

②配制 $VB_2$ 溶液时要控制好溶液的酸度。

## 实验思考

1. 多维葡糖糖中其他成分对 $VB_2$ 有干扰吗？怎么排除？
2. 荧光法测定 $VB_2$ 的原理是什么？
3. 能发荧光的物质在分子结构上有什么样的特点？

### 参考文献


1. 杨根元，金瑞祥，应武林．实用仪器分析[M]（第三版）．北京：北京大学出版社，2003
2. 张淑云，王志平，张继征．筱麦中 $VB_2$ 的分子荧光法测定．集宁师专学报[J]，2008，30(4)：35～37
3. 谢志鹏，蔡定建，汪敬武．$Na_2S_2O_3$ 的歧化反应研究在 $VB_2$ 分析中的应用．分析试验室[J]，2006，25(10)：95～98
4. 冯改利，蒙跃龙，李小安，史美佳．HPLC 法测定复方锌铁钙颗粒中 $VB_2$ 的含量．西北药学杂志[J]，2006，21(5)：198～199


# 实验八　摩尔盐的制备及其组成分析

## 实验目的

(1) 了解复盐的一般特性，掌握制备复盐的原理；

(2) 熟悉铁含量的分析测量方法。

## 实验背景

硫酸亚铁铵[$(NH_4)_2SO_4 \cdot FeSO_4 \cdot 6H_2O$]俗称摩尔盐，为浅绿色单斜晶体，它能溶于水，但难溶于乙醇，在空气中比一般亚铁盐稳定，不易被氧化，而且价格低，制造工艺简单，容易得到较纯净的晶体。因此其应用广泛，工业上常用作废水处理的混凝剂，在农业上既是农药又是肥料，医药上用作补血剂，也是化合物的合成原料。在定量分析中常用作氧化还原滴定的基准物质，用来直接配置标准溶液浓度或测定未知溶液浓度。

**1. 摩尔盐在实验室中的应用**

(1) 用于 $FeC_2O_4$ 制备　其原理是：

$$FeSO_4 \cdot (NH_4)_2SO_4 \cdot 6H_2O + H_2C_2O_4 + nH_2O \longrightarrow$$
$$FeC_2O_4 \cdot nH_2O + (NH_4)_2SO_4 + H_2SO_4 + 6H_2O$$

(2) 用于 $2K_3[Fe(C_2O_4)_3]$ 的合成　以 $Fe_2(NH_4)_2(SO_4)_3$ 为原料，与 $H_2C_2O_4$ 在酸性溶液中先制得 $FeC_2O_4$ 沉淀，然后再用 $FeC_2O_4$ 在 $K_2C_2O_4$ 和 $H_2C_2O_4$ 的存在下，以 $H_2O_2$ 为氧化剂，得到铁(Ⅲ)草酸配合物。主要反应为：

$$Fe_2(NH_4)_2(SO_4)_3 + 2H_2C_2O_4 + 2H_2O \longrightarrow 2FeC_2O_4 \cdot 2H_2O + 2H_2SO_4 + (NH_4)_2SO_4$$
$$2FeC_2O_4 \cdot 2H_2O + H_2O_2 + 3K_2C_2O_4 + 2H_2C_2O_4 \longrightarrow 2K_3[Fe(C_2O_4)_3] \cdot 3H_2O$$

(3) 用于铵盐中氮含量的测定　$Fe_2(NH_4)_2(SO_4)_3$ 既是一种铵盐，也是一种无机化肥。由于 $Fe_2(NH_4)_2(SO_4)_3$ 中 $NH_4^+$ 的酸性很弱，无法用 NaOH 标准溶液直接滴定，因而生产和实验室中广泛采用甲醛法测定，其反应式为：

$$4NH_4^+ + 6HCHO \longrightarrow (CH_2)_6N_4 + 6H_2O + 4H^+$$

(4) 实验室用于制备氨　与碱反应放出 $NH_3$：

$$NH_4^+ + OH^- \longrightarrow NH_3 + H_2O$$

实验室里就是利用此反应来制取氨，同时也利用这个性质来检验铵离子的存在。

**2. 摩尔盐在农业中的应用**

(1) 改善土壤酸碱性　硫酸亚铁铵是一种铵盐，有一定程度的水解，因为氨是弱碱，硫酸亚铁铵中 $NH_4^+$ 水解后溶液显酸性：

$$NH_4^+ + H_2O \longrightarrow NH_3 \cdot H_2O + H^+$$

因此，加入少量的 $Fe_2(NH_4)_2(SO_4)_3$ 可以提高土壤的酸度，满足植物生长的需要，还能使有些植物叶子更亮、更有光彩。

(2) 作为铁肥、氮肥　$Fe_2(NH_4)_2(SO_4)_3$ 含铁 14.29%、含氮 7.14%，是一种良好的铁肥、氮肥。铁元素是形成植物叶绿素所必须的物质，缺铁时，叶绿素的形成受阻使植物发生缺绿症，叶片变成淡黄色。$Fe_2(NH_4)_2(SO_4)_3$ 的水溶液可直接提供植物可吸收利用的铁，一般情况只要花卉植物缺铁黄化，土壤中的酸值必然较高，用低酸值的 $Fe_2(NH_4)_2(SO_4)_3$ 溶液浇灌能使土壤的酸值降低一些，同时达到为缺铁花卉补充铁元素的目的。

**3. 摩尔盐的制备原理**

复盐的特点是在水中的溶解度要比构成它的任何一个组分的溶解度都要小。硫酸亚铁铵也不例外，它在水中的溶解度要比组成它的任何一个组分硫酸亚铁和硫酸铵的溶解度都要小(参见表 2-1)。

**表 2-1　三种盐的溶解度**　　$g \cdot (100g\ H_2O)^{-1}$

| 温度/℃ | $FeSO_4 \cdot 7H_2O$ | $(NH_4)_2SO_4$ | $(NH_4)_2SO_4 \cdot FeSO_4 \cdot 6H_2O$ |
|---|---|---|---|
| 10 | 37.0 | 73 | 17.2 |
| 20 | 48.0 | 75.4 | 36.5 |
| 30 | 60.0 | 78.0 | 45.0 |
| 40 | 73.3 | 81.0 | 53.0 |

因此可以利用溶解度的差异来制备硫酸亚铁铵，制备实验可以分成两步：

第一步：利用铁屑与稀硫酸作用生成硫酸亚铁溶液：

$$Fe + H_2SO_4 \longrightarrow FeSO_4 + H_2\uparrow$$

第二步：在硫酸亚铁溶液中加入等量物质的硫酸铵并使其全部溶解配制成混合溶液，再经过加热浓缩、冷却结晶便可析出硫酸亚铁铵复盐。

$$FeSO_4 + (NH_4)_2SO_4 + 6H_2O \longrightarrow (NH_4)_2SO_4 \cdot FeSO_4 \cdot 6H_2O$$

一般亚铁盐在空气中易被氧化，但形成复盐后却比较稳定，不易氧化。因此在定量分析中常用来配制亚铁离子的标准溶液。

**4. 含量测定**

(1) 目视比色法($Fe^{3+}$杂质含量的测定)　用目视比色法可测定产品中所含杂质$Fe^{3+}$的量。$Fe^{3+}$与$SCN^-$能生成血红色的配合物$[Fe(SCN)]^{2+}$，红色深浅与$Fe^{3+}$含量相关。根据颜色的深浅，即可进行比色测定$Fe^{3+}$的含量。将所制备的硫酸亚铁铵晶体与KSCN溶液在比色管中配制成待测溶液，将它所呈现的红色与含一定量的$Fe^{3+}$的标准$[Fe(SCN)]^{2+}$溶液的红色进行比较，确定溶液中$Fe^{3+}$杂质的含量范围。

(2) 重铬酸钾法($Fe^{2+}$含量的测定)　$K_2Cr_2O_7$是常用的氧化剂，在酸性溶液中，$K_2Cr_2O_7$可将$Fe^{2+}$氧化，其本身被还原为$Cr^{3+}$，反应式为：

$$Cr_2O_7{}^{2-} + 6Fe^{2+} + 14H^+ \longrightarrow 2Cr^{3+} + 6Fe^{3+} + 7H_2O$$

滴定在$H_3PO_4-H_2SO_4$混合酸介质中进行，重铬酸钾法测$Fe^{2+}$时常用二苯胺磺酸钠作为指示剂，反应终点时过量少许重铬酸钾，指示剂即由无色变为红紫色。实际上随着滴定的进行，溶液中积累$Cr^{3+}$呈现绿色，终点时溶液由绿色变为紫蓝色。二苯胺磺酸钠变色点电位偏低，低于滴定曲线下端，指示剂变色时只能氧化91%左右的$Fe^{2+}$。因此，为了减少误差，必须在滴定终点前加入NaF或$H_3PO_4$与$Fe^{3+}$形成配合物，降低$\varphi_{Fe^{3+}/Fe^{2+}}$使指示剂在突跃范围内变色，同时消除$Fe^{3+}$的黄色干扰，有利于终点颜色的观察。

(3) 高锰酸钾法($Fe^{2+}$含量的测定)　原理和重铬酸钾法一样，都是将$Fe^{2+}$氧化为$Fe^{3+}$，利用消耗的高锰酸钾的量来计算Fe的含量。在用高锰酸钾溶液进行滴定时，以高锰酸钾标准溶液滴至溶液呈粉红色保持30s不消失为终点。

## 实验要求

(1) 设计摩尔盐的制备及其组成分析的实验方案(内容包括：实验目的、实验原理、实验仪器与试剂、实验步骤、预期的实验结果、实验中可能遇到的问题和对策、参考文献等)。

(2) 制备的摩尔盐的纯度应达到90%以上。

(3) 以研究报告的形式提交实验报告(内容要求参见实验一)。

## 实验指导

**1. 摩尔盐的制备**

(1) 铁屑净化　将铁屑放入$Na_2CO_3$溶液中，小火加热煮沸以除去铁屑上的油污，然后用自来水冲洗后，再用去离子水把铁屑冲洗干净。实验时注意以下几点：

① 若用铁粉则建议省略此步，因为铁粉本身纯度较高，且易在清洗时损失，而且不易干燥。

② 为缩短反应时间，应设法增大铁的表面积，最好选用刨花车间加工的生铁碎铁屑（丝），或选用细弹簧弯曲状废铁；废旧铁丝纱窗也可，但净化处理、烘干后要剪成小段。

③ 避免使用锈蚀程度过大的铁屑，因其表面 $Fe_2O_3$ 过多无法被铁完全还原，会导致 $Fe^{3+}$ 留在溶液中而影响产品的质量。

④ 市售的清洁用钢丝球不适合作为原料，因为钢丝球中金属铬、镍含量较高，最终会导致铬、镍化合物进入产品而显墨绿色。

⑤ 铁屑颗粒不宜太细，与酸反应时容易被反应产生的泡沫冲上浮在液面或粘在锥形瓶壁而脱离溶液；小段细铁丝也有类似情况。

（2）硫酸亚铁溶液制备　往盛有铁屑的锥形瓶中加入 $H_2SO_4$，水浴加热至不再有气泡放出，趁热减压过滤，用少量热水洗涤锥形瓶及漏斗上的残渣，抽干。将滤液转移至洁净的蒸发皿中，将留在锥形瓶内和滤纸上的残渣收集在一起用滤纸片吸干后称重，由已作用的铁屑质量算出溶液中生成的 $FeSO_4$ 的量。实验时注意以下几点：

① 硫酸的浓度不宜太大或太小。浓度小，反应慢；浓度太大，易产生 $Fe^{3+}$、$SO_2$，使溶液出现黄色，或形成块状黑色物。同时尽量保证铁屑过量。

② 加热时，最好用能控制温度的加热设备，同时不要剧烈摇动锥形瓶，防止氧化；

③ 过滤最好趁热用抽滤。

（3）制备摩尔盐　根据溶液中 $FeSO_4$ 的含量，按反应方程式计算并称取所需 $(NH_4)_2SO_4$ 固体的质量，加入上述制得的 $FeSO_4$ 溶液中，搅拌使 $(NH_4)_2SO_4$ 全部溶解，并用 $H_2SO_4$ 溶液调节至 pH 值为 1～2，继续加热蒸发、浓缩至表面出现结晶薄膜为止。静置，使之缓慢冷却，$(NH_4)_2SO_4 \cdot FeSO_4 \cdot 6H_2O$ 晶体即结晶析出。实验时注意以下几点：

① 实验中保证硫酸亚铁始终过量，否则部分硫酸铵会在析出硫酸亚铁铵之前析出，使产率严重下降；

② 蒸发过程不宜搅动溶液；

③ 制得的 $(NH_4)_2SO_4 \cdot FeSO_4 \cdot 6H_2O$ 晶体最好用无水酒精洗涤 2～3 次，冲洗掉晶体表面的水。

**2. $Fe^{3+}$ 杂质含量的测定**

（1）$Fe^{3+}$ 标准溶液的配制　请参考相关无机化学实验书籍。

（2）标准色阶的配制（参考无机及分析化学实验）

一级试剂的标准液（含 $Fe^{3+}$ 为 $0.05mg \cdot g^{-1}$，即质量分数 $w$ 为 0.005%）；

二级试剂的标准液（含 $Fe^{3+}$ 为 $0.10mg \cdot g^{-1}$，即质量分数 $w$ 为 0.01%）；

三级试剂的标准液（含 $Fe^{3+}$ 分别为 $0.20mg \cdot g^{-1}$，即质量分数 $w$ 分别为 0.02%）。

（3）产品级别的确定：与标准色阶进行目视比色确定。

**3. $(NH_4)_2SO_4 \cdot FeSO_4 \cdot 6H_2O$ 含量的测定**

（1）$(NH_4)_2SO_4 \cdot FeSO_4 \cdot 6H_2O$ 的干燥　将所制得的晶体在 100℃ 左右干燥 2～3h，脱去结晶水。冷却至室温后，将晶体装在干燥的称量瓶中（干燥方法参考无机化学实验）。

（2）$K_2Cr_2O_7$ 标准溶液的配制　在分析天平上用差减法准确称取约 1.2g（准确至 0.1mg）$K_2Cr_2O_7$，放入 100mL 烧杯中，加少量蒸馏水溶解，定量转移至 250mL 容量瓶中，用蒸馏水稀释至刻度，计算 $K_2Cr_2O_7$ 的准确浓度。

$$c(K_2Cr_2O_7) = \frac{m(K_2Cr_2O_7)}{\frac{M(K_2Cr_2O_7)}{1000} \times 250.0}$$

(3) $(NH_4)_2SO_4 \cdot FeSO_4 \cdot 6H_2O$ 含量的测定　用差减法准确称取一定量的 $(NH_4)_2SO_4 \cdot FeSO_4 \cdot 6H_2O$，放入锥形瓶中，加入水及硫酸，再加浓 $H_3PO_4$，滴加6~8滴二苯胺磺酸钠指示剂，用 $K_2Cr_2O_7$ 标准溶液滴定至溶液由深绿色变为紫色或蓝紫色即为终点。Fe含量可由下式计算：

$$w(\mathrm{Fe}) = \frac{6 \times c(\mathrm{K_2Cr_2O_7}) \times V(\mathrm{K_2Cr_2O_7}) \times \frac{M(\mathrm{Fe})}{1000}}{m(\text{样})}$$

然后由铁含量计算 $(NH_4)_2SO_4 \cdot FeSO_4 \cdot 6H_2O$ 的含量。

**4. 注意事项**

(1) 试验中涉及到一些强氧化剂，应缓慢操作。

(2) 在铁屑和硫酸作用过程中，会产生大量的氢气及少量有毒气体，如硫化氢等，应注意实验室的通风，避免发生事故。

## 实验思考

1. 在制备硫酸亚铁溶液时，为什么要保持铁屑过量？
2. 浓缩 $(NH_4)_2SO_4 \cdot FeSO_4 \cdot 6H_2O$ 时，能否浓缩至干？为什么？
3. 洗涤晶体时为什么用95%乙醇而不用水洗涤晶体？

### 参考文献


1. 袁书玉. 无机化学实验[M]. 北京：清华大学出版社，1996
2. 北京师范大学无机化学教研室. 无机化学实验[M]（第三版）. 北京：高等教育出版社，2001
3. 中山大学等校. 无机化学实验[M]（第三版）. 北京：高等教育出版社，1992
4. 南京大学编写组. 无机及分析化学实验[M]（第三版）. 北京：高等教育出版社，1998
5. 苗兰兰，毕小平，葛新，徐丹丹，李鹏. 高校化学实验——硫酸亚铁铵的制备工艺. 山西医科大学学报[J]，2003，43(2)：167~168
6. 王锐. 对硫酸亚铁按制备实验的探讨. 固原师专学报[J]（自然科学），2005，26(3)：73~75
7. 税永红. 硫酸亚铁按制备实验的改进. 化学教育[J]，1999，(9)：41
8. 耿金灵，王岩，殷海燕. 硫酸亚铁铵的纯度和组成的测定. 实验技术与管理[J]，2009，26(5)：33~36


# 实验九　胃舒平中铝含量的测定

## 实验目的

(1) 熟悉各种滴定分析法；

(2) 掌握EDTA法测定胃舒平中铝含量的基本原理和基本操作。

## 实验背景

胃舒平，别名复方氢氧化铝，主要成分为氢氧化铝、三硅酸镁及颠茄流浸膏，同时含有淀粉、滑石粉和液体石蜡等辅料。本品有中和胃酸、减少胃液分泌和解痉止疼的作用，主要用于胃酸过多及胃和十二指肠溃疡等。其中的 $Al(OH)_3$ 起着中和胃酸的作用。

铝在毒理学上属于一种慢性神经毒性物质，它不会引起急性中毒，但如果过量食用铝超标的食品，就会引起神经系统的病变，干扰人的思维、意识和记忆功能，严重者可诱发老年性痴呆、肌萎缩性侧索硬化症等疾病。儿童如果过量食用铝超标食品，会严重影响智力发育和骨骼的生长。我国居民的日常膳食尤其是油炸食品和膨化食品中铝的含量较高，已经成为威胁健康的隐患。我国国家标准规定，面制食品中铝的含量不得超过 $0.1\ g \cdot kg^{-1}$。

乙二胺四乙酸二钠液(EDTA)能与许多金属离子定量反应，形成稳定的可溶性络合物。因此，可用已知浓度的EDTA滴定液直接或间接滴定某些金属离子，用适宜的金属指示剂指示终点。根据消耗的EDTA滴定液的浓度和体积，可计算出被测金属离子的含量。

药片中铝的含量可用EDTA络合滴定法测定。先将药片用酸溶解，分离除去不溶于水的物质。然后取一定体积的试液，加入过量的EDTA，调节 pH = 4 左右，煮沸数分钟，使铝离子与EDTA充分络合，用返滴定法测定铝。

## 实验要求

（1）设计测定药片中铝含量的实验方案。

（2）详细记录实验步骤、现象、数据和实验中遇到的问题。

（3）实验结果与药品说明书中铝含量对比，分析产生误差的原因。

（4）撰写实验报告，内容包括：实验名称、实验目的、实验原理、仪器、试剂、详细的操作步骤、实验现象、实验结果、结果分析与讨论、参考文献。

（5）总结实验过程中遇到的问题、失误及解决的办法，并提出实验方案的改进意见。

## 实验指导

（1）胃舒平药片试样中铝含量可能不均匀，为使测定结果具有代表性，本实验应取较多样品，研细后再取部分进行分析。

（2）酸度对络合反应平衡、金属离子水解、EDTA解离度有影响，为此要调好酸度，并加入适宜的缓冲液，否则将直接影响测定结果。用六亚甲基四胺溶液调节酸度以分离 $A1(OH)_3$ 的结果比用氨水好，可以减少 $A1(OH)_3$ 的吸附。

（3）金属指示剂为有机染料，本身具有颜色，与金属离子络合生成另一种颜色指示终点，但其本身的颜色在不同pH值的溶液中有不同颜色，故必须控制滴定溶液的pH值。

（4）当有干扰离子存在时，必须设法排除干扰，否则不能选用本法。利用酸度对络合物稳定常数的影响，可调节滴定溶液的pH值，有选择地测定共存离子中的某种金属离子。也可加入掩蔽剂或沉淀剂，消除共存离子的干扰。

（5）滴定速度要适宜，近终点时EDTA滴定液要逐滴加入，并充分振摇，以防终点滴过。

（6）EDTA滴定液应于具玻璃塞瓶中保存，避免与橡皮塞、橡皮管等接触。

（7）由 $Al^{3+}$ 的条件稳定常数可知，应在 pH = 4 ~ 5 之间滴定 $Al^{3+}$。不需分离 $Mg^{2+}$，利用酸效应即可避免 $Mg^{2+}$ 的干扰，因此滴定的pH值宜在4.2左右。

## 实验思考

1. 能用置换滴定法测定铝吗？

### 参考文献

1. 华中师范大学，东北师范大学，陕西师范大学．分析化学实验[M]．第三版．北京：高等教育出版

社，2001
2. 中华人民共和国卫生部药典委员会．中华人民共和国药典[M]．北京：化学工业出版社，1995
3. 马文元，吴霞，司芝坤．胃舒平药片中铝和镁含量测定实验的改进．大学化学[J]，2003，18(1)：41～43
4. 加建斌．胃舒平片剂中铝含量测定方法研究．安徽农业科学[J]，2007，35(24)：7388～7390
5. 贾文平，李芳，张利龙等．增敏火焰原子吸收法测定复方氢氧化铝片中的铝．台州学院学报[J]，2005，27(3)：71～73

# 实验十　HCl－$NH_4Cl$混合液各组分含量的测定

## 实验目的

（1）在学习理论知识的基础上，进一步掌握有效数字的保留及运算规则；
（2）熟练实验方案的设计。

## 实验背景

目前国内外测定盐酸－氯化铵混合溶液中各组分含量的方法有三种：

第一种方案：蒸汽法，即取一份混合溶液，在其中加入适量的 NaOH 溶液并加热使 $NH_4^+$ 全部转化为氨气，用2%硼酸溶液吸收，用氢氧化钠标准溶液滴定 $NH_3$的体积，再用酸碱滴定法测定 HCl 的含量，这种方法实验误差较小。

第二种方案：先测定总氯离子的浓度，可以 $K_2CrO_4$ 为指示剂，用已知浓度的 $AgNO_3$ 溶液滴定待测液，至溶液中出现砖红色沉淀停止，记录所用 $AgNO_3$ 溶液的体积。然后用甲醛法测定 $NH_4^+$ 的浓度，最后根据计算得盐酸的浓度（若对相对误差要求较高，可做空白实验以减小蒸馏水中氯离子带来的系统误差）。

第三种方案：先用甲基红作指示剂，用氢氧化钠标准溶液滴至混合溶液呈黄色，即为盐酸的终点。加中性甲醛试剂，充分摇动并放置1min，加酚酞指示剂，仍用氢氧化钠滴至溶液由黄色变为金黄色即为氯化铵的终点。根据所消耗 NaOH 的体积计算各组分的含量，这种方法简便易行，且准确度较高。

HCl－$NH_4Cl$混合液中 HCl 是一元强酸，可用标准 NaOH 溶液直接滴定，反应方程式为：

$$NaOH + HCl \xlongequal{} NaCl + H_2O$$

滴定后，溶液中剩下的 $NH_4^+$ 由于其酸性太弱，$K_a = 5.6 \times 10^{-10}$，$cK_a < 10^{-8}$，无法用 NaOH 直接滴定，可用甲醛法间接滴定。反应式为：

$$4NH_4^+ + 6HCHO \longrightarrow (CH_2)_6N_4H^+ + 3H^+ + 6H_2O$$

反应生成的$(CH_2)_6N_4H^+$和 $H^+$（$K_a = 7.1 \times 10^{-6}$，$cK_a > 10^{-8}$）可用 NaOH 标准溶液直接滴定。反应式为：

$$(CH_2)_6N_4H^+ + 3H^+ + 4OH^- \longrightarrow (CH_2)_6N_4 + 4H_2O$$

反应到第一化学计量点时，因为 $NH_4^+$ 弱酸溶液，其中 $K_a = 5.6 \times 10^{-10}$，$c = 0.050 mol \cdot L^{-1}$，由于 $cK_a > 20K_w$，$c/K_a > 400$，$[H^+] = \sqrt{K_a c}$，pH = 5.28。采用甲基红(4.4～6.2)作滴定 HCl 指示剂。

反应到第二化学计量点时，反应生成的$(CH_2)_6N_4H^+$（$K_a = 7.1 \times 10^{-6}$，$cK_a > 10^{-8}$）可用 NaOH 标准溶液直接滴定。化学计量点产物$(CH_2)_6N_4$ 决定溶液的 pH 值：$[OH^-] = \sqrt{K_b c}$， pH = 8.9，采用酚酞(8.2 ~ 10.0)作指示剂。

滴定完毕后，各组分的含量为：

$$w_{HCl} = \frac{c_{NaOH}V_{NaOH}M_{HCl}}{V_{混合液}} \quad w_{NH_4Cl} = \frac{c_{NaOH}V_{NaOH}M_{NH_4Cl}}{V_{混合液}}$$

## 实验要求

(1) 设计测定 $HCl - NH_4Cl$ 混合液各组分含量的分析方案。

(2) 写出详细的实验原理，包括分别滴定的判别、滴定剂的选择、计量点 pH 值的计算、指示剂的选择及分析结果的计算。

(3) 以小论文形式提交实验报告。

## 实验指导

(1) 实验关键

① 标准溶液的配制与标定。

② 混合液中各组分含量的测定。

③ 数据处理：计算 $HCl - NH_4Cl$ 混合液各组分含量。

(2) 注意滴定时指示剂的用量及滴定终点颜色的正确判断。

(3) 滴定时的正确操作：成线滴入，逐滴滴入，半滴滴入。

(4) 确定滴定终点时，要注意在规定时间内(30s)不褪色再读数。

(5) 处理数据时注意有效数字的保留。

(6) 甲醛溶液对眼睛有很大的刺激，实验中要注意在通风橱中进行。

(7) 注意碱式滴定管的正确操作(不要用力捏玻璃珠，也不要使玻璃珠上下移动，不要捏玻璃珠下部的胶管)，不要使空气进入而形成气泡。

## 实验思考

1. 滴定管读数时，是否应该将滴定管从滴定管架上取下？

2. 如果要测 HCl 和 $CH_3COOH$ 混合液中各组分的含量，试拟定一实验方案。

### 参考文献

[1] 蔡维平. 基础化学实验[M](一). 北京：科学出版社，2004

[2] 武汉大学，吉林大学，中山大学. 分析化学实验[M]（第四版）. 北京：高等教育出版社，2001. 181 ~183

[3] 宋光泉. 通用化学实验技术[M]. 广州：广东高等教育出版社，1999，85

[4] 华中师范大学，东北师范大学，陕西师范大学，北京师范大学编. 分析化学实验[M]（第三版）. 北京：高等教育出版社，2001. 58 ~67

# 实验十一　食醋中苯甲酸含量的测定

## 实验目的

(1) 了解苯甲酸的性质及其在食品中的作用；

(2) 熟悉测定苯甲酸的各种方法及特点；

(3) 了解荧光的发光机理。

## 实验背景

食醋是世界上最古老、最普便的调味食品，几乎每个国家和地区都生产食醋。它赋予食品以适当的色、香、味，具有杀菌、调味之功用。白醋是醋的一种，除了3% ~5% 醋酸和水之外不含或极少含其他成分，以蒸馏过的酒发酵或直接用食品级别的醋酸勾兑制成。用于烹调，特别是西餐中用来制作泡菜(酸味来自醋而不是发酵)，也可用做家用清洁剂。

我国传统的酿造食醋醋酸含量较高，因此产品的质量稳定；然而醋酸低度化已成为食醋的发展趋势，这就对食醋的储藏提出了挑战，为了保证其品质，延长其保质期，pH = 4.5以下的食醋中常常添加苯甲酸和山梨酸作为防腐剂；而在未添加这两种防腐剂的食醋中，也常常会由于原料(如糖化酶等酶制剂)中含有苯甲酸或山梨酸，从而导致最终产品中防腐剂超标。

苯甲酸又名安息香酸，是最简单的芳香酸。以游离酸、酯或其衍生物的形式广泛存在于自然界中，是一种有机化学防腐剂，在酸性条件下具有杀死或抑制微生物繁殖的作用。由于苯甲酸微溶于水，所以在生产过程中多以其钠盐形式添加到食品中。通过调节介质的 pH 值使之转化为苯甲酸，从而达到防腐效果。苯甲酸及其钠盐进入机体后，大部分与甘氨酸化合形成马尿酸从尿中排除，剩余部分与葡萄糖醛酸化合而解毒。由于以上两种解毒作用都是在肝脏内进行的，据大量毒理学试验表明，对人体肝脏、肾脏有一定损害，且有一定的毒副作用。另外，随着绿色、天然物成为食品的发展趋势，人们对食品安全越发关注，很多国家已经禁止使用苯甲酸作为食品添加剂，因此对食醋中苯甲酸和山梨酸的检测具有十分重要的意义。

检测苯甲酸和山梨酸一般采用气相色谱法和液相色谱法。

对食醋中苯甲酸的测定，样品经处理后，调 pH 值至近中性，过滤后注入高效液相色谱仪，经反相色谱分离后，根据保留时间和峰面积进行定性和定量分析。

## 实验要求

(1) 查阅文献后，设计测定食醋中苯甲酸含量的实验方案(包括原理、仪器、试剂步骤、样品的处理方法、实验中可能遇到的问题和对策、参考文献等)。

(2) 实验结果与国家标准(食醋中苯甲酸含量不得超过 $1.0g \cdot kg^{-1}$)对比，分析产生误差的原因。

(3) 撰写实验报告，内容包括：

① 实验内容：实验名称、实验目的、实验原理、仪器、试剂、详细的操作步骤、实验现象、实验结果、结果分析与讨论、参考文献。

② 讨论：注意事项，误差分析。

(4) 总结实验过程中遇到的问题、失误及解决的办法，并提出改进方案。

## 实验指导

(1) 高效液相色谱法实验关键

① 色谱仪测定条件设定：色谱柱：$C_{18}$ 柱(150mm ×4.6mm)；流动相：甲醇 - 乙腈 -

5mmol · $L^{-1}$柠檬酸缓冲溶液（体积比为 10∶20∶70），流速为 1.0mL · $min^{-1}$；检测波长：230nm；进样量：25μL。

② 标准曲线的绘制：配制苯甲酸系列标准溶液，在设定条件下，依次注入色谱仪，记录保留时间和峰面积，以苯甲酸浓度为横坐标，峰面积为纵坐标绘制标准工作曲线。

③ 样品处理及测定：准确量取食醋样品 50mL，加入 40g 氯化钠、5mL 0.15g · $mL^{-1}$酒石酸溶液和一滴硅酮树脂，用水定容到 200mL，混匀后进行蒸馏，收集约 90mL 馏出液，定容于 100mL 容量瓶中。用 0.45μm 的过滤膜过滤，制得样品溶液。在相同条件下，将样品注入色谱仪，记录其保留时间和峰面积。

④ 数据处理：测定苯甲酸的保留时间和峰面积，通过标准曲线计算试样中苯甲酸的浓度。

（2）食醋由粮食发酵制得，成分复杂，采用国家标准直接稀释进样的方法测定其中苯甲酸的含量，不但干扰较多，而且对色谱柱有较大的损害。

（3）苯甲酸极易随水蒸气挥发，利用这一性质，采用蒸馏的方法将食醋中的苯甲酸提取出来，无须进一步净化即可消除干扰，检测结果理想。

（4）用微量进样器取样时要注意不要吸入气泡。

（5）流动相使用前要进行过滤和脱气。

（6）实验结束后，要用蒸馏水清洗进样器，防止进样器生锈。

（7）不同牌号的食醋中苯甲酸的含量不同，取样时可酌量增减。

## 实验思考

1. 可以采用单点比较法测定苯甲酸含量吗？此法分析结果的准确度比多点工作曲线法的准确度高还是低？为什么？

2. 反相色谱法的分离原理是什么？

3. 紫外检测器的工作原理是什么？

### 参考文献

1. 张卫佳，蒋其斌，夏天兰．高效液相色谱法测定食醋中苯甲酸和山梨酸．中国测试技术[J]，2008，34（2）：92 ~ 94

2. 刘渭萍，李明，孙蕊，高效液相色谱法快速测定酱油、醋中的苯甲酸和山梨酸．辽宁化工[J]，2004，33（7）：421 ~ 423

3. 中华人民共和国国家标准[S]．食品中山梨酸、苯甲酸的测定（GB/T 5009.29—2003）

4. 张健，高年发，高颖．固相萃取高效液相色谱法测定食醋中的苯甲酸．中国调味品[J]，2005，5：54 ~ 57

5. 宋欢，杜利君，薛平等．高效液相色谱法测定食醋中的苯甲酸和山梨酸．化学分析计量[J]，2006，15（3）：38 ~ 39

# 实验十二　白酒中甲醇含量的测定

## 实验目的

（1）熟悉甲醇的性质及其在酒中的危害；

（2）了解国标法品红亚硫酸法的原理及特点；

（3）掌握一种测定白酒中甲醇含量的方法。

## 实验背景

白酒是中国特有的一种蒸馏酒，又称烧酒，由淀粉或糖质原料制成酒醅或发酵醪经蒸馏而得。酒质无色(或微黄)透明，气味芳香纯正，入口绵甜爽净，酒精含量较高，经储存老熟后，具有以酯类为主体的复合香味。中国白酒之酒液清澈透明，质地纯净、无混浊，口味芳香浓郁、醇和柔绵、刺激性较强，饮后余香，回味悠久。中国各地区均有生产，以山西、四川及贵州等地产品最为著名。不同地区的名酒各有其突出的独特风格。中医认为，白酒味苦、甘、辛，性温，有毒；白酒入心、肝、肺、胃经，可通血脉，御寒气，醒脾温中，行药势；主治风寒痹痛、筋挛急、胸痹、心腹冷痛。

甲醇系结构最为简单的饱和一元醇，又称“木醇”或“木精”。甲醇是一种无色、易燃、易挥发的有毒液体，常温下对金属无腐蚀性(铅、铝除外)，略有酒精气味。

甲醇有较强的毒性，对人体的神经系统和血液系统影响最大，它经消化道、呼吸道或皮肤摄入都会产生毒性反应，甲醇蒸气能损害人的呼吸道黏膜和视力。急性中毒症状有：头疼、恶心、胃痛、疲倦、视力模糊以至失明，继而呼吸困难，最终导致呼吸中枢麻痹而死亡。慢性中毒反应为：眩晕、昏睡、头痛、耳鸣、视力减退、消化障碍。甲醇摄入量超过4g就会出现中毒反应，误服超过10g就能造成双目失明，致死量为30mL。甲醇在体内不易排出，会发生蓄积，在体内氧化生成的甲醛和甲酸也都有毒性。所以，甲醇含量是酒类产品卫生监督检测的主要指标之一。目前，我国把品红亚硫酸法作为国标法来测定白酒中甲醇的含量。

**1. 气相色谱法**

气相色谱法是以气体为流动相的柱色谱分离技术。与液相色谱法一样，气相色谱法也可以根据峰面积和保留时间对组分进行定量和定性分析。

内标法是一种间接或相对的校准方法。在分析测定样品中某组分含量时，加入一种内标物质以校准和消除由于操作条件的波动而对分析结果产生的影响，以提高分析结果的准确度。内标法是色谱分析中一种比较准确的定量方法,尤其在没有标准物对照时,此方法更显其优越性。

内标法是将一定质量的纯物质作为内标物加到一定量的被分析样品混合物中，然后对含有内标物的样品进行色谱分析，分别测定内标物和待测组分的峰面积（或峰高）及相对质量校正因子，按下列公式和方法即可求出被测组分在样品中的含量：

相对质量校正因子：
$$f = \frac{A_s \cdot m_i}{A_i \cdot m_s}$$

被测组分的量：
$$m_i = f \times \frac{A_i \cdot m_s}{A_s}$$

式中　$F$——相对质量校正因子；

$A_i$——待测物的峰面积；

$A_s$——内标物的峰面积；

$m_i$——待测物质量；

$m_s$——加入内标物质量。

采用内标法进行定量分析时，内标物的选择十分重要。理想地说，内标物应当是试样中不存在的、能得到纯品的已知化合物，这样它能以准确、已知的量加到样品中去；它应当和被分析的样品组分有基本相同或尽可能一致的物理化学性质（如化学结构、极性、挥发度及在溶剂中的溶解度等）、色谱行为和响应特征，最好是被分析物质的一个同系物；内标物的加入量应接近于被测组分；在色谱分析条件下，内标物必须能与样品中各组分完全分离。

**2. 亚硫酸品红比色法**

采用高锰酸钾磷酸溶液将甲醇氧化为甲醛，过量高锰酸钾用草酸还原，甲醛与品红－亚硫酸作用生成蓝紫色化合物，在545nm处进行比色测定。

## 实验要求

（1）设计测定白酒中甲醇含量的实验方案（包括原理、仪器、试剂步骤、样品的处理方法、实验中可能遇到的问题和对策、参考文献等）。

（2）实验结果与国家标准对比，进行误差分析，说明原因。

（3）实验报告以科技论文提交。

## 实验指导

（1）气相色谱法实验关键

① 溶液配置：

乙酸正戊酯标准溶液：准确称取乙酸正戊酯2.0g，用60% 乙酸定容至100mL；

甲醇标准溶液：准确称取甲醇500mg，用60%乙醇定容至100mL，于冰箱内保存；

甲醇标准使用液：吸取10mL标准溶液及1mL乙酸正戊酯标准溶液于100mL容量瓶，用60% 乙醇定容至刻度，此液中甲醇的浓度为0.05g·$100mL^{-1}$，乙酸正戊酯的浓度为0.02g·$100mL^{-1}$，置冰箱保存备用。

② 色谱条件：汽化室温度220 ℃；检测器温度300℃；起始柱温40℃，然后以20℃·$min^{-1}$ 升至100℃，再以45℃·$min^{-1}$升至190℃；氮气流量1mL·$min^{-1}$；氢气流量40mL·$min^{-1}$；空气流量400mL·$min^{-1}$；进样体积1μL；尾吹气流量60mL·$min^{-1}$；分流比10:1。

③ 酒样的配制：取1mL乙酸正戊酯标准溶液于100mL容量瓶中，加入被测酒样定容，此溶液含乙酸正戊酯0.02 g·$100mL^{-1}$。

④ 校正因子测定：准确吸取1.00mL甲醇标准溶液于10mL容量瓶中，用60%乙醇稀释至刻度，加入0.20mL乙酸正丁酯内标溶液，待色谱仪基线稳定后，用微量进样器进样1.0μL，记录甲醇和内标物色谱峰的保留时间及其峰面积。以其峰面积与内标峰面积之比，计算出甲醇的相对质量校正因子$f$值。其公式为：

$$f=\frac{A_s \cdot m_i}{A_i \cdot m_s}$$

其中$A_s$和$A_i$分别为内标物和待测组分的峰面积，$m_s$和$m_i$分别为加入内标物和待测组分的量。

⑤ 酒样的测定和数据处理：于10mL容量瓶中倒入酒样至刻度，准确加入0.20mL乙酸正丁酯内标溶液，混匀。在与$f$值测定相同的条件下进样，根据保留时间确定甲醇峰的位置，记录甲醇峰的峰面积与内标峰的面积，并求出甲醇的含量。其公式为：

$$m_i=f\times\frac{A_i \cdot m_s}{A_s}$$

其中$f$为相对质量校正因子，$A_i$和$A_s$分别为待测物和内标物的峰面积，$m_s$为加入内标物的量。

（2）亚硫酸品红比色法实验关键

① 溶液配置：

乙醇溶液：量取无水乙醇 300mL，加少量 $KMnO_4$，于沸水浴中蒸馏，在馏出液中加 $AgNO_3$ 1g 和 NaOH 溶液（1.5g NaOH 溶于少量水中），摇匀，取上清液再蒸馏，弃去最初 50mL 溜出液，收集中间馏出液约 200mL 备用；加水配成体积分数为 60% 的乙醇）。

甲醇标准溶液：吸取 1.3mL 重蒸馏甲醇，移入 100mL 容量瓶中，加水到刻度，摇匀，使用时，吸取 10mL 此标准溶液于 100mL 容量瓶中，用水稀释至刻度，此溶液含甲醇 $1mg \cdot mL^{-1}$。低温保存。

甲醇标准使用液：吸取 10mL 甲醇标准溶液，移入 100mL 容量瓶中，加水至刻度，摇匀，再吸取 25mL 移入 50mL 容量瓶中，加水稀释至刻度，摇匀，备用。

② 最佳吸收波长的确定：用 1.0mL 甲醇标准使用液、0.3mL 无水乙醇、高锰酸钾磷酸溶液、草酸－硫酸溶液和品红－亚硫酸溶液，测定吸光度，确定最佳测定波长。

③ 标准曲线的绘制：在编号为 0～5 的六个比色管中分别吸取 0、0.20、0.40、0.60、0.80、1.0mL 甲醇标准使用液，并加入 0.3mL 60% 乙醇溶液，于试样管及标准管中各加水至 5mL，再依次加入 2mL 高锰酸钾－磷酸溶液，放置 10min，（从加入时开始计时），再各加入 2mL 草酸－硫酸溶液，混匀，使之褪色，再各加入 5mL 品红－亚硫酸溶液，混匀，于 20℃以上静置 0.5h。用 0 号为参比：在 545nm 处测定 1～5 号的吸光度 $A$，以吸光度 $A$ 为纵坐标，甲醇含量为横坐标绘制标准曲线。

④ 酒样的测定和数据处理：准确移取酒样 1.0mL，加水 4.0mL、高锰酸钾－磷酸溶液 2.0mL，放置 15min 后，再加入草酸－硫酸溶液 0.6mL、品红－亚硫酸溶液 5.0mL，混匀后加入比色皿，在分光光度计上测定吸光度，然后从标准曲线上查取甲醇含量。

（3）研究发现配制高锰酸钾－磷酸溶液存放时间应不超过 3 天，否则会影响显色的灵敏度。

（4）配置品红－亚硫酸溶液，必要时需加活性炭褪色，活性炭的质量好坏直接影响整个实验结果，品红－亚硫酸钠要求过滤没有必要，过滤时间长后，很难显色。

（5）品红－亚硫酸溶液加入试液显色时，试液温度应适当冷却；显色时酸度要适宜。

（6）配制显色剂时，碱性品红不可过量太多且储存时间不应超过两天。

（7）酒中含有的其他成分，如正丙醇、丁醇、正丁醇、乙酸乙酯、己酸乙酯等，采用本法均能很好地分离，不影响测定。

（8）选择乙酸正戊酯作为内标物，必须符合如下要求：

① 酒中不含有乙酸正戊酯；

② 不与待测物发生化学反应；

③ 其保留时间与待测组分相近，但分离完全。

（9）品红－亚硫酸溶液的配置：称取 0.1g 碱性品红（A.R），溶于 60mL 约 80℃热水中，冷却后加 10mL $Na_2SO_3$（A.R）溶液，再加 1mL 浓 HCl，充分搅拌，加水至 100mL，充分混匀于棕色瓶中存放过夜，至无色才可使用。

## 实验思考

1. 色谱法定性和定量分析的依据是什么？定量方法有哪些？

2. 比色法的检测原理是什么？

### 参考文献


1. 罗平. 饮料分析与检验［M］. 北京：中国轻工业出版社，1992
2. 王兰英. 对白酒甲醇检测中获得准确结果的探讨. 辽宁食品与发酵［J］，1991，4：453～54
3. 王宇. 气相色谱（内标）法测定酒中甲醇、杂醇油含量. 现代预防医学［J］，2010，37（1）：90～91
4. 高文惠，罗敏. 白酒中甲醇测定方法的研究. 酿酒［J］，2001，28（1）：71～73
5. 徐道连. 酒中甲醇含量检测方法. 重庆大学学报自然科学版［J］，2000，23（2）：60～63
6. 程绍明. 品红亚硫酸法测定酒中甲醇的标准曲线绘制方法探讨. 理化检验［J］（化学分册），1992，28（1）：39～40
7. 丁卓丽. 食用酒中甲醇分析方法概述. 计量与测试技术［J］，2009，36（8）：30～31
8. 蒋桂华，赵仑，裴倩倩. 导数分光光度法测定酒中的甲醇. 长春师范学院学报［J］，2000，19（2）：10～12
9. 余建兵. 品红亚硫酸法测定酒中甲醇的标准曲线绘制法的探讨. 计量与测试技术［J］，2003，30（3）：42～44


# 实验十三　植物叶中铅含量的测定

## 实验目的

（1）了解铅的性质及汽车尾气排放对环境污染的原因；
（2）了解火焰原子吸收法测定铅含量的最佳条件；
（3）学会固体样品的消化方法。

## 实验背景

含铅和无铅汽油的大量使用对路域土壤造成了一定程度的污染，已经成为亟待解决的问题。

铅为灰白色软金属，在地壳中的含量为0.16%，很少以游离状态存在于自然界。铅及其化合物的蒸气、烟和粉尘主要通过呼吸道侵入人体。铅中毒以无机铅中毒为多见，主要损害神经系统、消化系统、造血系统和肾脏。近年来，铅接触对内分泌、生殖系统、子代的影响也已引起重视。铅矿开采，铅的冶炼、铸件、浇板、焊接、喷涂，铅蓄电池制造、油彩等工艺的铅烟、铅尘、服用含铅的中药（如黑锡丹、樟丹、红丹）、长期用含铅的锡壶饮酒均可导致铅中毒。含铅的废气、废水、废渣通过污染大气、水源和农作物，进而可危及附近居民的健康。铅是可在人体和动物组织中蓄积的有害重金属元素。生长在含铅环境中的植物也会从环境中吸收并蓄积金属铅，进而通过食物链影响人体健康。目前铅含量的测定方法有原子吸收光谱法和原子荧光光谱法等。

原子吸收光谱法（AAS）又称为原子吸收分光光度法，是光源发射出待测元素的特征辐射，通过试样蒸气时被蒸气中待测元素的基态原子所吸收，由特征辐射减弱的程度来对试样中待测元素进行定量分析的一种方法。

其基本原理为：从空心阴极灯或光源中发射出一束一定波长和一定强度的入射光，被原子化器中待测元素的基态原子蒸气所吸收，未被吸收的光经单色器进入光电检测器内被检测，通过该特征辐射被吸收的程度来求出试样中待测元素的含量。该法成本低、易实现自动化、灵敏度高、选择性好、分析速度快、操作简单并具有较高的精密度和准确度，已被广泛应用于元素分析。

植物叶中的铅多以有机化合物的形式存在，须经消解使其转化为试液。将含铅试液喷入空气－乙炔火焰中后，试液中的铅可变为铅原子蒸气。铅原子蒸气对铅空心阴极灯发射的锐线光有特征吸收，其吸光度在一定的浓度范围内与试液中的铅含量成正比。故可用火焰原子吸收法测定植物叶中的铅含量。

## 实验要求

（1）设计植物叶中铅含量测定的实验方案。

（2）撰写实验报告。在认真完成实验数据的处理分析后，进行实验报告或论文的书写，内容包括：①实验内容：课题名称、研究目的、实验原理、仪器、试剂、详细的操作步骤、实验现象、实验结果、结果分析及讨论等；②讨论：注意事项，误差分析，心得体会等；③对不同种类、不同地域植物叶片中的铅含量进行比较。

## 实验指导

（1）原子吸收光谱法实验关键

① 溶液配制：

1 % $HNO_3$ 溶液的配制：量取 10mL 分析纯浓硝酸倒至已盛有 600mL 重蒸馏水的烧杯中，搅拌均匀后储于棕色瓶内。

铅标准储备液的配制：移取 5.00mL 1mg · $mL^{-1}$ 铅标准溶液于 100mL 容量瓶中，用 1% $HNO_3$ 溶液稀释到刻度，摇匀。此溶液的铅浓度为 50μg · $mL^{-1}$。

铅标准使用液的配制：移取铅标准储备液 10.00mL 于 50mL 容量瓶中，用 1% $HNO_3$ 溶液稀释至刻度，摇匀。该溶液的铅浓度为 10μg · $mL^{-1}$。

② 测定条件的选择：波长、狭缝、灯电流的选择（特征吸收光的波长为 293.3nm，铅空心阴极灯的灯电流为 8mA，狭缝宽度为 1.3mm）、气流比的确定（空气－乙炔的流量比为：5.0 ∶ 0.8）；酸度的选择。

③ 标准曲线的绘制：分别精确移取铅标准使用液 0.00、1.00、2.00、3.00、4.00、5.00mL 于 6 个 10mL 容量瓶中，用 1% $HNO_3$ 溶液稀释到刻度，摇匀。在上述的测定条件下用原子吸收分光光度计测定它们的吸光度，绘制出标准曲线。

④ 样品溶液的制备：

A. 采集样品，用水洗去叶片上的尘土后于 80 ℃烘箱中烘干，储于塑料袋内备用。

B. 取适量烘干的叶片于研钵中研碎后，用小烧杯于分析天平上准确称取一定量粉末。先往小烧杯中加入 30mL 浓硝酸，置于封闭式电炉上加热消解至几乎无棕色氮氧化物气体冒出时，将其取下并稍冷后，再加入 20mL 高氯酸，放在电炉上继续加热消解，经剧烈沸腾后，试液变为无色，样品中的有机物几乎全部被破坏，只剩下不溶性残渣，此时可缓慢加热，直至近蒸干，将其取下，冷却。

C. 用滴管吸取 2mL 1% $HNO_3$ 于小烧杯中，溶解杯中的消解残留物，用定性滤纸将溶液过滤并转移到 10mL 的容量瓶中，再用滴管吸取约 2mL 1% $HNO_3$ 洗涤小烧杯壁及烧杯中的残余物，将洗涤液过滤并转移到上述容量瓶中，依此操作，再洗涤烧杯 1 ~ 2 次。最后，加 1% $HNO_3$ 溶液到 10mL 容量瓶中至刻度，摇匀，即得植物叶样品溶液。

⑤ 样品的测定：用原子吸收分光光度计于选定的条件下测定试液的吸光度。

⑥ 数据处理：根据标准曲线，计算样品中铅的含量。

（2）铅溶液呈中性时，铅对玻璃器壁有较强的吸附作用。因此，试液必须保持一定的酸性。

（3）硝酸、硫酸、硝酸－高氯酸（3 ∶ 1）都能快速分解样品，但硫酸易造成炭化，并且铅的回收率降低。

（4）如果样品中元素的含量较低，可增加取样量。

（5）样品处理时，注意强酸的腐蚀性。

（6）每次测定溶液前都要先喷蒸馏水，待基线平稳后，再喷试液。

（7）点火前，一定要先开压缩空气，再开燃气点火。熄火后，先关燃气，再关空气，防止回火爆炸。

（8）实验结束后，继续喷蒸馏水数分钟清洗原子化器，然后将毛细管提出水面，再通气数分钟吹干原子化器。

## 实验思考

1. 空白溶液的含义是什么？为什么要扣除空白溶液的吸光度？
2. 为什么要将仪器的工作条件调至最佳？
3. 与石墨炉原子吸收法相比，火焰原子吸收法的优点是什么？

### 参考文献


1. 阚连娣，巢志茂．原子吸收分光光度法对瓜蒌中铅、镉和汞的含量测定．中国中药杂志［J］，2007，32（12）：1238～1240
2. 谢贞建，焦士蓉．食品中微量铅的检测技术进展．食品研究与开发［J］，2008，29（1）：161～164.
3. 邹玉权，张新申，袁东，涂杰，李华．分光光度法对痕量铅分析的最新进展．皮革科学与工程［J］，2006，16（4）：33～40
4. 潘微平．微量铅的检测方法综述．广东化工［J］，2008，35（4）：97～98
5. 杨志洁，郭洁，杜建华，杨明惠．用二甲酚橙显色快速测定植物叶上的铅含量．理化检验［J］（化学分册），2000，36（9）：412～414
6. 孙嘉彦，郁庆华，虞胜娟，金文斌．Pb（Ⅱ）－SXO－CTMAB－Span80 吸光光度法测定微量铅（Ⅱ）．光谱实验室［J］，2002，19（6）：745～747
7. 李和，周光漪．应用 AFS－2201 原子荧光光度计测定茶叶中的铅．食品科学［J］，1999，20（4）：41～43
8. 朱加叶，乙小娟，丁晓峰．微波消化－石墨炉原子吸收分光光度法测定进口西洋参中的铅．光谱学与光谱分析［J］，2003，23（2）：380～382
9. 祝惠英．基体改进石墨炉原子吸收法测定排污河水中的铅、镉．光谱实验室［J］，1999，16（4）：458～461
10. 谢立群．火焰原子吸收法测定茶叶中的金属元素．北华大学学报［J］（自然科学版），2000，1（6）：470～471
11. 陈彰旭等．植物叶上铅含量的吸光光度法测定．临沂师范学院学报［J］，2010，32（3）：105～109
12. 冯若兰，马敬堂，齐峰．火焰原子吸收法测定香樟叶中的铅．辽宁城乡环境科技［J］，1998，5：38～40
13. 龚文杰，马建明，邬晨阳．溶剂萃取－火焰原子吸收法测定银杏叶提取物中铅镉．理化检验［J］（化学分册），2003，39（2）：90～91

# 实验十四　面粉中过氧化苯甲酰含量的测定

## 实验目的

(1) 了解过氧化苯甲酰的性质及其作为食品添加剂对人体的危害；

(2) 学会测定面粉中过氧化苯甲酰含量的各种方法及各自的特点；

(3) 掌握过氧化苯甲酰的保存方法。

## 实验背景

面粉增白剂的有效成分是过氧化苯甲酰（BPO），分子式为 $C_{14}H_{10}O_4$。过氧化苯甲酰外观为白色或淡黄色细柱固体，微有苦杏仁气味。微溶于水、甲醇，溶于乙醇、乙醚、丙酮、苯、氯仿二硫化碳等。

过氧化苯甲酰是在面粉中普遍使用的食品添加剂，作为面粉增白剂主要是用来漂白面粉，同时加快面粉的后熟。该物质对上呼吸道有刺激性，对皮肤有强烈的刺激及致敏作用，进入眼内可造成损害。我国食品添加剂使用卫生标准 GB 2760—2007 中规定其最大使用量为 $60mg \cdot kg^{-1}$。我国规定自 2011 年 5 月 1 日起，禁止在生产面粉中添加食品添加剂过氧化苯甲酰和过氧化钙。

过氧化苯甲酰的测定方法，GB/T 18415—2001 中推荐为气相色谱法。

**1. 气相色谱法**

只要在色谱操作温度范围内，具有 20～1300 Pa 蒸气压，或沸点在 500 ℃以下和相对分子质量在 400 以下的化学性质稳定的物质，理论上均可用气相色谱法进行分析。

面粉中过氧化苯甲酰经无水乙醇提取，用碘化钾将其还原为苯甲酸后，用气相色谱测定苯甲酸，从而对过氧化苯甲酰进行定量分析。

**2. 紫外－可见分光光度法**

在酸性条件下，利用过氧化苯甲酰具有的强氧化性特点，氧化 KI 试剂生成 $I_2$，$I_2$ 与淀粉反应生成 $I_2$－淀粉蓝色络合物。

## 实验要求

(1) 设计测定食品中过氧化苯甲酰含量的实验方案。内容包括：实验目的、实验原理、实验试剂与仪器、实验步骤、预期的实验结果、实验中可能遇到的问题和对策、参考文献。

(2) 实验结果与国家标准（过氧化苯甲酰的最大使用量为 $0.06g \cdot kg^{-1}$）对比，进行误差分析，说明原因。

(3) 撰写实验报告。对所记录的实验数据进行整理、分析和演算后，进行实验报告或论文的书写，内容包括：①实验内容：课题名称、研究目的、实验原理、仪器、试剂、详细的操作步骤、实验现象、实验结果、结果分析及讨论等；②讨论：注意事项，误差分析，实验过程中出现的问题或失误及解决办法等；③比较不同面粉中苯甲酰胺的含量。

(4) 总结设计方案的优缺点，并提出改进意见。

## 实验指导

(1) 气相色谱法实验关键

① 仪器工作条件设定：色谱柱内径 3mm，长 2.5m 玻璃柱，内装涂以 5%（m/m）DEGS + 1%（m/m）$H_3PO_4$ 固定液的 60 ~ 80 目 Chromosorb WAW；柱温 170℃，进样口、检测器温度 210℃；$N_2$ 流速 170mL · $min^{-1}$、$H_2$ 流速 60mL · $min^{-1}$、空气流速 50mL · $min^{-1}$。

② 标准曲线的绘制：准确吸取 0.0mL、0.5mL、1.0mL、2.5mL、5.0mL、10.0mL 0.1mg · $mL^{-1}$ BPO 标准溶液于 50mL 比色管中，加入丙酮 20mL、冰乙酸 2.0mL、饱和碘化钾 2.0mL，加塞摇匀，置暗处放置 15min。加入 100g · $L^{-1}$ 硫代硫酸钠 2mL，褪去碘色。转入 250mL 分液漏斗中，加入硫酸（1 + 9）2mL，调节溶液为强酸性，加入 5mL 饱和氯化钠溶液。分次加入 30mL、20mL、20mL 乙醚提取，合并醚层。经无水硫酸钠脱水后减压浓缩至干。加入 5mL 丙酮溶液，供色谱待用。各浓度标准液分别进样 2.0μL。以峰面积 – 浓度绘制标准曲线。

③ 样品的测定：准确称取 10.0g 面粉样品于 100mL 具塞试管中，加入 20mL 饱和氯化钠溶液。混匀，分别加入乙醚 30mL、20mL、20mL 提取 3 次，合并醚层，浓缩至 5mL。测定其峰面积。

④ 数据处理：计算过氧化苯甲酰含量。

（2）紫外 – 可见分光光度法实验关键

① 最大吸收波长：分别考查过氧化苯甲酰在 200 ~ 700nm 波长范围内的吸收光谱，以及所用试剂和 $I_2$ – 淀粉蓝色络合物在 250 ~ 800nm 波长范围的吸收情况，确定最大吸收吸收波长。

② 实验条件选择：酸介质与试液酸度选择、碘化钾浓度选择、淀粉浓度选择、反应时间及温度的选择。

③ 标准曲线的绘制：准确吸取不同浓度过氧化苯甲酰标准溶液于各个容量瓶中，使其在最佳条件下进行显色反应，以未加入过氧化苯甲酰溶液做空白，测定波长 540nm 的吸光度。

④ 样品的测定：取 5.000g 样品于 50mL 烧杯中，加入 20mL 95% 乙醇混合均匀，于 40 ℃下震荡 10min，过滤，取滤液 10.00mL 于 50mL 容量瓶中，在最佳条件下进行显色反应，测定吸光度。

⑤ 数据处理：计算过氧化苯甲酰含量。

（3）在酸性条件下碘化钾可还原过氧化苯甲酰为苯甲酸。

（4）乙醚、丙酮、甲醇、乙醇均对过氧化苯甲酰有溶解作用。但乙醚沸点低，易挥发；甲醇毒性较大；乙醇在色谱分析时有拖尾；丙酮溶解速度快，且萃取效果好。另外，丙酮既能与水互溶，又能溶解过氧化苯甲酰，在过氧化苯甲酰被萃取后，可以作为促合剂使抗坏血酸与过氧化苯甲酰反应生成苯甲酸。

（5）为了防止水中溶解氧对 KI 的氧化，实验用水需煮沸除氧。

（6）配制好的 KI 试液置于冰箱保存，3 天内有效。

（7）过氧化苯甲酰为易爆物品，常需加入 30% 水保存。配制标准溶液时，需现用现配，重新标定。

## 实验思考

1. 实验中为什么要先进行各种条件试验？
2. 气相色谱法和高效液相色谱法各自的优缺点分别是什么？

## 参考文献


1. 顾小莉，刘思洁，战英．高效液相色谱法测定面粉中过氧化苯甲酰．中国卫生工程学杂志［J］，2007，6（4）：228～230
2. 孟庆玉，李志岭，宋秋娟．面粉、面制品中过氧化苯甲酰的测定及还原剂的选择．河南预防医学杂志［J］，2007，18（2）：102～104
3. 苟锡斌．气相色谱法测定面粉中过氧化苯甲酰．光谱实验室［J］，2003，20（3）：424～426
4. 王荫国，郝琳，白世基．面粉中过氧化苯甲酰测定方法研究．中国食品添加剂［J］，1999，1：45～47
5. 李芳，谢宏斌．亚铁氰化钾还原法测定过氧化苯甲酰．中国公共卫生［J］，2005，1（21）：95～98
6. 李华平．气相色谱法测定小麦粉中过氧化苯甲酰．中华医学与健康［J］，2007，5（5）：34～36
7. 李丙武．面粉中过氧化苯甲酰的测定．中国卫生检验杂志［J］，2008，18（11）：2387～2390
8. 徐竞．面粉中过氧化苯甲酰的测定．面粉通讯［J］，2008，6（6）：38～40
9. 林建原，黄炜．紫外分光光度法同时测定面粉中过氧化苯甲酰及其还原产物苯甲酸的含量．广东微量元素科学［J］，2008，15（4）：52～55
10. 罗志明，立海燕．测定面粉中过氧化苯甲酰样品的处理．面粉通讯［J］，2006，16（11）：189～123
11. 蔡智华，周少明．面粉中过氧化苯甲酰的测定．食品科学分析检测［J］，2007，13（7）：287～291
12. 聂峰，吴迎春，陈德径，田光辉，刘存芳．一种新的食品中亚硝酸盐含量测定方法研究．食品科学［J］，2009，30（4）：221～223
13. 彭健．过量使用小麦粉增白剂的危害．粮油食品科技［J］，2002，5：4～6
14. 林秋萍．气相色谱法测定面粉中过氧化苯甲酰．食品科学［J］，2002，23（4）：97～98

# 单元3 物质制备合成表征探究

## 实验一 2，4－二氯苯氧乙酸的制备

### 实验目的

（1）了解2，4－二氯苯氧乙酸的作用及合成方法；

（2）培养查阅文献资料、独立设计实验方案的能力。

### 实验背景

2，4－二氯苯氧乙酸（2，4－dichlorophenoxyacetic acid），俗名2，4－D。2，4－D属于苯氧羧酸类除草剂。该物质在此类化合物中活性最强，比同类植物生长调节剂吲哚丁酸活性大100倍。2，4－D及其盐和酯都是高效、内吸、具高度选择性的除草剂和植物生长调节剂，对植物有强烈的生理活性，低浓度时，往往促进生长，有防止落花落果、提高坐果率、促进果实生长、提早成熟、增加产量的作用，可作为植物生长调节剂来减少落果、增大果实；高浓度时，表现出生长抑制及除草剂的特性，尤其在阔叶植物上表现更明显。该物质作用机理属于激素型除草剂，在高浓度时具有杀毒作用，促使杂草茎部组织核酸和蛋白质合成，恢复成熟细胞的分裂能力，从而促使细胞分裂，造成生长异常而导致杂草死亡。

2，4－二氯苯氧乙酸是一种应用广泛的化学药品，纯品以片状、粉状、晶体粉末和固体等形式存在，白色略带棕褐色，略带酚的气味，熔点140.5℃，不吸湿，有腐蚀性。25℃时在水中的溶解度为620mg·L$^{-1}$，可溶于大多数有机溶剂，如丙酮和乙醇，不溶于苯和石油。据资料报道，合成2，4－二氯苯氧乙酸的工艺路线主要有以苯酚为原料，在碱的存在下与一氯乙酸缩合，再氯化的缩合氯化法及氯化缩合法。所用原料除一氯乙酸外，尚有一溴乙酸乙酯等。工业上多采用以苯酚为原料的缩合氯化法，以消除氯化缩合法所得产品的臭味。实验中也有采用相转移催化法，以四丁基溴化铵为催化剂、苯为溶剂的合成方法。

**1. 缩合氯化法**

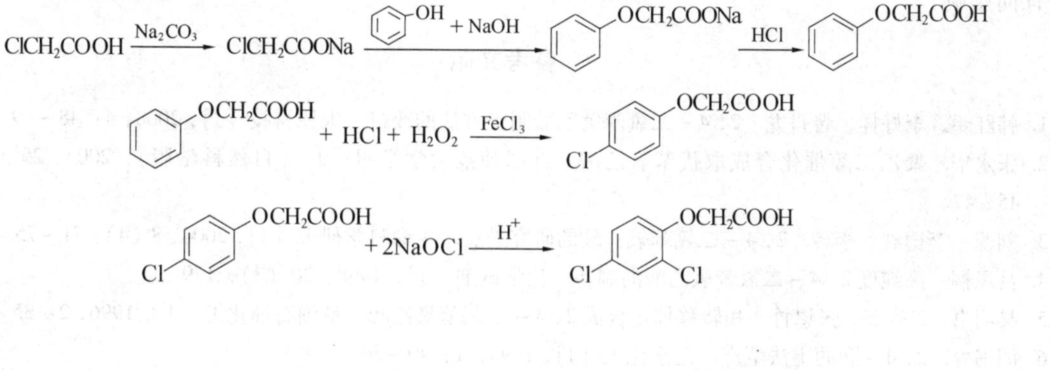

**2. 氯化缩合法**

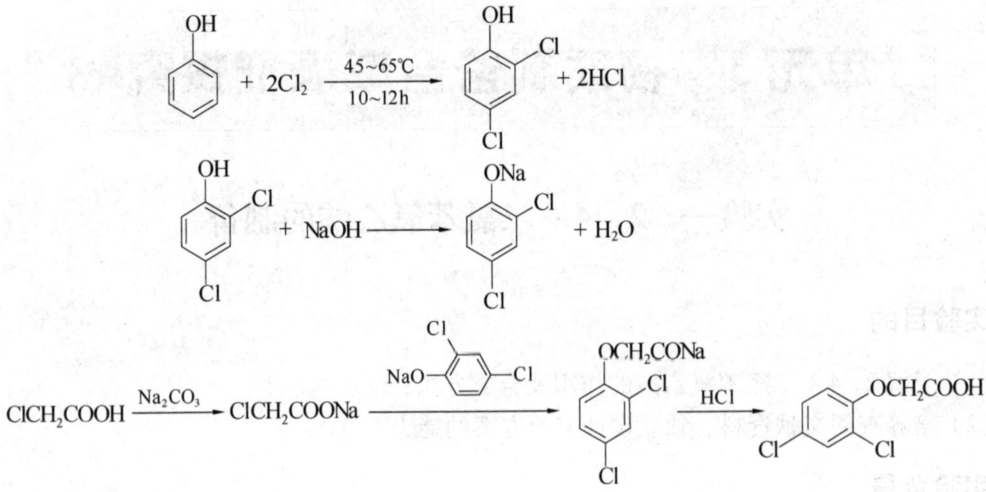


## 实验要求

(1) 选用任一种合成方法，查阅文献，合成目标产物；

(2) 对目标产物进行结构表征；

(3) 对提高目标产物产率的条件进行优化；

(4) 以小论文形式提交实验报告。

## 实验指导

(1) 用浓盐酸酸化时，最佳 pH 值为 3，其产品产率比 pH 值为 4 时产率要高，因此 pH 值过高会使产率降低，其原因为醚与酸反应会溶解。

(2) 在实验过程中，滴加过氧化氢时，反应是放热反应，如滴加太快，烧瓶内温度会急剧上升，故滴加过氧化氢时应缓慢滴加，依靠本身放出的热量维持反应温度在 70 ~ 85℃，使反应平缓进行。

## 实验思考

1. 在氯乙酸钠与苯酚钠反应中加入碘化钾可加快反应速度，为什么？

2. 在两种合成2，4－二氯苯氧乙酸的方法中，亲核取代反应一步，溶剂的极性对反应有何影响？

### 参考文献


1. 韩红斐，李好样，晋肖龙. 2，4－二氯苯氧乙酸制备方法的改进. 太原科技 [J]，2008，4：48 ~ 49
2. 张永华. 聚乙二醇催化合成取代苯氧乙酸. 首都师范大学学报 [J]（自然科学版），2004，25（4）：45 ~ 47
3. 刘蕊，李德红，李玲. 2，4－二氯苯氧乙酸的研究进展. 生命科学研究 [J]，2004，8（4）：71 ~ 75
4. 吕凤桐. 高纯度2，4－二氯苯氧乙酸的制备. 化学试剂 [J]，1998，20（3），179
5. 吴明书，彭存尧，张想竹. 相转移催化合成2，4－二氯苯氧乙酸. 精细石油化工 [J]，1996，2：35 ~ 36
6. 闫书春. 2，4－滴的土法生产. 辽宁化工 [J]，1993，1：49 ~ 50

7. 鲍卫仁. 2, 4 – D 酸生产简介. 山西化工 [J], 1989, 4: 58 ~ 59
8. 陈继畴, 王进贤, 展学儒. 相转移催化法合成 2, 4 – 滴. 农药工业 [J], 1980, 6: 9
9. 肖洲. 可控释 2, 4 – D 除草剂的研究: [学位论文]. 武汉: 华中科技大学, 2007

# 实验二　超分子主体化合物——杯 [4] 芳烃的合成及表征

## 实验目的

(1) 了解杯芳烃的发展历史及合成方法;

(2) 培养利用各种实验手段和仪器设备如 FTIR 以及 $^1$H NMR，综合解决有机化学问题的能力和良好的工作方法;

(3) 通过查阅文献，学习如何设计杯芳烃及其衍生物的合成;

(4) 培养独立进行实验的能力。

## 实验背景

杯芳烃是一类对位烷基苯酚与甲醛缩合的寡聚大环化合物。最有代表性的是 20 世纪 40 年代 Zinke 等用对叔丁基苯酚和甲醛在氢氧化钠存在下加热得到的由对叔丁基苯酚结构单元和亚甲基交替连接的四聚体。该化合物的分子模型表明它的形状像一个杯子或花瓶，故称之为杯芳烃。

图 3 – 1　化合物模型和结构图

如图 3 – 1 所示，在杯芳烃的杯状结构底部紧密而规律地排列着 $n$ 个酚羟基，而杯状结构的上部具有疏水性的空穴。前者用来螯合和输送阳离子，后者则能与中性分子形成配合物。由于杯芳烃的这种独特的结构，离子和中性分子均可作为其形成配合物的客体。同时由于杯芳烃具有: ①易于合成; ②上缘和下缘均易于选择性修饰; ③具有由苯环单元组成的疏水空穴; ④既能配合识别离子型客体，又能包合中性分子，而冠醚一般只与阳离子络合，环糊精一般只络合中性分子; ⑤熔点高，热稳定和化学稳定性好，不溶于许多溶剂，空腔大小可调节; ⑥具有多种构象异构体，并且它们具有不同的物化特性等一系列特殊性质。所以，杯芳烃被誉为继冠醚和环糊精之后的第三代主体分子。在杯芳烃的命名中，为了表示母体苯酚单元的数目，一个中间为环元数 $n$ 的方括号插入到 calix 和 arene 之间，四聚体即为 calix [4] arene (杯 [4] 芳烃)。

杯芳烃的合成方法一般可分为三类: 一步合成法、多步合成法和片段缩合法。

**1. 一步合成法**

Zinke 开创了杯芳烃的一步合成法，他率先采用对叔丁基苯酚与甲醛在碱性条件下直接缩合的方法制备了对叔丁基杯 [4] 芳烃。后来 Gustche 对 Zinke 的方法进行了改进，在碱性条件下通过一步反应分别选择性地制备了对叔丁基杯 [4] 芳烃 1、对叔丁基杯 [6] 芳烃 2

和对叔丁基杯［8］芳烃3。

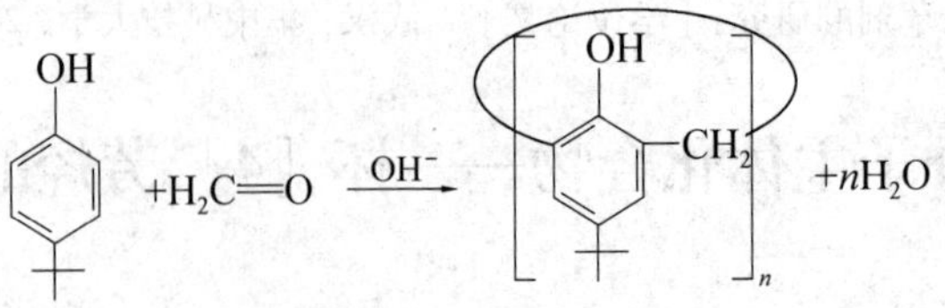

1 $n=4$
2 $n=6$
3 $n=8$

尽管三种杯芳烃的合成均在碱性条件下进行，但产物的类型取决于碱和反应溶剂的选择。反应条件与产物的对应关系列于表3－1。

**表3－1　对叔丁基杯［4］、［6］、［8］芳烃的制备条件**

| 化合物 | 反应溶剂 | 碱① | 重结晶溶剂 |
|---|---|---|---|
| 对叔丁基杯［4］芳烃 | 二苯醚 | NaOH（0.03～0.04） | 甲苯 |
| 对叔丁基杯［6］芳烃 | 二甲苯 | KOH（0.34） | 氯仿/甲醇 |
| 对叔丁基杯［8］芳烃 | 二甲苯 | NaOH（0.03） | 氯仿 |

① 括号中为碱相对于所用对叔丁基苯酚的摩尔比。

尽管一步法制备对叔丁基杯［*n*］芳烃（$n=4$，6，8）的反应条件相对已很清楚，但对于其反应机理还存在许多问题，例如：为什么反应条件的微小变化即可得到不同的特定产物。现在一般认为杯［4］芳烃是热力学控制产物，它可以通过杯［8］或杯［6］芳烃作为起始物，在一定条件下经过芳环亚甲基的断裂和重组而形成，其中杯［8］芳烃转化的速度大大超过杯［6］芳烃。杯［6］芳烃的形成与模板效应关系较大，无论采用钾、铷还是铯的氢氧化物，杯［6］芳烃都是产物的主要成分，特别是用氢氧化铷，可制得高收率的化合物，这可能是由于杯［6］芳烃的孔穴与铷离子的直径相匹配的原因。采用较高的碱浓度有助于杯［6］芳烃的生成。杯［8］芳烃是动力学控制产物，它是通过一对羟甲基化的线型四聚体以半杯［8］芳烃形式缩聚而成。一步法简单易行，是目前最常用的合成杯芳烃的方法。

**2. 多步合成法**

一步法制备的杯芳烃拥有相同的取代基团，对拥有不同取代基的杯芳烃可通过多步合成法经环化后得到。这种合成法最早由 Hays 和 Hunter 所阐述，他们由对甲基苯酚为起始物，经过溴化、羟甲基化和脱溴化得到线性四聚体，最后，在高度稀释下成环反应，制备了对甲基杯［4］芳烃，反应步骤多。合成路线如下所示：

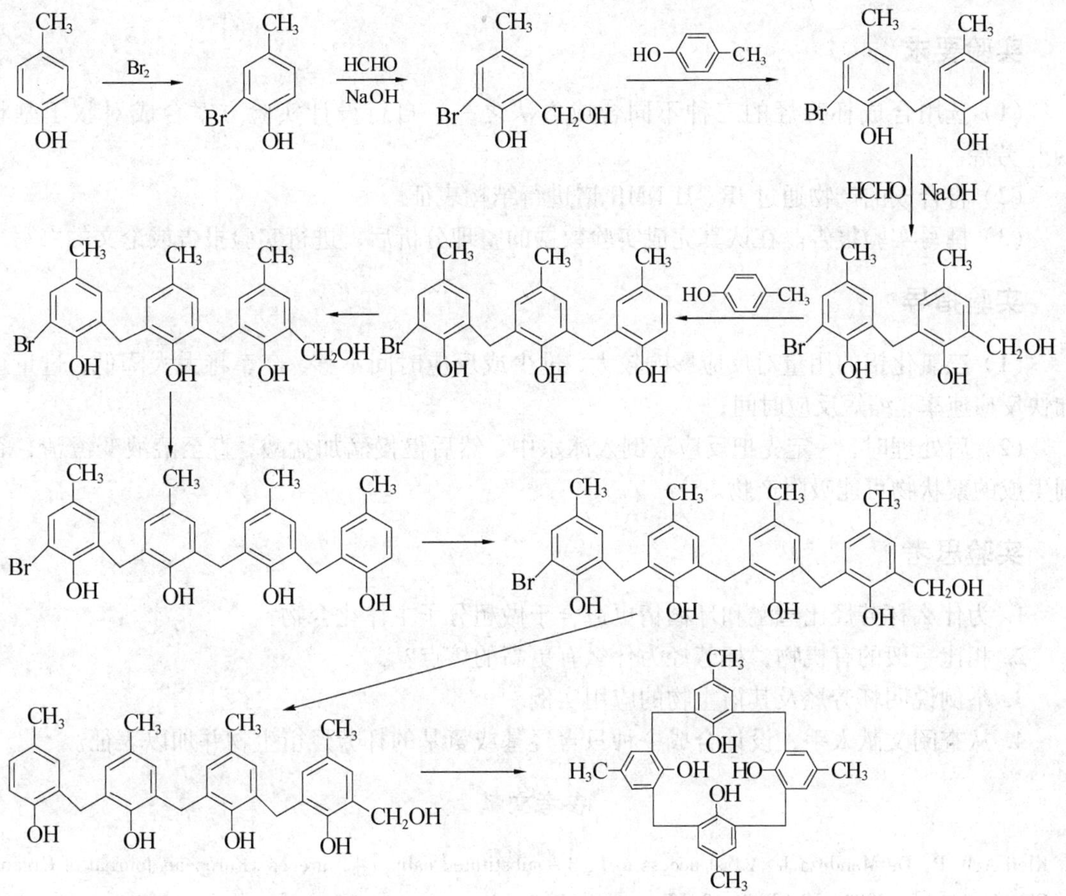

尽管多步合成法可以合成特定单元数目和对位有不同取代基的杯芳烃，但是这种方法本身存在不可弥补的缺点，如反应路线太长、环化反应需要在极低浓度下进行、总反应收率非常低等等，因此目前这种方法在杯芳烃的合成中并不太常用。

**3. 片段缩合法**

德国化学家 Bohmer 对多步合成法进行了改进，将杯芳烃的结构碎片以“3 +1”或“2 +2”的方式通过共价键组合成环，他将这种方法称为“片段缩合法”。多步合成法线路冗长，而片段缩合法由于减少了反应路线的长度，因此在某种程度上提高了目的产物的总收率。片段缩合法与多步合成法最大的区别在于，前者为分子内关环反应，而后者为分子间关环反应（如下图）。

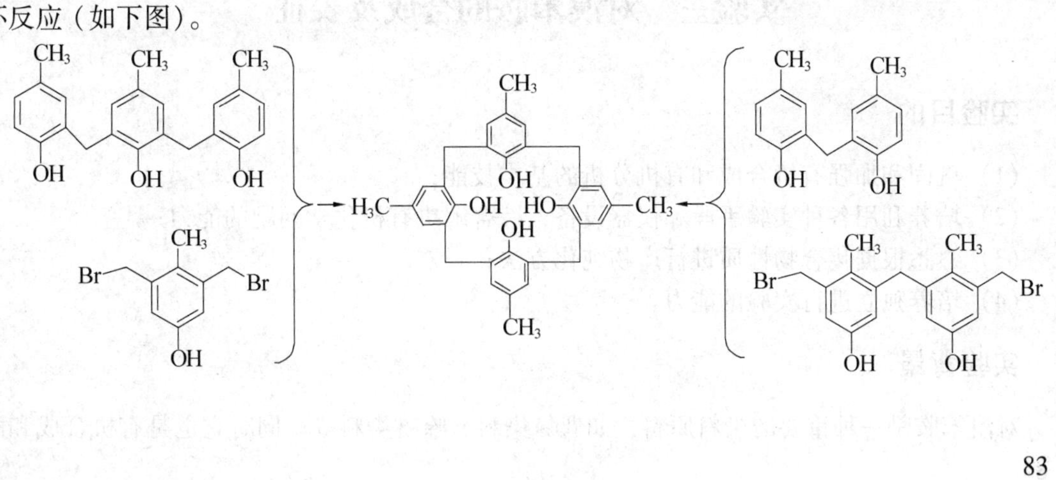

## 实验要求

(1) 选用合成杯芳烃的三种不同合成方法之一，自行设计实验方案合成对叔丁基杯[4] 芳烃。

(2) 将合成的产物通过 IR、$^{1}$H NMR 谱进行结构表征。

(3) 撰写实验报告。在认真完成实验数据的整理分析后，进行实验报告或论文的书写。

## 实验指导

(1) 三氯化铝的用量对反应影响较大，过少或反应时间不够，产率将大大降低；过量可加快反应速率，缩短反应时间；

(2) 后处理时，一定先把反应液倒入冰水中，然后慢慢滴加盐酸，直至溶液变澄清，否则生成的絮状物可能吸附产物。

## 实验思考

1. 为什么杯芳烃比冠醚和环糊精更适合于做超分子主体化合物?
2. 相比一般的有机物，杯芳烃为什么有更高的熔点?
3. 举例说明杯芳烃及其衍生物的应用实例。
4. 从查阅文献入手，设计合成一种只含羟基或氨基的杯芳烃衍生物并加以表征。

### 参考文献


1. Kleij A W P, De Mendoza J. A fast access to 1, 3 – substituted calix [4] arenes . European Journal of Organic Chemistry [J], 2004, 13: 2848 ~ 2852
2. 刘时铸，汤又文. 一种含有喹琳杯芳烃的衍生物的合成. 合成化学 [J], 2006, 14 (3): 281 ~ 283
3. 蒋忠良，王修智，段辉. 25, 26, 27, 28 – 羟乙氧基 – 杯 [4] 芳烃的合成. 合成化学 [J], 2009, 14 (6): 716 ~ 717
4. 张筱逸，杨发福，王艳华，黄智胜，蔡秀琴. 一些新型含氮、硫杂官能团的杯 [4] 芳烃衍生物的合成. 有机化学 [J], 2010, 30 (8): 1226 ~ 1229
5. 王勇平. 含杯 [4] 芳烃衍生物的稀土配合物的合成及其应用基础研究: [学位论文]. 上海: 东华大学, 2008


# 实验三　对溴苯胺的合成及表征

## 实验目的

(1) 巩固和加强有机合成和有机分析的基本技能；

(2) 培养利用各种实验手段和仪器设备，综合解决有机化学问题的能力；

(3) 熟悉根据化合物性质进行产物纯化方法；

(4) 培养独立进行实验的能力。

## 实验背景

对溴苯胺是一种重要的染料原料，如偶氮染料、喹啉染料等，同时它也是有机合成和医药合成的重要中间体。对溴苯胺的相对分子质量172，熔点66.4℃，有毒，其毒性较对氯苯胺更强，可经过皮肤吸收，具有溶血性，能引起膀胱癌。对溴苯胺不溶于水，易溶于乙醇和乙醚。

对溴苯胺可由苯胺经芳环上的溴代反应而制得。芳环上的亲电取代反应是有机合成上常用的反应，芳环上已有的取代基对第二个基团的取代有定位作用，苯胺上的氨基是强致活的邻、对位定位基团，再进行苯环的亲电取代反应时往往同时生成邻位和对位产物，影响单一产物产率，基于此，对溴苯胺的合成一般不是通过苯胺与溴水的直接反应合成。目前合成方法主要包括以下三种：

**1. 苯胺与NBS反应合成对溴苯胺**

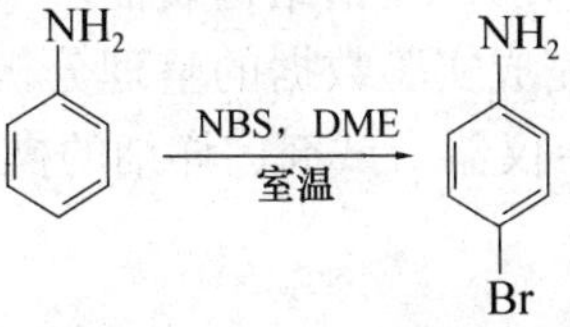


**2. 苯胺与2, 4, 4, 6－四溴－2, 5－环已烯－1－酮反应合成对溴苯胺**

（1）

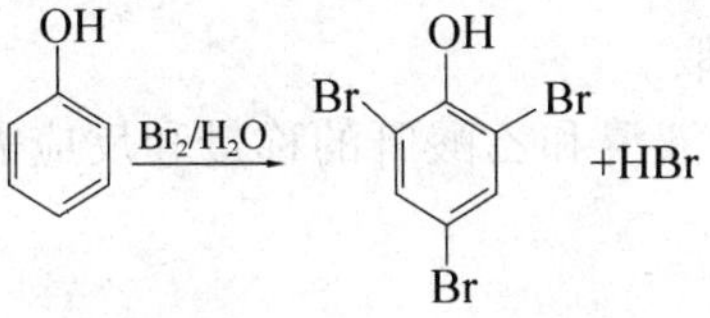


（2）

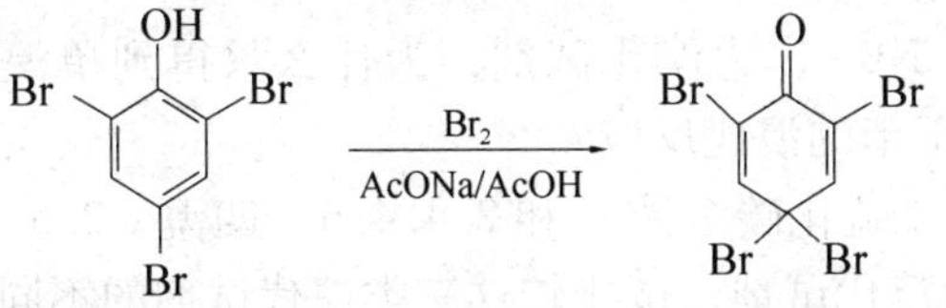


（3）

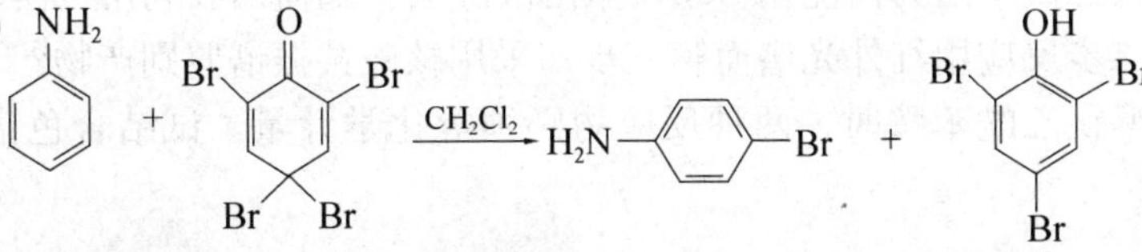


**3. 通过氨基保护、溴代和去保护路线合成苯胺**

（1）保护氨基

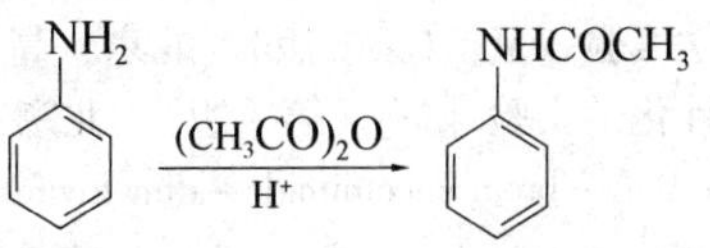


（2）溴代

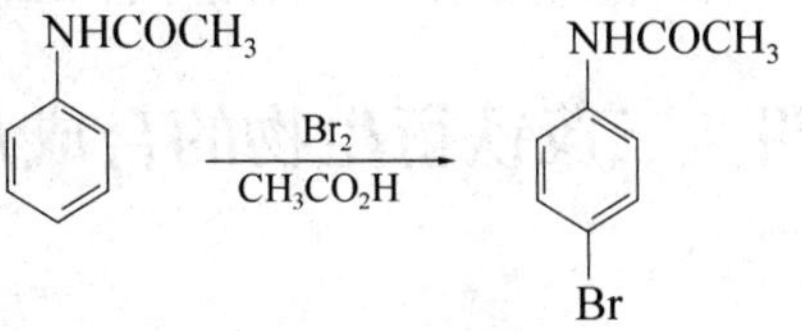

(3) 去保护

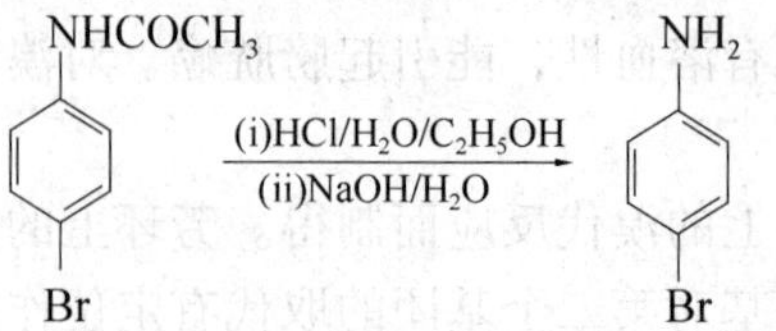

## 实验要求

(1) 选择合成对溴苯胺的三种不同合成方法，自行设计实验方案合成对溴苯胺，比较三种方法的差异。

(2) 对目标化合物进行 IR、$^1$H NMR 谱结构表征。

(3) 撰写实验报告。在认真完成实验数据的整理分析后，进行实验报告或论文的书写。内容包括：研究目的、实验原理、仪器、试剂、详细的操作步骤、实验现象、实验结果、结果分析及讨论等项目。

## 实验指导

(1) 对于液溴和乙酸酐的取用，最好用移液管量取。

(2) 液溴及乙酸酐具有挥发性和刺激性，因此，液溴和乙酸酐的称量和反应需在良好的通风条件下进行。

## 实验思考

1. 方法一中苯胺的单溴代反应，选用 NBS 作为溴化试剂，为什么只得到单溴代产物，而不会有多溴代产物生成？此方法可否用于苯的溴代反应？

2. 溴水溶液、溴的乙酸溶液（或溴的二硫化碳溶液）和 2, 4, 4, 6 - 四溴 - 2, 5 - 环己二烯 - 1 - 酮均可作为芳香胺或酚类化合物的溴代试剂，试比较这三类溴代试剂的不同用途。

3. 方法二中，副产物三溴苯酚为何能用 NaOH 水溶液除去？如何回收利用三溴苯酚？

4. 为何方法二中第二步反应用红外光谱而第三步却采用核磁共振谱鉴别产物？

5. 用溴的乙酸溶液溴化乙酰苯胺时，两种反应物必须等化学计量。试结合色谱分析结果说明理由。

### 参考文献


1. 申秀民．化学综合实验．北京：北京师范大学出版社［M］（第一版），2007
2. 兰州大学，复旦大学编．有机化学实验［M］（第二版）．北京：高等教育出版社，1994
3. 张寒琦，徐家宁主编，综合和设计化学实验［M］（第一版）．北京：高等教育出版社，2006
4. Mitchell R H, Lai Y H, Williams R V. *N* – bromosuccinimide – dimethylformamide: a mild, selective nuclear monobromination reagent for reactive aromatic compounds. J. Org. Chem., 1979, 44 (25): 4733 ~ 4735
5. 徐福培，王其明．一种温和的、选择性的芳胺单溴化反应．化学试剂［J］，1986，8（6）：374 ~ 375
6. 李康兰，张力．超声波辐射促进对溴苯胺的合成．甘肃省化学会第二十五届年会论文集，2007，62


# 实验四　二茂铁衍生物的合成及表征

## 实验目的

(1) 了解二茂铁衍生物的发展历史、功能及合成方法；

(2）培养利用各种实验手段和仪器设备如氮气保护、薄层色谱、FTIR 以及$^{1}$H NMR，综合解决有机化学问题的能力和良好的工作方法；

(3）掌握根据化合物性质进行产物纯化的方法（升华、重结晶)；

(4）培养独立完成实验的能力。

## 实验背景

1951 年，Kealy 和 Pauson 在由环戊二烯基溴化镁与三氯化铁反应合成富瓦烯时，意外地发现了双环戊二烯基铁（$C_5H_5FeC_5H_5$)。次年，Wilkinson 和 Woodward 确定它是一个具有夹心结构的金属 π 络合物，具有芳香性，从而命名为二茂铁。二茂铁的发现与 π－键型的夹心结构的阐明，使金属有机化学的发展出现了一个飞跃，从此金属有机化学逐渐成为一个独立的分支学科。四十多年来，大量新型二茂铁衍生物在实验室中成功合成，同时对二茂铁及其衍生物的应用研究不断深入，使二茂铁化学成为金属有机化学的热门领域之一。二茂铁衍生物具有不同的功能，归纳起来大概有以下四个方面：①在功能材料方面，用于燃油添加剂、液晶材料、超导材料、稳定剂等；②在生物学上，用作人工抗体、抗癌活性药物和细菌活性药物、生物酶电极及杀虫剂等；③在分析化学上，用作膜电极、滴定剂等；④有机化学反应中，作为不对称反应的催化剂和有机合成的中间体等。直至现在，探索二茂铁及其衍生物的新的合成方法、新的结构类型、新的理化性质、谱学规律和新的化学反应，合成新的二茂铁衍生物、扩大其应用领域仍是二茂铁化学的基本研究内容。

二茂铁是一种橙色棱柱状晶体，熔点173℃，沸点249℃，在100℃以上易升华，可溶于乙醇、乙醚和烃类溶剂中，不溶于水，但随水蒸气蒸发，常用水蒸气蒸馏法提纯。在红外光谱中，只要二茂铁的一个茂环上没有取代基，其红外光谱在1100cm$^{-1}$和1000cm$^{-1}$附近就有两个吸收峰，这是两个环沿五重对称轴作平行振动所反映的谱带。如果两个环都有取代基时，则无此吸收峰。二茂铁的核磁共振谱显示：环上五个氢有相同的化学位移（$\delta = 4.04 \times 10^{-6}$)。二茂铁在空气中稳定存在，400℃以下不分解，它在碱性介质中很稳定，但在酸性介质中易被氧化为蓝绿色的二茂铁离子。二茂铁易发生亲电取代反应，而且比苯容易得多，这是它芳香性的突出表现。二茂铁作为非苯芳香体系能够发生如下的取代反应：金属取代反应、Friedel－Crafts 酰基化反应、Friedel－Crafts 烷基化反应、氨甲基化反应以及甲酰化反应。

**1. 乙酰基二茂铁的制备**

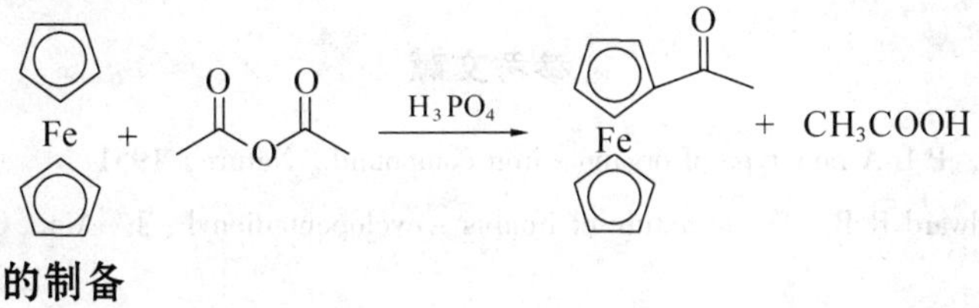


**2. 二茂铁甲醛的制备**

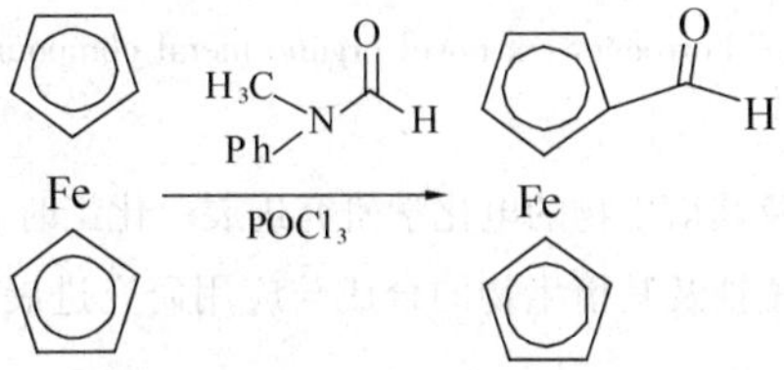

### 3. 1, 1′－二乙酰基二茂铁的制备

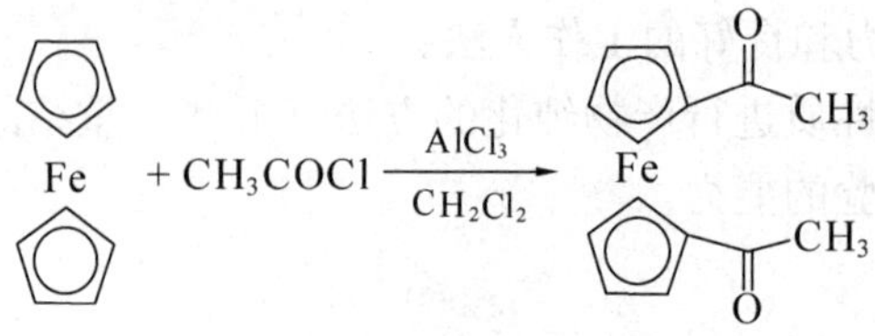

## 实验要求

（1）选用二茂铁为原料，通过甲酰化反应或酰化反应合成三种二茂铁衍生物，自行设计实验方案，并比较三种化合物合成方法的差异。

（2）撰写实验报告。在认真完成实验数据的处理分析后，进行实验报告或论文的书写。内容包括：研究目的、实验原理、仪器、试剂、详细的操作步骤、实验现象、实验结果、结果分析及讨论等项目。

## 实验指导

（1）对于三氯氧磷、乙酰氯及乙酸酐的取用，最好用移液管量取；

（2）三氯化铝极易吸水而变质，取用要快速，存放要注意防水；

（3）三氯氧磷、乙酰氯及乙酸酐具有挥发性和刺激性，因此，对于上述试剂的取用和反应需在良好的通风条件下进行。

## 实验思考

1. 单乙酰基二茂铁的制备，选用乙酸酐作为酰化试剂，可否用乙酰氯作为酰化试剂？

2. 二茂铁的乙酰化反应可以选用乙酸、乙酸酐以及乙酰氯作为酰化试剂，试比较这三类酰化试剂的不同用途。

3. 二茂铁的甲酰化反应，选用 $N$－甲基甲酰苯胺作为酰化试剂，还有哪些试剂可用于甲酰化反应？

4. 单乙酰基二茂铁用红外光谱鉴别，谱图有何特征？

5. 比较单乙酰基二茂铁与 1, 1′－二乙酰基二茂铁的极性，在薄层色谱中哪一个化合物的 $R_f$ 值较大？

## 参考文献


1. Kealy，T J，Pauson，P L A new type of organo－iron compound. Nature，1951

2. Wilkinson，G，Woodward R B. The structure of ironbis－cyclopentadienyl. J. Am. Chem. Soc，1952，74：2125

3. Mar vin R，Martin V，Har old R. Ferrocene：a novel organo metal compound. J. Chem. Educ.，1957（34）：268～271

4. 陈灿辉，叶华，李红. 二茂铁及其衍生物的电化学研究进展. 化工时刊［J］，2004，18（10）：21～23

5. 黎桂辉，刘学军，程红彬. 二茂铁及其衍生物的合成与应用研究进展. 化学研究［J］，2010，21（4）：108～112.

6. 杜洪光. 某些二茂铁衍生物的合成与表征：［学位论文］. 北京：北京化工大学，1999.

# 实验五　非那西汀的合成及表征

## 实验目的

（1）了解药物非那西汀及其合成方法；

（2）培养利用文献独立设计实验的能力；

（3）根据化合物性质进行产物纯化。

## 实验背景

4－乙氧基－*N*－乙酰苯胺，又称非那西汀或对乙氧基－*N*－乙酰苯胺。白色有光泽的鳞片状晶体或白色结晶粉末。无臭，味微苦，在空气中稳定，熔点135℃，溶于乙醇、丙酮、乙酸、吡啶、氯仿等。微溶于乙醚、苯和热水，难溶于水。是良好的解热镇痛药，常用于治疗头痛、发热、神经痛等。该品易被人体吸收，服后20～30min出现药效，持续5～6h。大部分在肝内迅速脱去乙基，生成扑热息痛起解热镇痛作用，扑热息痛与葡萄糖醛酸结合随尿排出。小部分脱去乙酰基而生成对氨苯乙醚，进一步脱乙基生成对氨基酚，后者氧化成亚氨基醌。亚氨基醌能使血红蛋白变成高铁血红蛋白而失去携氧能力，造成组织缺氧、红细胞溶解而致溶血、黄疸、肝脏损害等。正常情况下，毒性中间代谢物迅速与谷光甘肽结合或转化成无毒的硫醚氨酸，随尿排出；只有当剂量过大或动物缺乏葡萄糖醛、酸结合代谢方式时，才出现中毒反应。常见的合成非那西汀的路线有两条：

**1. 烷基化、还原再酰化的方法**

从对硝基氯苯出发，经与乙醇、氢氧化钠反应得对硝基苯乙醚，而后对硝基苯乙醚经硫化钠还原反应，生成对氨基苯乙醚，对氨基苯乙醚在冰乙酸、乙酸酐、大苏打作用下乙酰化，生成对乙酰氨基苯乙醚，即非那西汀。

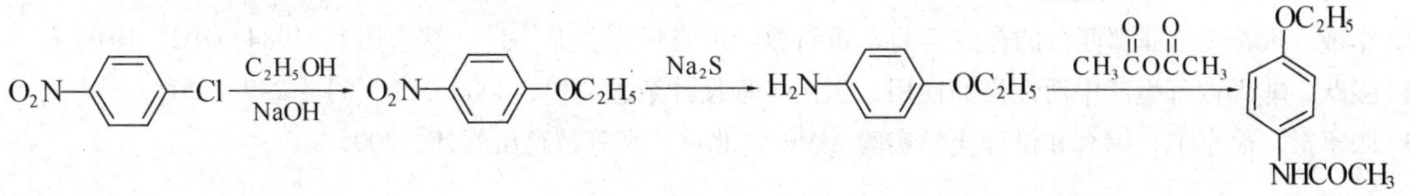

该方法步骤多，但所需原料均为常见化工原料，生产成本低，有利于大规模工业化生产。

**2. 酰化后再烷基化的方法**

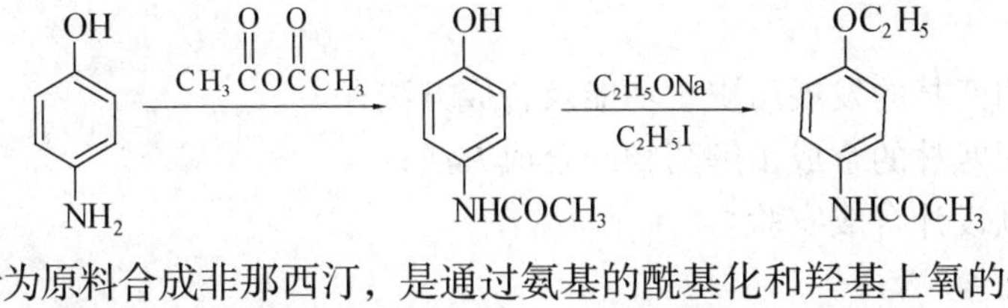

以对氨基苯酚为原料合成非那西汀，是通过氨基的酰基化和羟基上氧的烷基化反应来完成的。所以通过这一产物的合成，可以把普通有机制备中的酰基化反应与Williamson反应制混合醚的方法融为一炉，有助于在原来基本有机实验技能的基础上进一步提高。该方法可靠，易于掌握，从而使初学者和在实验条件较差的情况下也能进行，所以适合设计研究性实验。

## 实验要求

（1）选用对硝基氯苯或对氨基酚为原料，自行设计实验方案，通过多步有机反应合成目标化合物。

（2）对产物进行熔点测定及红外光谱表征，比较原料、中间体及产物的红外谱图，分析谱图数据，指出各特征吸收峰的归属。

（3）撰写实验报告。在认真完成实验数据的处理分析后，进行实验报告或论文的书写。

## 实验指导

（1）酰胺是有一定熔点的固体物质，它们在强酸或强碱的水溶液中加热容易水解生成胺，因而在有机合成上往往先把芳胺酰化，使芳胺变成酰胺，将氨基保护起来，再进行其他反应，然后再使酰胺水解变为胺。

（2）在对羟基乙酰苯胺羟基氧的烷基化反应中，因羟基的对位有乙酰胺基，乙酰胺基的供电子性使苯酚的酸性减弱，加之酰胺在强酸强碱的水溶液中易水解，使 N 上的酰基脱落。因而该实验不能采用 NaOH 水溶液，而采用碱性更强而又不是水溶液的醇钠。

（3）酰胺和酯在酸或碱的催化下都可以水解，但酰胺的反应条件比酯要求更高。酰胺需要强酸、强碱及比较长时间的加热回流，才能水解成酸和胺。因此，将对氨基酚酰化后的产物溶解在冷的稀 NaOH 溶液中，然后加酸到溶液呈中性，使之重新沉淀出来。此时接在氮上的乙酰基不会断裂，而接在氧上的乙酰基则被水解。利用这种方法可将大部分副产物除去。

（4）取用活泼金属钠时要注意不要与皮肤接触，防止切割时溅入眼睛。

## 实验思考

1. 在以对氨基酚为初始原料合成非那西汀的实验中，副产物是什么？怎样除去？

### 参考文献


1. 李敏．推荐一个非那西汀的合成实验．黄石教师进修学院学报［J］（综合版），1984，102～104
2. 强跃．非那西汀生产中活性炭的使用．医药工程设计杂志［J］，2000，21（6）：249～251
3. 张寒奇，徐家宁．综合和设计化学实验［M］．北京：高等教育出版社，2005


# 实验六　解热止痛药阿司匹林的合成及表征

## 实验目的

（1）了解阿司匹林的发展历史、功能及合成方法；

（2）通过阿司匹林的合成了解药物的合成方法；

（3）根据文献设计合成实验。

## 实验背景

阿斯匹林，学名乙酰水杨酸。白色针状或板状结晶或粉末，熔点 135℃，无气味，微带酸味。在干燥空气中稳定，在潮湿空气中缓缓水解成水杨酸和乙酸。能溶于乙醇、乙醚和氯仿，微溶于水，在氢氧化钠碱溶液或碳酸钠碱溶液中能溶解，但同时分解。

阿斯匹林的诞生经过了漫长的岁月，最初它是一种由柳树叶和柳树皮制成的草药。据传，在公元5世纪时，希腊药父希波克拉底曾用柳树泡制品治疗妇女产痛。1757年，英国神父斯多发现柳树皮具有苦味，并把这种树皮研碎成粉末状，给患感冒、发热的病人口服，不久病人便痊愈。后来研究人员发现，这种草药的主要成分是水杨酸，虽然它具有解痛作用，但对胃也有腐蚀作用。科学家们不断研究，以求降低它的副作用。1853年，法国化学家Gerhardt使用水杨酸和乙酰基氯发生化学反应后合成了乙酰水杨酸，即后来的阿斯匹林。但是，他没有继续研究以证实他的研究成果。1899年，德国拜尔公司的职员、化学家Hofmann采用乙酰水杨酸为他父亲治疗风湿关节炎，疗效极好，拜尔公司因此改进了生产手段，并将这种药取名为阿斯匹林（aspirin）。“a”是乙酰基（acetyl）的第一个字母，而“spir”是获取水杨酸成分的植物绣线菊“spiraea”的前4个字母。后来，阿斯匹林与非那西汀、氨基比林、安乃近及其制剂复方阿斯匹林（APC）、安痛定、索密痛风靡全球。然而20世纪60年代，医学工作者发现氨基比林、安乃近有抑制造血系统的副作用引起白细胞减少，非那西汀对肾脏有损害。由于副作用严重，医生只好敬而远之。美、英、日等国先后宣布淘汰氨基比林和非那西汀，我国于1983年也宣布摒弃不用，此时，阿斯匹林因失去配伍受到“冷落”。近年来，医药工作者在深入研究阿斯匹林的药理作用时，发现它有抑制前列腺素类物质血栓素$A_2$的合成作用，故可抑制血小板的释放与聚集，防止血栓形成，延缓凝血时间。医生利用它的特点治疗脑栓塞及脑血栓患者，有效率达80%，一时间成为治疗该病取得最好效果的药物。现在，许多医生还将其用于治疗手术和血栓形成及糖尿病引起的视网膜病变。随着医药学研究的进展，医生还广泛使用阿斯匹林预防中风和心脏病发作。阿斯匹林堪称为防治心脑血管疾病老药新用的“楷模”。阿斯匹林还可显著降低患结肠、直肠癌的危险。在医药不断推陈出新的今天，世纪之药阿斯匹林的用武之地越来越宽广。

阿司匹林的最早合成是在浓硫酸催化下，由水杨酸和乙酸酐作用而成。由于浓硫酸严重腐蚀设备、污染环境，且易发生副反应，引起化学工作者的广泛关注。为此，改进阿司匹林的合成手段成为化学工作者研究的热点，一些新的催化剂催化的阿司匹林的合成方法不断被发现，如酸性离子液体催化、Lewis酸催化、磷酸催化、对甲苯磺酸催化、碱催化、磷酸二氢钠催化、硫酸氢钠催化、分子筛催化、维生素C催化以及微波辐射、超声辅助合成阿司匹林的方法相继被发展，一些好的研究结果被得到。

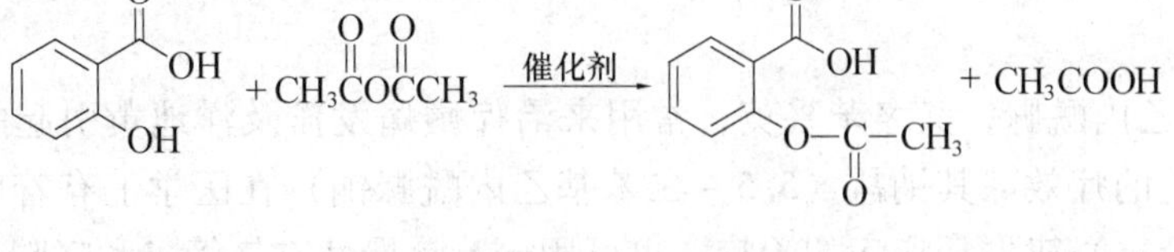


## 实验要求

（1）合成阿司匹林的方法很多，查阅文献，自己设计实验方案，完成目标化合物的合成及图谱表征。

（2）以研究报告形式提交实验结果。

## 实验指导

（1）为了防止副产物的生成并保证反应速度，要合理控制反应温度；

（2）乙酸酐、浓盐酸具有挥发性和刺激性，因此，对于上述试剂的取用和反应需在良好的通风条件下进行；

（3）如用浓硫酸做催化剂，因其强腐蚀性，要避免其与皮肤接触。

## 实验思考

1. 在水杨酸的乙酰化反应中，如用浓硫酸做催化剂，简述浓硫酸在该反应中的作用。
2. 在水杨酸的乙酰化反应中比较容易生成的副产物是什么？如何除去？
3. 如何用化学方法快速检测产品中夹杂的未反应的水杨酸？

### 参考文献


1. 吕亚娟等. 微波辐射快速合成乙酰水杨酸. 甘肃高师学报［J］，2002，7（5）：29～31.
2. 蒋栋. Bronsted 酸性离子液体催化合成阿司匹林. 应用化学［J］，2007，24（9）：1080～1082
3. 李继忠. 对甲苯磺酸催化合成乙酰水杨酸的研究. 化学世界［J］，2005（6）：365～366，335
4. 隆金桥等. 磷酸二氢钠催化合成阿司匹林. 广西右江民族师专学报［J］，2005，18（3）：45～46
5. 张国升等. 以固体氢氧化钾为催化剂制备乙酰水杨酸. 化学试剂［J］，1986，8（4）：245～246
6. 宋小平等. 固体碳酸钠催化合成阿司匹林. 精细石油化工［J］，1992（3）：46～48
7. 常慧等. 微波辐射快速合成阿司匹林. 化学试剂［J］，2000，22（5）：313
8. 肖新荣等. 硫酸氢钠催化合成阿司匹林的研究. 精细化工中间体［J］，2002，32（6）：42～43
9. 陈洪等. 维生素 C 催化合成阿司匹林的研究. 化学世界［J］，2004，45（12）：642～643
10. 刘鸿等. 微波辐射分子筛催化合成乙酰水杨酸的研究. 精细化工中间体［J］，2007，37（4）：27～28，55


# 实验七　抗痉挛药5，5－二苯乙内酰脲的合成

## 实验目的

（1）掌握二苯乙二酮在碱性溶液中重排生成二苯基乙醇酸的机理和实验方法；

（2）锻炼独立进行实验的能力。

## 实验背景

5, 5－二苯乙内酰脲，又名苯妥英，常用来治疗癫痫发作及洋地黄引起的心律过快，对抑郁症也有一定的疗效。其钠盐（5, 5－二苯基乙内酰脲钠）在医学上有着广泛的用途，主要用于抗癫痫及抗心律失常疾病的治疗，也可用于治疗慢性支气管炎和哮喘。

5, 5－二苯乙内酰脲，白色晶体，熔点 293～295℃。其制备方法一般分三步进行：苯甲醛通过安香缩合生成安息香；安息香氧化生成二苯基乙二酮；然后二苯基乙二酮与尿素作用得到目标化合物 5，5－二苯乙内酰脲。

**1. 安息香的制备**

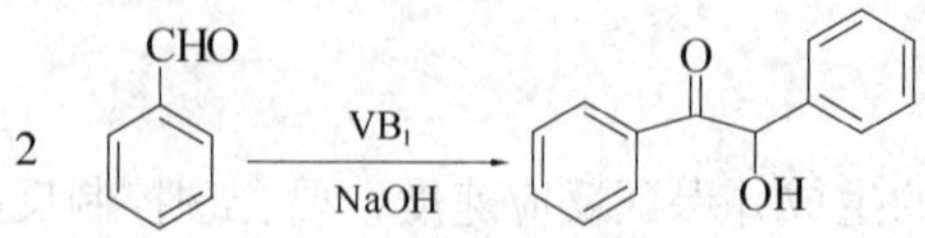

2. 二苯基乙二酮的制备

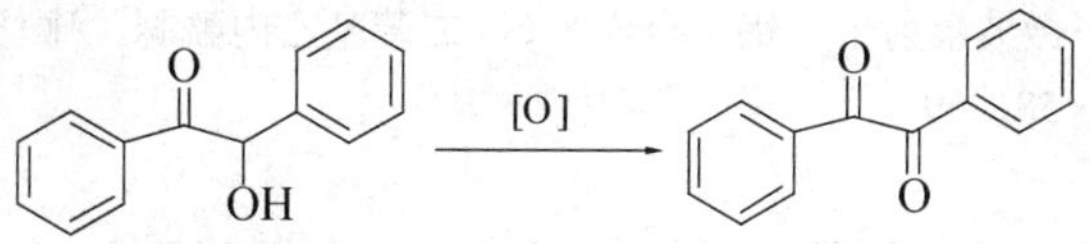


3. 5,5－二苯乙内酰脲的制备

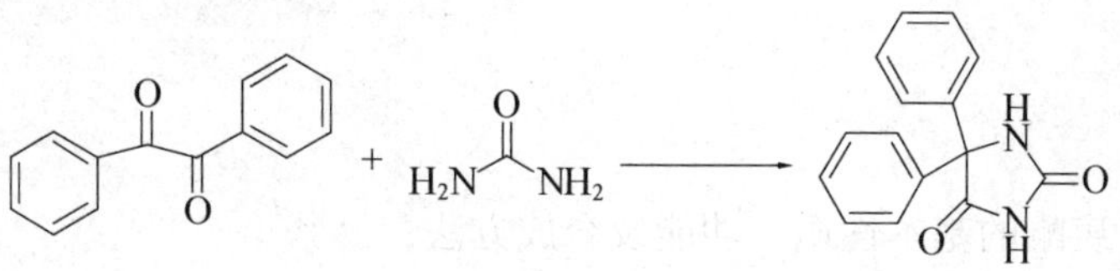


## 实验要求

(1) 设计抗痉挛药物5,5－二苯基乙内酰脲合成的实验方案；

(2) 对目标化合物进行结构、纯度分析；

(3) 以研究报告的形式提交实验总结。

## 实验指导

(1) 安息香可以被硝酸氧化生成α－二酮，但反应中释放出的二氧化氮会对环境产生污染。

(2) 少量的乙酸铜、硝酸铵可以氧化安息香得α－二酮。

(3) $FeCl_3 \cdot 6H_2O$ 也是安息香氧化的良好氧化剂，不仅避免了常用的硝酸氧化法中产生有毒的氮的氧化物，而且收率高，质量好，操作方便安全。

(4) 产品二苯乙二酮容易结块，因此在冷却结晶时，最好用玻璃棒搅动，防止结成大块，将杂质包进。

(5) 直接酸化得到的苯妥英是无定形的泥状，难以烘干，而且不纯。将所制得的粗品，用80%的乙醇进行重结晶，再用乙醇洗涤而纯化，可得到苯妥英的白色针状晶体。

(6) 使用活性炭脱色时，要注意趁热过滤的操作要点及注意事项。

(7) 滤液用10% HCl溶液酸化时搅拌须充分。

## 实验思考

1. 安息香合成中有哪些催化剂可用？
2. 安息香氧化生成二苯基乙二酮，常用氧化剂是硝酸，还有哪些好的氧化剂可用？

### 参考文献

1. 兰州大学，复旦大学．有机化学实验［M］．第2版．北京：高等教育出版社，1994
2. 薛思佳，季萍．有机化学实验［M］．第2版．北京：科学出版社，2007
3. 邢春勇，李记太，王焕新等．微波辐射蒙脱土 $K_{10}$ 固载氯化铁氧化二芳基乙醇酮．有机化学［J］．2005．25（1）：113～115
4. 王爱丽，张功成，沈永雯，李小龙．二苯基羟乙酮的合成．化学通报［J］，2002，1：60
5. 赵三虎，赵明根．维生素 $B_1$ 片催化下的二苯基乙醇酸的合成及表征．甘肃联合大学学报［J］（自然科学版）．2009，23（6）：53～56
6. 赵三虎，常慧芬，李艳霞，刘素平，赵明根．咪唑类离子液体催化的安息香缩合反应．有机化学［J］，2010，30（6）：912～917

7. 陈新. 苯妥英钠合成实验的改进. 广州化工［J］, 2010, 38（7）: 97～98
8. 肖立伟, 刘芳, 郑志松. 微波辐射下一锅法合成5,5－二苯基乙内酰脲. 廊坊师范学院学报［J］（自然科学版）. 2009, 9（5）: 58～59

# 实验八　蜜蜂警戒信息素2－庚酮的合成及检测

## 实验目的

（1）了解2－庚酮的基本性质、功能及合成方法；

（2）培养利用各种实验手段和仪器设备如氮气保护、薄层色谱、FTIR以及$^1$H NMR，综合解决有机化学问题的能力和良好的工作方法；

（3）了解多步有机合成的特点及合成技巧。

## 实验背景

2－庚酮，又名甲基正戊基酮，无色透明液体，熔点－35.5℃，沸点150.6℃，闪点47℃，折射率1.4110（20℃）；具有强烈的类似香蕉水果香气，微溶于水（0.4%），溶于乙醇、丙二醇、乙醚等有机溶剂。

2－庚酮在美国、欧洲等国家被批准用于食品，微量用于康乃馨等日用香精中，主要用途是配制香蕉、柑桔、桃子、椰子、草莓、奶酪等食用香精，广泛用于工业溶剂、纤维、医药、农药、香料、化工等领域，有较好的市场前景。

在自然界中，2－庚酮存在于丁香精油、斯里兰卡肉桂油等芳香油中，还存在于肉和乳酪中。2－庚酮有特别的香蕉香气，并伴有轻微的药香香韵，其香味是新鲜而带乳脂样的辛香，稍微有些果香味。因此，在香料工业中可用于调香。

2－庚酮既可用来调配康乃馨、药草香等化妆品香精，也可用于调配香蕉、椰子、蜜桃、柑橘、奶油、干酪等食品香精。由2－庚酮调配的香精可广泛用于软饮料、冰激凌、糖果、烘烤食品和调味品的加香。

2－庚酮在水中香气阈值为140～3000μg/kg，它在某些食品中的参考用量为：软饮料2.7μg/g、冰激凌6μg/g、糖果6.4μg/g、烘烤食品13μg/g、调味品10～25μg/g。

2－庚酮是一种昆虫警戒信息素，它发现于成年工蜂的颈腺中，雄蜂、蜂王和未成年不能飞行的工蜂体内都没有这种报警的信息素。如果把2－庚酮溶解于石蜡油中并涂在小软木塞上，再把软木塞悬挂于蜂箱入口附近，会使蜜蜂焦躁不安地猛飞攻击软木塞，而单涂石蜡油的软木塞就不会受到类似的攻击。同时，2－庚酮也是臭蚂蚁及小黄蚁等昆虫的报警信息素。因此，它可用作一些有害蜂类和某些蚂蚁、昆虫的驱避剂。家庭阳台养花容易招引蚂蚁，用5～10 μg/g的2－庚酮水溶液可以防止蚂蚁的孳生；由于某些蚜虫和蚂蚁有共生关系，极稀的2—庚酮的水溶液（μg/g级）也可以用来防治一些蔬菜和经济作物的蚜虫。在防治农作物害虫方面，2－庚酮用量少、活性高、不污染环境，也不会对天敌产生任何危害。

2－庚酮的制备方法归纳起来主要有天然原料提取法、格氏试剂法、生物发酵法、乙酰乙酸乙酯法、丙二酸二乙酯法、羟醛缩合法、催化加氢法等。

**1. 天然原料提取法**

2－庚酮存在于丁香油、桂油、芸香油、椰子油等多种植物精油中，故设想用精馏法或亚硫酸氢钠法来提取，但由于天然资源有限，且精油中 2－庚酮含量极少，提取成本太高，因此此法只适用于实验室制备，在工业上没有实际意义。

**2. 格氏试剂法**

$$CH_3CH_2CH_2CH_2CH_2Br \xrightarrow[Mg]{Dry\ Et_2O} CH_3CH_2CH_2CH_2CH_2MgBr \xrightarrow[2)\ H_3^+O]{1)\ CH_3CHO} C_5H_{11}\overset{\overset{OH}{|}}{C}HCH_3 \xrightarrow{[O]} C_5H_{11}\overset{\overset{O}{\|}}{C}CH_3$$

此法通常是由戊基溴与金属镁反应生成戊基溴化镁格氏试剂，然后与乙醛反应，再经提纯而制得 2－庚醇，最后采用 $CrO_3$ 等作为氧化剂氧化制得 2－庚酮。

**3. 生物发酵法**

早在 20 世纪 60 年代，就有了采用生物发酵的方法制得 2－庚酮的报道，80 年代末和 90 年代初，有较多有关生物发酵法制备 2－庚酮的研究报道。例如，维持 pH 值在 5.5～7.0 条件下，可以由辛酸在青霉素羊乳干酪截留孢子作用下发酵而制得 2－庚酮，加入葡萄糖或其他单糖等能刺激 2－庚酮的生成。也可以在水油两相体系中，由青霉素羊乳干酪截留孢子作用于辛酸而制得 2－庚酮，而且 $C_5$～$C_9$ 的甲基酮都可以由相应的 $C_6$～$C_{10}$ 的脂肪酸在青霉素羊乳干酪截留孢子作用下发酵制得。

**4. 乙酰乙酸乙酯法**

$$CH_3COCH_2COOEt \xrightarrow{EtONa} \xrightarrow{C_4H_9Br} CH_3CO\overset{\overset{C_4H_9}{|}}{C}HCOOEt \xrightarrow{稀\ NaOH} CH_3CO\overset{\overset{C_4H_9}{|}}{C}HCOOH \xrightarrow{H_2SO_4} C_5H_{11}\overset{\overset{O}{\|}}{C}CH_3$$

此法先用乙酰乙酸乙酯和正丁基溴缩合，然后在稀碱中水解，再在稀酸中脱羧生成 2－庚酮。这是国内目前生产 2－庚酮的主要方法。

**5. 丙二酸二乙酯法**

$$CH_2(COOEt)_2 \xrightarrow{Mg/EtOH} EtOMgCH(COOEt)_2 \xrightarrow{C_5H_{11}COCl/Et_2O} C_5H_{11}COCH(COOEt)_2$$

$$\xrightarrow[2)\ H_3^+O,\ \triangle]{1)\ NaOH/H_2O} C_5H_{11}\overset{\overset{O}{\|}}{C}CH_3$$

此法先用镁和丙二酸二乙酯生成醇镁盐，然后用已酰氯在非质子溶剂中进行酰基化，再水解、脱羧得到 2－庚酮。此法与乙酰乙酸乙酯法颇为相似，但生产工艺较为复杂，总产率亦偏低。

**6. 羟醛缩合法**

$$C_3H_7\overset{\overset{O}{\|}}{C}H + CH_3\overset{\overset{O}{\|}}{C}CH_3 \xrightarrow{Cat} C_3H_7\overset{\overset{\overset{+}{O}H}{|}}{C}\ CH_2\overset{\overset{O}{\|}}{C}CH_3 \xrightarrow{-H^+} C_3H_7CH{=}CH\overset{\overset{O}{\|}}{C}CH_3 \xrightarrow{H_2} C_5H_{11}\overset{\overset{O}{\|}}{C}CH_3$$

由丙酮和正丁醛交叉羟醛缩合制备 2－庚酮的方法是近年来西方国家开发出来的已经大规模工业化生产的先进方法。此法主要经交叉羟醛缩合、脱水、催化加氢三步反应。丙酮和正丁醛天然来源广泛，且是市场上的基本工业化工原料，由此路线合成 2－庚酮，成本较低。

**7. 中间体催化加氢法**

3－庚烯－2－酮又称 1－乙酰基－1－戊烯、丁叉丙酮或甲基戊烯基酮，无色油状液体，几乎不溶于水，但溶于乙醇和油类，广泛地存在于自然界植物中，并且可以通过碱性缩合反应、酰化反应等制备。因其具有强烈的青草气味，且被公认为是安全的，而被作为食品香料广泛地用于食品工业中，并且在个人护理用品及药用品、电子产品加工及药物中间体的合成等领域得到应用。

3－庚烯－2－酮作为合成2－庚酮的中间体，可以通过催化加氢一步合成2－庚酮。

$$C_3H_7CH{=}CH\overset{\displaystyle O}{\overset{\|}{C}}CH_3 \xrightarrow{H_2} C_5H_{11}\overset{\displaystyle O}{\overset{\|}{C}}CH_3$$

## 实验要求

（1）查阅文献，自行设计实验方案合成目标化合物；

（2）用气相色谱对所合成产品纯度进行分析，同时测其折射率。

## 实验思考

1. 选用乙酰乙酸乙酯法合成2－庚酮，在制备乙酰乙酸乙酯过程中，析出的浅黄色沉淀是什么物质？

2. 运用丙二酸二乙酯法合成2－庚酮，需注意哪些事项？

### 参考文献


1. 张承曾，汪清如．日用调香术［M］．北京：轻工业出版社，1989
2. 徐克勋．精细有机化工原料及中间体手册［M］．北京：化学工业出版社，1998
3. 陈红香，李婷婷，孙凌峰．2－庚酮的合成及其应用．江西师范大学学报［J］（自然科学版），2003，27（4）：298～300
4. 张萍，李明达．绿色环保型涂料溶剂2－庚酮的合成研究．全面腐蚀控制［J］．2001，15（6）：23～24
5. 崇明本，张典鹏．2－庚酮制备、应用新进展．化工生产与技术［J］，2004，11（2）：25～30.
6. 俞善信．2－庚酮的合成．陕西化工［J］，1998，27（3）：15
7. 谭露璐，钱君律，伍艳辉．羟醛缩合催化剂研究进展．化学工业与工程［J］，2006，23（1）：70～74
8. 钱清华，祝桂林．2－庚酮的开发利用．山西化工［J］，2001，21（1）：14～15
9. 乔洪伟．2－庚酮合成新工艺及苯酐聚酯多元醇的合成与改性：［学位论文］．济南：山东大学，2008.


# 实验九　香草醛合成方法的研究及表征

## 实验目的

（1）了解香草醛的性质及合成方法；

（2）培养查阅文献资料、独立设计实验方案的能力。

## 实验背景

香草醛是香子兰花荚中的典型香味物质，具有浓郁的香子兰花的气味，俗称为香兰素（又称香草素、香兰醛或香茅醛）。香草醛化学名为3－甲氧基－4－羟基苯甲醛，分子式为$C_8H_8O_3$，在常温下为白色至微黄色针状结晶或结晶性粉末，在水、水－醇和有机溶剂中形成无色单斜晶系晶体。香草醛易受光影响，可燃，在空气中逐渐氧化，遇碱或碱性物质易变色，熔点 81 ~83℃，沸点 284℃，相对密度 1.056g · mL⁻¹，可溶于 125 倍的水、20 倍的乙二醇、20 倍的甘油及 2 倍的 95% 乙醇，易溶于乙醚、氯仿、二硫化碳、吡啶等有机溶剂，也易溶于冰乙酸、强碱溶液，无毒。香草醛广泛存在于自然界中，在香兰豆中含量约 2%，采下后存放一段时间经发酵，即在豆荚上有白色的晶体析出，这种白色晶体就是香草醛。香草醛具有类似天然的香荚兰所具有的浓烈香气，同时又具有很甜的味道。它被广泛用作肥皂香料、调合香料、烟用香料、化妆香精以及食品香料香精中，它是目前世界上产量最大的合成香料，其年产量近万吨。

香草醛是于 1874 年首先由 Tiemann 等人合成。其合成方法是：以松柏苷水解得到松柏醇，再由松柏醇氧化而得到产品香草醛，其反应式如下：

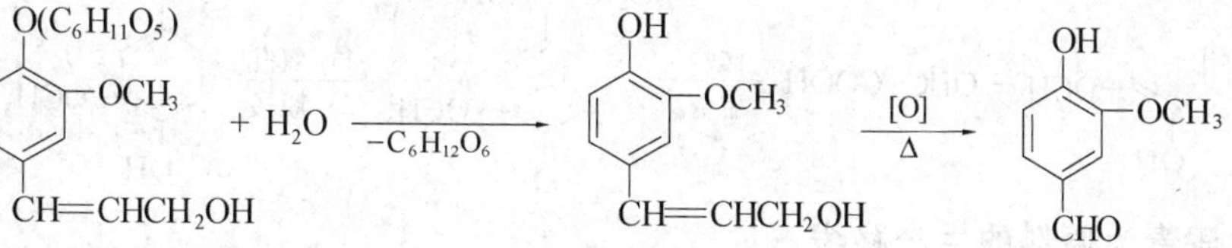


这一方法只适用于小规模生产，曾具有一定的历史意义，但目前很少应用。当前较常用的合成方法有以下三种：

**1. 以丁香酚为原料的合成路线**

丁香油来源于丁香植物，其中主要成分是丁香酚（学名 3 - 甲氧基 - 4 - 烯丙基苯酚），它在丁香油中的含量很高，一般在 85% ~90%。它还可以从肉桂叶油、樟脑油、肉豆蔻油和月桂油中萃取而得。它曾是合成香草醛的重要原料。首先将丁香酚与强碱共热，发生异构化反应得到异丁香酚钠，再经酸化得到异丁香酚，最后异丁香酚再经氧化反应即可得到产品香草醛，其反应式如下：

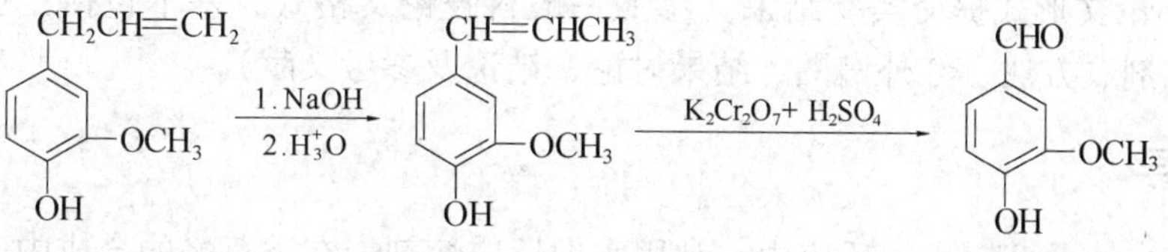


丁香酚　　异丁香酚　　香草醛

由于酚类在氧化条件下容易发生更复杂的副反应，而使收率大大降低。为此，可经过不同条件下的改进，使之合成更为完善。例如，将所得的异丁香酚和乙酸酐作用，生成异丁香酚的异酸酯，再进行氧化及水解反应即得到香草醛。从而使其收率有所提高。其反应式为：

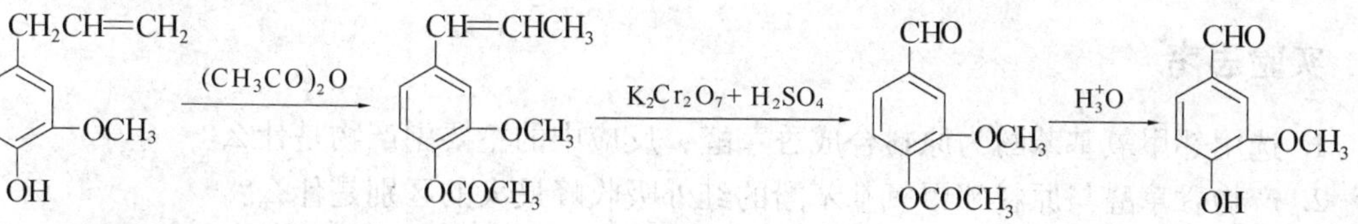


**2. 以愈疮木酚为原料的合成路线**

愈疮木酚，学名叫邻甲氧基苯酚。它可由愈疮木树脂蒸馏或由木材干馏而得，还可以由邻氨基苯甲醚经重氮化再水解而得。以愈疮木酚为原料可以经过不同的路线合成香草醛。其中最重要的有两条合成路线：

其一，是由愈疮木酚和甲醛反应制取香草醛：将愈疮木酚与甲醛（或乌洛托品）反应，得香兰醇，再用对亚硝基 $N$，$N$－二甲基苯胺氧化而得到香草醛。其反应式如下：

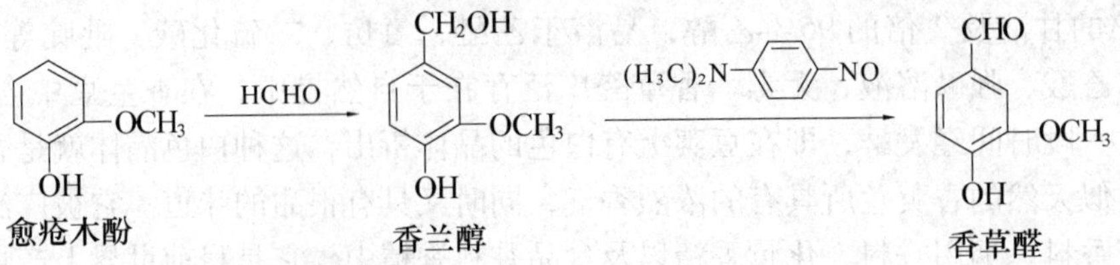


其二，是以愈疮木酚与乙醛酸缩合路线：该路线在三氧化铝、二氧化硅或在水合氧化铝存在的碱性条件下，反应温度保持在0～50℃之间，将邻甲氧基苯酚和乙醛酸进行缩合反应，所生成的缩合物在碱性条件下经氧化、加热脱羧反应，最后得到较高产率的香草醛，其反应式如下：

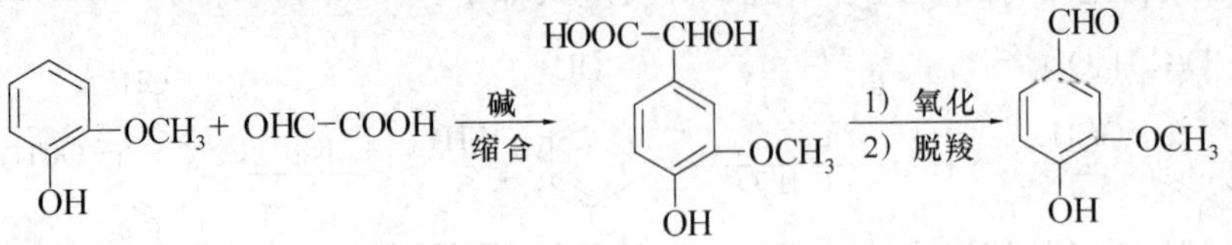


**3. 以木质素为原料的生产路线**

由于木质素具有香兰素基的基本结构，因此将木质素氧化分解可以得到香兰素。木质素存在于所有的废木材、禾秸以及纸浆废液中（以木质素硫酸盐的形式存在）。目前，世界上应用此法生产的香草醛已占相当大的比例。

## 实验要求

（1）选用邻甲氧基苯酚为原料，通过查阅文献，合理设计反应方案，完成目标化合物的合成。

（2）对目标化合物做红外光谱表征，并分析谱图指出各吸收峰的归属。

（3）以小论文形式提交实验结果（参照一般科技论文格式，基本包括：引言、实验部分、仪器、试剂、方法、红外谱图、结果讨论、结论及参考文献）。

## 实验指导

（1）在 Reimer－Tiemann 反应中，常用水做反应溶剂，在香草醛的合成中，乙醇做溶剂反应效果会更好，其原因可能是乙醇降低了反应温度，同时也起到相转移催化的作用。

（2）氧化法制备香草醛中，$H_2O_2$ 能使木质素的苯环和侧链碎解并溶出，破坏木质素中的发色基团，从而可以实现木质素漂白的目的。侧链的碎解过程会产生芳香醛和芳香酸，但是苯环同时会裂解，使得该反应较难控制，不易用来制备香草醛。

## 实验思考

1. 选用邻甲氧基苯酚为原料合成香草醛，反应中的主要副产物是什么？
2. 产物香草醛与原料邻甲氧基苯酚的红外吸收峰最大的区别是什么？

**参考文献**


1. 杨晓慧，周永红，胡丽红，张猛. 木质素制备香草醛的研究进展. 纤维素科学与技术［J］，2010，18（4）：49～53
2. 吴方宁，丁兴梅，丁敏等. 香兰素的合成及技术展望. 化工技术与开发［J］，2006，35（2）：6～11
3. 平兆燕，李广学. 制备香兰素的研究. 应用化工［J］，2005, 34（7）：400～403

4. 胡声闻，粱本熹，钱锋，李志良. 香草醛合成方法的改进. 化学试剂［J］，1993，15（3）：184
5. 王明君，郑璞，孙志浩，郑志强. 微生物转化香草酸生产香草醛. 食品与发酵工业［J］，2004，30（2）：43～47
6. 李永红. 生物转化法生产香草醛的研究：［学位论文］. 无锡：江南大学，2004

# 实验十　香蕉油的合成

## 实验目的

（1）了解香蕉油的性质、功能及合成方法；
（2）巩固利用萃取、洗涤、蒸馏的方法纯化液体有机物及液体有机物的干燥技能；
（3）锻炼查阅文献、独立设计实验的能力。

## 实验背景

乙酸异戊酯，俗称香蕉油，是无色透明液体，具有香蕉和梨的香味，可用作食品和化妆品香精，作喷漆、清漆、硝酸纤维素、氯丁橡胶、油墨等的溶剂，药品生产中的萃取剂等。这种用途广泛的有机化工产品在国内外有广阔的市场需求。

香蕉油的合成多采用乙酸和异戊醇为原料经硫酸催化酯化得到。用硫酸作催化剂，会造成设备腐蚀严重，副反应多，反应时间长，废水排放量大，后处理工艺复杂等弊端。因此，如何改进香蕉油的合成手段成为化学工作者研究的热点，一些新的催化剂催化的香蕉油的合成方法不断被发现，如磺酸类催化剂、分子筛及负载化分子筛催化剂、无机盐催化剂、杂多酸催化剂以及固体超强酸催化剂相继被发展，一些好的研究结果被得到。

$$CH_3COOH + CH_3CH(CH_3)CH_2CH_2OH \xrightarrow{\text{催化剂}} CH_3COOCH_2CH_2CH(CH_3)CH_3 + H_2O$$

## 实验要求

（1）选用乙酸和异戊醇为原料，通过酯化反应合成目标化合物。
（2）查阅文献，设计合理实验方案，独立完成实验。
（3）以小论文形式提交实验结果（参照一般科技论文格式，基本包括：引言、实验部分、仪器、试剂、方法、红外谱图、结果讨论、结论及参考文献）。

## 实验指导

（1）控制好酯化反应的温度、物料滴加速度；
（2）用饱和 $CaCl_2$ 溶液洗涤之前要用饱和 NaCl 溶液洗涤，不可用水替代；
（3）在每次洗涤分离时，注意要保留有机层，勿因疏忽而将产品倒掉；
（4）粗产物一定要充分干燥；
（5）乙酸异戊酯与/或异戊醇能形成二元或三元共沸物，纯化前必须除尽异戊醇和水。
（6）浓硫酸等强酸对皮肤有强烈腐蚀性，使用时应避免其与皮肤接触。

## 实验思考

1. 能否用浓 NaOH 溶液代替 $Na_2CO_3$ 饱和溶液来洗涤粗酯以除去其中的酸？

2. 何谓皂化？

3. 在加入催化剂浓硫酸时为什么要不断摇动反应瓶？

### 参考文献


1. 陈洁，吴建一. 氨基磺酸催化合成乙酸异戊酯的合成研究. 精细石油化工［J］，2001，3：35～37
2. 陈勇，罗士平，裘兆蓉等. 全氟磺酸树脂膜催化合成乙酸异戊酯的合成研究. 化学试剂［J］，2005，27（4）：247～248
3. 廿黎明. 以阳离子交换树脂负载镧作催化剂合成乙酸异戊酯. 内蒙古石油化工［J］，2003，29（2）：14～15
4. 刘春生，何森，周海霞，等. 活性炭固载三氯化铁非均相催化合成乙酸异戊酯. 香料香精化妆品［J］，2006，2：8～10
5. 王淑敏，李静. 微波辐射硫酸氢钠催化合成乙酸异戊酯研究. 河南农业大学学报［J］，2005，39（2）：226～228
6. 翁文，许华丽，李国平等. 四氯化锡催化乙酸异戊酯的合成. 应用化学［J］，2001，18（3）：244～245
7. 杨水金，肖继，梁水光. $TiSiW_{10}O_{40}/TiO_2$ 催化合成乙酸异戊酯的研究. 化学试剂［J］，2002，24（2）：107～108
8. 李毅群，肖小云. 水合硫酸氢钠催化合成乙酸异戊酯. 广州化工［J］，2000，28（3）：8～10


# 实验十一　香料“结晶玫瑰”的合成及表征

## 实验目的

（1）了解香料“结晶玫瑰”的作用及合成方法；

（2）锻炼查阅文献资料、独立设计实验方案的能力；

（3）进一步巩固水蒸气蒸馏等操作技术。

## 实验背景

结晶玫瑰是具有强烈玫瑰香气的结晶型固体香料，是优良的定香剂。其化学名为乙酸三氯甲基苯甲酯，纯品为白色结晶，熔点 86～88℃，不溶于水，微溶于乙醇，具有甜润的玫瑰花香。它作为定香剂广泛应用于化妆品和皂用香精，尤其适用于粉剂化的化妆品，所以结晶玫瑰在香料和日用化工产品中具有广泛的应用价值。

结晶玫瑰广泛应用于人们的生活和生产中，它的合成方法主要有两种：一是采用苯和无水三氯乙醛在三氯化铝催化下生成三氯甲基苯基原醇，原醇再和乙酸酐反应生成结晶玫瑰。该种方法使用无水三氯化铝做催化剂，对环境污染严重，且三氯化铝和产物易生成络合物，因而后处理困难。第二种合成方法是以苯甲醛、干燥氯仿为原料在氢氧化钾催化下生成三氯甲基苯基原醇，然后原醇和乙酸酐或冰乙酸或乙酰氯等酰化试剂反应生成乙酸三氯甲基苯甲酯即结晶玫瑰。反应经两步完成。制得的固体经重结晶可得纯度较高的产品。

**1. 以苯和三氯乙醛为原料**

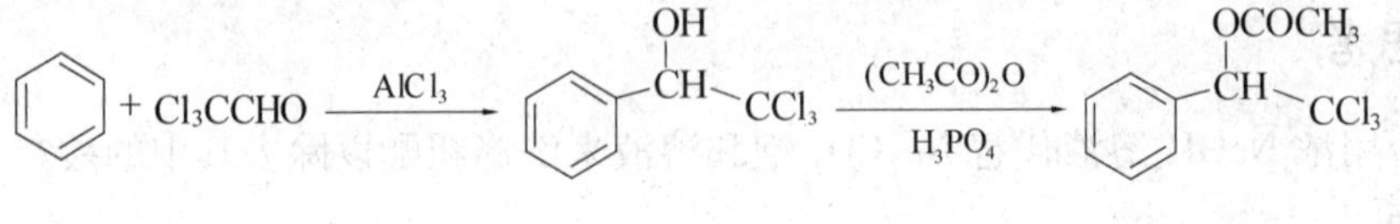

**2. 以苯甲醛为原料**

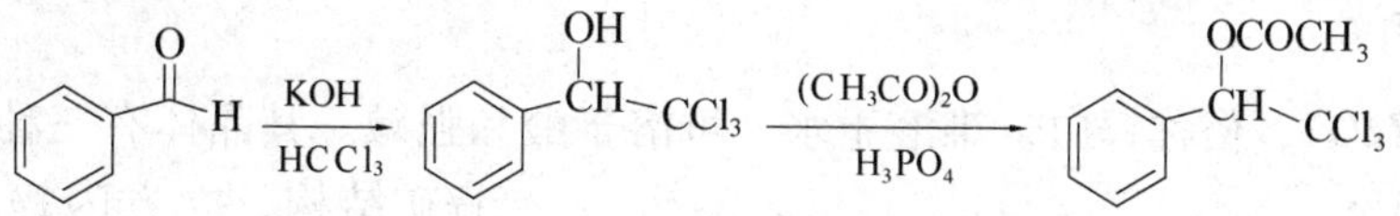


## 实验要求

（1）合成结晶玫瑰的方法很多，查阅文献，自己设计实验方案，完成目标化合物的合成及谱图表征。

（2）以小论文形式提交实验结果（参照一般科技论文格式，基本包括：引言、实验部分、仪器、试剂、方法、谱图、结果讨论、结论及参考文献）。

## 实验指导

（1）苯甲醛在浓碱作用下会发生歧化反应生成苯甲酸和苄醇，优化反应条件，尽量避免副反应发生。

（2）三氯化铝极易吸水而变质，取用要快速，存放要注意防水。

## 实验思考

1. 为什么三氯甲基苯基甲醇要充分干燥后才能进行下一步反应?
2. 水蒸气蒸馏时如何判断苯甲醛和氯仿已被除净?
3. 简述相转移催化剂的作用。

### 参考文献


1. 张寒琦，徐家宁．综合和设计化学实验［M］．北京：高等教育出版社，2006
2. 何坚，李涵，王锡臣，王亨权，王忠珍．结晶玫瑰的合成及应用．精细石油化工［J］，1993，4：31～33
3. 郑庚修，王秋芬，张传景．结晶玫瑰的生产工艺改进．化学世界［J］，1994，3：132～134
4. 张运晓，田青，吕双喜，阿有梅．结晶玫瑰合成方法的改进．河南医科大学学报［J］，1998，33（3）：155～156
5. 赵辉爽，双催化剂法结晶玫瑰合成．天津化工［J］，2008，22（3）：48～50
6. 董玉环，孟庆朝，翟倩倩．结晶玫瑰制备方法的改进．唐山师范学院学报［J］，2008，30（2）：69～70
7. 廖联安，郭奇珍．一锅煮法合成结晶玫瑰．精细化工［J］，1995，12（1）：13～14
8. 宋小平．相转移催化合成结晶玫瑰．化学试剂［J］，1997，19（3），178～179
9. 向文军．超声辐射下大孔强碱树脂催化合成结晶玫瑰．河北化工［J］，2010，33（9）：5～6


# 实验十二　ZnO 晶体的制备与表征

## 实验目的

（1）掌握晶体制备基本方法；

（2）了解晶体结构表征和检测的方法；

（3）通过实验方案设计，提高解决实际问题的能力。

## 实验背景

氧化锌（ZnO），俗称锌白，难溶于水，可溶于酸和强碱。其晶体有三种结构：六边纤锌矿结构、立方闪锌矿结构，以及比较罕见的氯化钠式八面体结构，见图3－2。纤锌矿结构在三者中稳定性最高，因而最常见。立方闪锌矿结构可由逐渐在表面生成氧化锌的方式获得。在两种晶体中，每个锌或氧原子都与相邻原子组成以其为中心的正四面体结构。八面体结构则只曾在 $100\times10^{8}$Pa 的高压条件下被观察到。

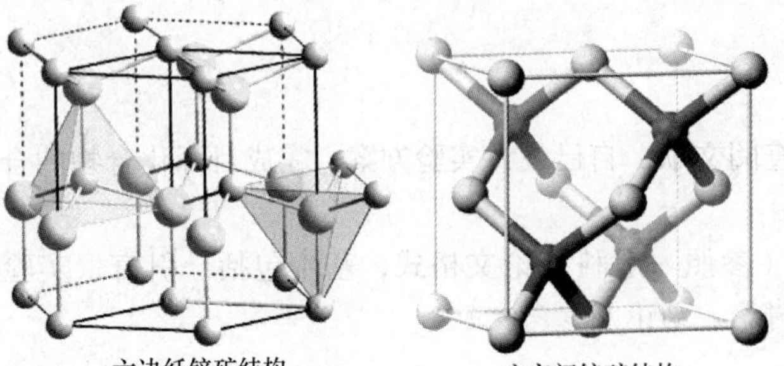

六边纤锌矿结构　　立方闪锌矿结构

图3－2　ZnO 晶体结构示意图

纤锌矿结构、闪锌矿结构有中心对称性，但都没有轴对称性。晶体的对称性质使得纤锌矿结构具有压电效应和焦热点效应，闪锌矿结构具有压电效应。在半导体材料中，锌、氧多以离子键结合，是其压电性高的原因之一。

**1. 氧化锌的制备方法**

自然界的红锌矿中存在氧化锌，但纯度不高。工业生产中使用的氧化锌通常以燃烧锌或焙烧闪锌矿的方式取得。主要有以下几种生产方法。

（1）间接法　间接法的原材料是经过冶炼得到的金属锌锭或锌渣。锌锭或锌渣在石墨坩埚内于1000℃的高温下转换为锌蒸气，随后被鼓入的空气氧化生成氧化锌，并在冷却管后收集得氧化锌颗粒。间接法生产的氧化锌颗粒直径在0.1～10μm左右，纯度在99.5%～99.7%之间。

（2）直接法　直接法以各种含锌矿物为原料。含锌矿物在与焦炭加热反应时，被还原成金属锌蒸气，同时被空气中的氧气氧化为氧化锌。直接法获得的氧化锌颗粒粗，产品纯度在75%～95%之间。一般用于要求较低的橡胶、陶瓷行业。

（3）湿化学法　湿化学法大体可分为两类：酸法与碱法。二者分别使用酸或碱与原料反应，而后制备碳酸锌或氢氧化锌沉淀，沉淀经过过滤、洗涤、烘干、800℃煅烧，最终得到粒径在1～100nm的高纯度轻质氧化锌。

（4）水热合成法　水热合成法是指在密闭的反应器（高压釜）中，通过将反应体系水溶液加热至临界温度，从而产生高压环境并进行无机合成的一种生产方法。该方法获得的氧化锌晶粒半径小，且结晶完好。将水热法与模板技术相结合，则能获得不同形态、不同尺寸的纳米氧化锌粉体。该方法目前还仅停留在试验阶段，尚存在工艺设备复杂、成本较高的问题，但也被认为是一种很有产业化潜力的方法。

（5）喷雾热解法　喷雾热解法是将金属盐溶液以雾状喷入高温气氛中，通过溶剂的蒸发及随后的金属盐热分解，直接获得纳米氧化物粉体；或者是将溶液喷入高温气氛中干燥，然后经热处理形成粉体的生产方法。该法制备的纳米粉体纯度高、分散性好、粒径分布均匀、化学活性好，并且工艺操作简单、易于控制、设备造价低廉，是最具产业化潜力的纳米级氧化锌粉体的制备方法之一。

**2. 氧化锌的用途**

（1）橡胶制造　工业生产的氧化锌有50%流向橡胶工业。氧化锌和硬脂酸作为橡胶硫化的重要反应物，是橡胶制造的原料之一，氧化锌和硬脂酸的混合加强了橡胶的硬化度。氧化锌也是汽车轮胎的重要添加剂，除了硫化作用，氧化锌能大大提高橡胶的热传导性能，从而有助于轮胎的散热，保证行车安全，同时也阻止了霉菌生物或紫外线对橡胶的侵蚀。

（2）硅酸盐工业　氧化锌是水泥的一种添加剂，能缩减水泥的硬化时间，并提高水泥的防水性能。在玻璃、陶瓷的制作中，氧化锌可用作助熔剂，降低玻璃和陶瓷的烧结温度。

添加了铝、镓和氮的氧化锌的透明度可达90%，它可用作玻璃涂料，让可见光通过的同时反射红外线。涂料可涂在窗户玻璃的内、外，以达到保温或隔热的效果。

（3）医药卫生　氧化锌具有除臭、抗菌的功能，因而常被添加到棉织物、橡胶、食品中。在食品中添加的氧化锌不仅具有一定的防腐作用，更能作为锌源为人体补充必需的锌元素。

氧化锌可用于改良皮肤健康状况，如婴儿爽身粉、尿布疹药膏、锌膏、抗头屑洗发水和防腐药剂。混有约0.5%氧化铁的氧化锌被称为炉甘石，制造用于治疗急性瘙痒性皮肤病的炉甘石洗剂。一些运动绷带也掺入了氧化锌，防止运动员在运动中发生软组织损伤。

氧化锌吸收波长在280~400nm的紫外线的能力格外强，因此常应用于各种防晒霜产品中，以防止晒伤和其他由紫外线引起的皮肤病。

以氧化锌为原料的丁香油氧化锌粘固粉可用作补牙材料或窝洞封闭材料，而氧化锌常作为丁香油氧化锌粘固粉的简称。

氧化锌是香烟过滤嘴的一种添加物，混合氧化锌和氧化铁的木炭过滤嘴能够除去烟雾中的大量氰化氢和硫化氢，而不会影响其香味。

（4）着色材料　氧化锌在颜料中称为锌白，其透明度介于立德粉和二氧化钛之间。中国白是一种特殊的锌白，是画家绘画的一种颜料。锌白相对于传统的白铅，在阳光下能保持永久，不会受含硫空气的污染，而且无毒、价廉。

含有氧化锌的油漆是传统的金属防腐涂料，对镀锌铁效果尤佳。相比有机涂料，氧化锌的着色力和遮盖力强，而且能够防霉菌、防紫外线辐射，具有更好的防腐效果。

（5）电子领域　氧化锌在常温下的能带隙很高，因此常用来制造激光二极管和发光二极管。相对于能带隙同样很高的氮化镓，氧化锌具有更高的发光亮度。此外，氧化锌在高能射线和湿化学腐蚀下的稳定性也是其被广泛应用的重要原因。

掺有铝元素的氧化锌被用作透明电极，该复合材料的成本和毒性比传统的氧化铟锡要小得多。氧化锌已经在太阳能电池和液晶显示屏上得到应用。

氧化锌也可以用来制造透明薄膜晶体管（TTFT），由于其属于场效应管，元件并不需要PN结，从而避免了氧化锌难以制成P型半导体的问题。

**3. ZnO单晶的生长方法**

当前生长氧化锌单晶的方法主要有助熔剂法、水热法、化学气相输运法等。

（1）水热法　水热法又称高温溶液法，包括温差法、降温法（或升温法）及等温法。目前主要采用温差水热结晶，依靠容器内的溶液维持温差对流形成过饱和状态（通过缓冲器和加热来调整温差）。水热法是生长ZnO的重要方法，但易使ZnO晶体引入金属杂质，还存在生长周期长的缺点。水热法需要控制好碱溶液浓度、溶解区和生长区的温度差、生长区的预饱和、合理的元素掺杂、升温程序、籽晶的腐蚀和营养料的尺寸等工艺。水热法是目前生长 ZnO 较成熟的方法。

（2）助熔剂法　助熔剂法是利用助熔剂使晶体形成温度较低的饱和熔体，通过缓慢冷却或在恒定温度下通过蒸发熔剂，使熔体过饱和而结晶的方法。该方法的优点是：①适用性很强，几乎所有的材料都能找到合适的助熔剂；②生长的温度低，特别适合高熔点晶体的生长。

助熔剂法生长晶体的关键问题是助熔剂的选择。就目前的研究来看，生长 ZnO 单晶的助熔剂有多种，采用的助熔剂不同，所得 ZnO 晶体的形态也不同。如：采用 $KOH + H_2O$ 作助熔剂时，得到的 ZnO 外形美观，为规则的六方针型；而以 $PbF_2$、$V_2O_5 + B_2O_3$ 或 $MoO_3 + V_2O_5$ 作助熔剂时，得到的 ZnO 晶体没有规则的几何外形。

助熔剂法生长过程中容易给晶体带入助熔剂杂质，产生应力，这对于必需控制好杂质的含量和化学计量比以适应电子材料方面的应用来说是很不利的。另外，ZnO 在熔体中容易挥发也是用这种方法生长 ZnO 的一个很不利的因素。

（3）化学气相输运法　化学气相输运法是利用蒸气压较大的材料，在适当的条件下，使蒸气凝结成为晶体的方法。化学气相输运法是一种单晶生长和物质提纯的新型技术方法，在很多场合下，化学气相输运和化学气相沉积法并没有严格的区别，只是应用的场合和反应装置有所不同。一般来说，化学气相沉积法主要指薄膜的制备，而化学气相输运法则常指单晶的生长、新化合物的合成和物质的提纯等。

和水热法及助熔剂法容易掺入杂质相比，气相沉积法生长的晶体纯度更高，但生长难以控制。

**4. ZnO 单晶的常用表征方法**

（1）X 射线衍射法（XRD）　每一种结晶物质都有各自独特的化学组成和晶体结构。没有任何两种物质的晶胞大小、质点种类及其在晶胞中的排列方式是完全一致的。因此，X 射线照射晶体时，晶体中电子受迫振动产生相干散射，同一原子内各电子散射波相互干涉形成原子散射波，各原子散射波互相干涉，在某些方向上一致加强，即形成了结晶物质各自独特的衍射波。通过分析衍射图谱，就可以在原子分辨水平上了解晶体中原子的三维空间排列，获得有关键长、键角、扭角、分子构型和构象、分子间相互作用和堆积等等大量微观信息并研究其规律，从而进一步阐明物质的性质和晶体结构。目前实验室中常用的分析方法有单晶 X 射线衍射法和多晶 X 射线衍射法。

单晶 X 射线衍射法主要用于测定单个纯物质的晶体结构，对于已知结构，可以进行精修，对于未知结构，可以鉴定结构，所测的样品要求为块状单晶。一般在表征新化合物时，最好用单晶衍射仪。测量一个单晶体需要一到两天，解析一个单晶可能要花费更多的时间。

多晶 X 射线衍射法也称为粉末 X 射线衍射法，因为此法通常都要先把样品制成很细的粉末才便于实验使用。多晶 X 射线衍射法主要用来测定样品的物相组成，通过查找与样品衍射谱相同的物相来鉴定某个物相是否存在，因此，被鉴定物必须是已知物相。多晶 X 射线衍射法也可以测量单晶，前提条件是把单晶破碎成粉末，这时测量的相当于是纯物质。多晶 X 射线衍射法样品容易制取，测量时间短，物相鉴定相对来说比较简单、快速。

（2）傅里叶变换红外吸收光谱法（FTIR）　傅里叶变换红外光谱法是利用物质对红外电磁辐射的选择性吸收特性来进行结构分析、定性和定量分析的一种方法。当某一样品受到一束频率连续变化的红外线辐射时，分子将会吸收某些频率的光作为能量消耗于各种化学键的伸缩振动或弯曲振动，另一部分光透过，若将其透过的光用单色器进行色散，就可以得到一带暗条的谱带。若以波长或波数为横坐标，以百分吸收率为纵坐标，把谱带记录下来，就得到该样品的红外吸收光谱图，获得红外振动信息。分子对红外光的吸收有一定的条件，即只有当振动引起分子内部原子间的排列方式发生变化时，即引起偶极矩变化时，才产生吸收，同时伴有吸收带出现。

（3）扫描电子显微镜法（SEM）　扫描电子显微镜是近几十年来发展起来的一种大型的精密电子光学仪器，在材料、冶金、地质、矿物、高分子、半导体、医学及生物学等诸多领域得到了广泛的应用。扫描电子显微镜由电子光学系统、信号收集与显示系统、真空系统及电源系统组成。工作原理为：将由热阴极电子枪发射的电子，经过栅极聚焦后，在电场作用下加速，经过两三个电磁透镜的作用，在样品表面聚集成极细的电子束（最小直径 1 ~ 10nm），这些电子束在末级透镜上方的双偏转线圈作用下，在样品表面扫描，高能电子束与样品物质相互作用，结果产生了各种信息：二次电子、背散射电子、吸收电子、X 射线、俄歇电子、阴极发光和透射电子等，这些物理信号其强度随样品表面的特征而变化。样品表面的特征信号被按顺序、成比例地的转换成视频信号，通过对其中某种物理信号的检测、视频放大和信号处理，调制阴极射线管（CRT）的电子束强度，从而在 CRT 荧光屏上获得能反映样品表面特征的扫描图像。

（4）透射电子显微镜法（TEM）和高分辨透射电子显微镜法（HRTEM）　透射电子显微镜的工作方式是使被加速的电子束穿过厚度很薄的样品，并在这一过程中与样品中的原子点阵发生相互作用，从而产生各种形式的有关薄膜结构和成分的信息。与 X 射线衍射不同，电子衍射的根源是原子的库仑势场对入射电子的散射，这是一种相干的弹性散射。从晶体库仑势场的不同地点散射出来的电子波相干后形成电子衍射。将透射束和衍射束斑点组成的图像投影放大到荧光屏上，就给出了晶体在特定入射方向上的衍射谱，即选区电子衍射谱。选区电子衍射是通过物镜像平面上插入选区光栏实现的。当电镜在成像模式时，中间镜的物平面与物镜的像平面重合，插入选区光栏便可选择感兴趣的区域，调节中间镜电流使其物平面与物镜背焦面重合，将电镜置于衍射模式，即可获得与所选区域相对应的电子衍射谱。

## 实验要求

（1）查阅相关文献，选择一种可行的方法制备氧化锌晶体并设计详细的实验方案（内容包括：实验目的、实验原理、实验仪器与试剂、实验步骤、预期的实验结果、实验中可能遇到的问题和对策、参考文献等）。

（2）根据实验方案进行实验，制备氧化锌晶体。

（3）熟悉准备采用的实验仪器及其使用方法和原理，如 X 射线衍射仪、透射电子显微镜、扫描电子显微镜等。

（4）对所制备的晶体进行分析，包括粒径分布、晶相结构、表面形貌、粒径大小等。

（5）实验报告按研究论文形式提交（内容要求参见实验一）。

## 实验指导

（1）ZnO 单晶的制备目前还存在许多难题（尤其是晶体的大小），因此，实验对 ZnO 晶体的大小不做要求，只要制备出即可。

（2）制备出晶体之后，应通过尽可能多的仪器进行表征和分析。

## 实验思考

1. 影响 ZnO 晶体生长的主要因素有哪些？
2. 制备 ZnO 晶体的关键点是什么？


### 参考文献

1. 华素昆，仲维卓．热液条件下 ZnO 晶体的形成机理．人工晶体学报[J]，1994，23(3)：8
2. 王步国，施尔畏，仲维卓，夏长泰，李文军，殷之文．水热条件下 ZnO 微晶的结晶习性及其形成机理．硅酸盐学报[J]，1997，25(2)：4
3. 华素坤，仲维卓．热液条件下 ZnO 晶体的形成机理．人工晶体学报[J]．1994，23(3)：177～180
4. 张军，孙聆东，廖春生，严纯华．氧化锌微晶的制备和形貌控制．无机化学学报[J]，2002，18(1)：72～74


# 实验十三　四苯基卟啉化合物的合成及表征

## 实验目的

(1)了解卟啉的发展历史、功能及合成方法；

(2)锻炼独立进行实验的能力。

## 实验背景

卟啉是一种具有独特生物和化学性质的大环化合物，在自然界中，卟琳以金属卟吩的形式广泛存在于动植物中，如血红素、叶绿素、维生素 $B_{12}$、细胞色素 P－450 等。它们伴随在每个生命物质中，是包括单细胞生物和高级脊椎动物在内的所有生物体的组成部分，在生命化学领域占据着重要的地位，因而被称之为“生命色素”。

卟啉类化合物现已广泛用作抗癌药物、催化剂、光导体、半导体、超导体显色剂等。早在 20 世纪 30 年代就有人从事卟琳化学的研究，近年来，这一有重大科学意义和广泛应用前景的研究领域愈来愈引起无机化学、有机化学、分析化学、物理化学、材料化学、医学及生物学家的兴趣，有关的交叉学科分支正在形成。

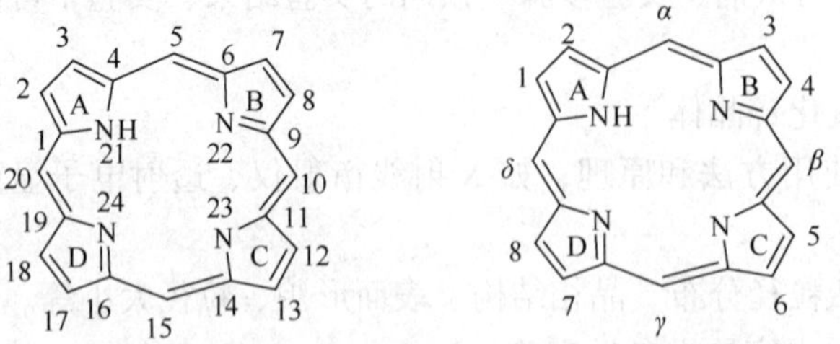

IUPAC编号法　　Fischer编号法

图 3－3　卟啉环

卟啉是在卟吩环上连有取代基的一类大环化合物的总称，当其络合金属以后即成为金属卟啉。卟啉的核心结构是四个处于同一平面的吡咯通过＝CH—连接而成的大环结构。如图 3－3 所示，卟啉环共有 22 个 π 电子，其中 18 个 π 电子因发生离域作用而使卟啉衍生物具有了芳香性，正是这一芳香性使得卟啉衍生物具有了独特的物理和化学性质。原卟啉分子中既没有吸电子基团也没有给电子基团，其结构与轮烯相似，具有最完全的电子离域性。

目前使用的卟啉环碳原子编号法有两种，一种为 IUPAC 编号法，该方法将卟啉环中的四个吡咯环按顺时针方向规定为 A、B、C、D 四个环，然后再以顺时针方向对卟啉环中所有的碳原子及氮原子进行编号，Chemical Abstracts 和 Beilstein 均使用 IUPAC 命名法。另一种方法为 Fischer 编号法，该法将桥连的四个亚甲基碳原子（中位碳）分别命名为 $\alpha, \beta, \gamma, \delta$ - 位（meso 位）。两种编号法分别如下：

在紫外 - 可见吸收光谱中，高度共轭的卟啉化合物大约在 400nm 处呈现强烈的吸收带（消光系数 >200, 000），即 Soret 带；在更高的波长 450 ~ 700nm 有几个较弱的吸收带，即 Q 带。卟啉环上取代基的改变、内部两个氮原子的质子化以及金属对卟啉环空穴的嵌入都会引起这些吸收峰强度和波长的变化，因此这些特征谱带经常被用来判定是否是卟琳化合物。

卟啉类化合物由于具有独特的结构和性能，在抗癌、分析检测、模拟光合成、光电材料、催化氧化等方面具有广阔的应用前景。长期以来，用人工合成的卟啉来模拟天然卟啉化合物的各种性能一直是人们感兴趣和研究的重要课题。早在 60 多年前，Rothemund 等采用吡啶作溶剂于 150℃封管中反应 24h，首次合成了四苯基卟啉。1964 年，Alder 研究了不同溶剂、金属阳离子、反应温度、时间等对吡咯与苯甲醛缩聚反应的影响，提出了合成四苯基卟啉的反应机理。1967 年，Alder 以丙酸为溶剂极大地改进了四苯基卟啉的合成，产率达到 20%。1987 年，Lindsey 以三氟化硼合乙醚络合物催化，室温下反应生成卟啉原，然后以二氯二氰基苯醌（DDQ）或四氯苯醌（TCQ）将卟啉原氧化得到最终产物卟啉，产率达 30%。1991 年，人们采用 DMF 为溶剂，以无水 $AlCl_3$ 作催化剂，四苯基卟啉的产率达到 30%，并避免使用氮气保护。另外，Petit A 等报道了吡咯和苯甲醛吸附在硅胶上微波辐射下合成四苯基卟啉，产率为 9.5%。

**1. 方法 1**

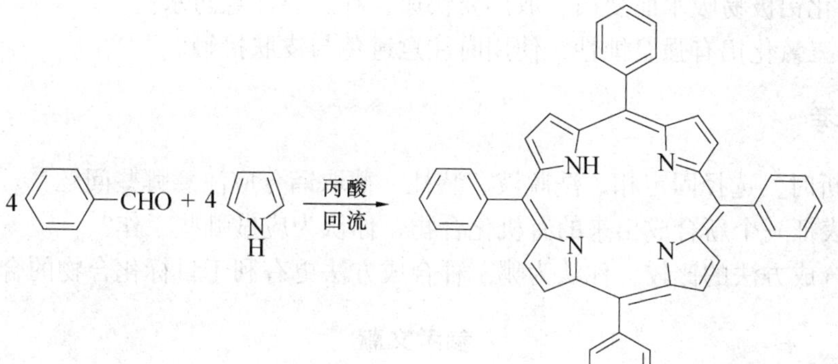


**2. 方法 2**

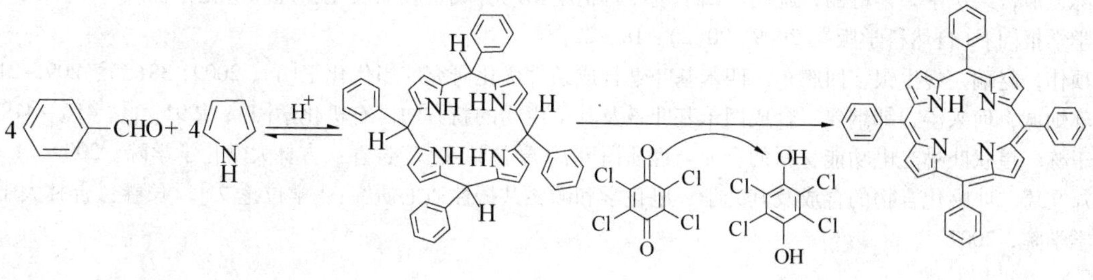

## 3. 方法3

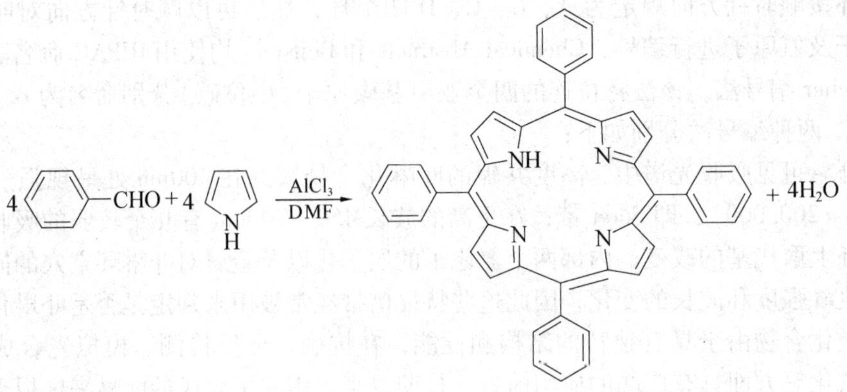

## 实验要求

(1) 选用苯甲醛和吡咯为原料，任选一种合成方法，自行设计实验方案，合成目标化合物四苯基卟啉。

(2) 对所合成产品进行紫外光谱表征。

(3) 小组讨论实验结果，比较三种合成方法的差异。

(4) 撰写实验报告。在认真完成实验数据的整理分析后，进行实验报告或论文的书写。

## 实验指导

(1)柱层析前应通过薄层色谱分析确定洗脱液的极性配比。

(2)三氯化铝极易吸水而变质，取用要快速，存放要注意防水。

(3)无水三氯化铝有强腐蚀性，使用时注意避免与皮肤接触。

## 实验思考

1. 柱层析时，选择固定相、洗脱液、装柱、截取馏分应注意哪些问题？
2. 为了表征一个新合成出来的有机化合物，你认为应做哪些工作？
3. 通过合成方法的比较，你认为哪一种合成方法更有利于目标化合物的合成？

### 参考文献


1. 潘继刚，何明威，刘轻轻．四苯基卟啉及其衍生物的合成．有机化学[J]，1993，13：533～536
2. 乔庆东，赵芸馨，蒲学勇等．间－四对甲氧基苯基卟啉的合成．精细化工[J]，1999，16(1)：31～33
3. 陈连清，渠星宇，李群丽，施超．四苯基卟啉衍生物的合成、表征及光物理和电化学性质．中南民族大学学报[J]（自然科学版），2009，28(2)：18～22
4. 项伟，赵瑞，魏生银，回雁东．四苯基卟啉合成条件优化研究．当代化工[J]，2009，38(3)：209～212
5. 郭灿城，何兴涛，邹纲要．合成四苯基卟啉及其衍生物的新方法．有机化学[J]，1991，11，416～419
6. 王栋．星状卟啉光电功能材料的合成与性质研究：[学位论文]．长春：吉林大学化学学院，2009
7. 郑文琦．卟啉化合物的合成及其光学、电化学和顺磁共振性质的研究：[学位论文]．长春：吉林大学化学学院，2007

# 实验十四　鲁米诺的制备及其在食盐中碘酸钾含量测定的应用

## 实验目的

(1) 了解邻苯二甲酰肼类化合物的合成方法；

(2) 了解化学发光分析法的基本原理和发光分析仪的使用方法；

(3) 学会测定食盐中的碘酸钾。

## 实验背景

鲁米诺是一种化学发光试剂，在化学发光分析法中有着重要的地位。利用鲁米诺作发光试剂的化学发光分析，可以测定许多金属离子的含量，亦可测定一些无机物、有机物的含量。在医学和药学方面，利用鲁米诺发光体系可检测出许多重要物质，如细胞色素、肌红阮、羟基血红素、过氧化物酶等血红素类化合物，其灵敏度极高，如羟基血红素检出限量为0.00006μg。对葡萄糖、尿酸、胆甾醇、半乳糖、脂肪醇、氨基酸和一些酶及底物则可通过鲁米诺发光体系进行间接测定，这种测定方法将化学发光分析法的高灵敏度与酶反应的专属性结合起来，因而在临床上有很好的应用前景。特别值得一提的是20世纪70年代建立起来的化学发光免疫分析法，该法将化学发光分析法与其免疫反应结合起来，用鲁米诺等作标记物，根据光的产生和消失进行分析测定，它保留了化学发光分析法快速、灵敏、简便等优点，又弥补了特异性不足的缺陷，而且没有放射性防护及污染处理问题，近年来发展很快，有逐步取代放射免疫法之趋势。

**1. 鲁米诺的发光机理**

鲁米诺的发光机理，现今认为有以下过程：鲁米诺在中性溶液中，主要以两性离子存在；在碱性溶液中，此两性离子转变成双阴离子，当其被氧化剂如 $O_2$ 等氧化后，生成过氧化物，并迅速分解成3－氨基邻苯二甲酸根离子及 $N_2$。3－氨基邻苯二甲酸根离子吸收氧化过程中产生的化学能，使其价电子跃迁到激发三重态（excided triplet state，$T_1$），$T_1$ 经系间窜越（intersystem crossing），变成激发单重态（excited singlet state，$S_1$）。当 $S_1$ 返回基态（ground state，$S_0$）时，便辐射出一个光子($h\nu$)，如下所示：

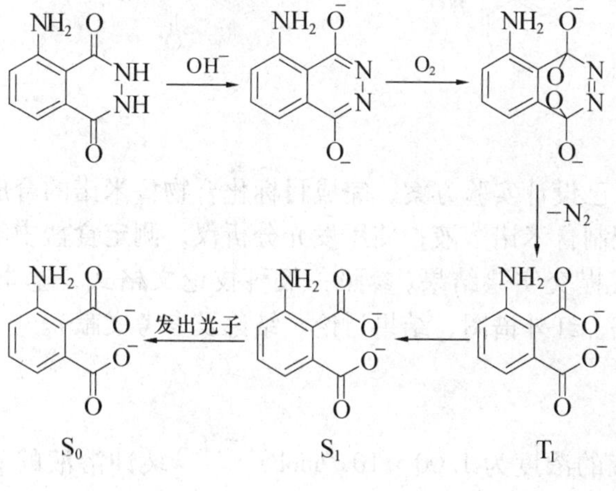

在鲁米诺的氧化过程中加入一些荧光染料，则会发生三重态转移，从而改变发光颜色。

**2. 食盐中碘酸钾含量的测定原理**

食盐中碘酸钾含量的测定原理是：在酸性介质中，碘酸钾与碘化钾反应生成碘，碘再在碱性介质中与鲁米诺反应产生化学发光，其发光强度与碘酸钾的含量成正比，其反应过程如下所示：

$$IO_3^- + 5I^- + 6H^+ = 3I_2 + 3H_2O$$

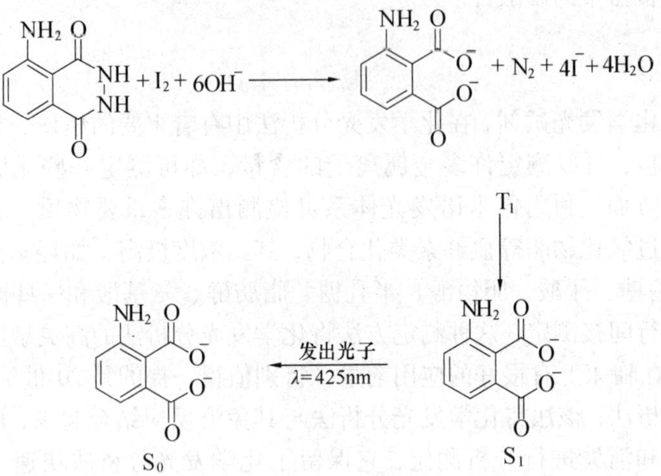


**3. 鲁米诺的合成方法**

鲁米诺的合成方法是将3－硝基苯二甲酸与肼反应生成5－硝基苯二甲酰肼，再用连二硫酸钠还原得到5－氨基邻苯二甲酰肼。

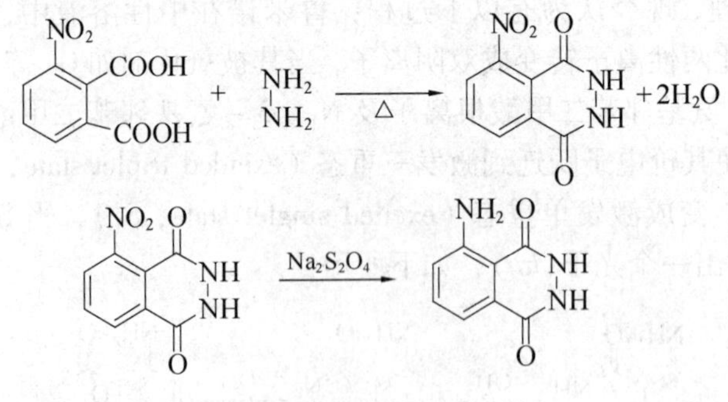


## 实验要求

(1) 查阅文献，自己设计实验方案，完成目标化合物鲁米诺的合成。

(2) 查阅文献，配制鲁米诺溶液；使用发光分析仪，测定食盐中碘酸钾的含量。

(3) 以小论文形式提交实验结果(参照一般科技论文格式，基本包括：引言、实验部分、仪器、试剂、方法、红外谱图、结果讨论、结论及参考文献)。

## 实验指导

(1) 当鲁米诺溶液的浓度为$1.00 \times 10^{-3}\ mol \cdot L^{-1}$、缓冲溶液的pH = 13时，发光强度

最大。

(2) 碘酸钾与碘化钾的反应需在酸性介质中进行。酸度低则反应速度慢，酸度太高则影响第二步化学反应的进行(要求 pH >12)。

(3) 肼有剧毒，并有致癌危险，应在通风橱中仔细进行操作。

## 实验思考

1. 在化学发光实验中，化学发光分析的优缺点各是什么?
2. 简述相转移催化剂的作用。

### 参考文献


1. 北京大学化学系有机教研室. 有机化学实验[M]. 北京：北京大学出版社，1990：249 ~251
2. 张含琦，徐家宁. 综合和设计化学实验[M]. 北京：高等教育出版社，2006：73 ~76
3. 苏宇，钟增培. 化学发光剂鲁米诺的合成及其发光试验. 川北医学院学报[J]，1993，8(1)：15 ~17
4. 翁元凯. 发光剂鲁米诺的合成. 江苏化工[J]，1990，1：17 ~18
5. 沈建民，孙铁民，陈荣谅，许小青. 化学发光试剂——鲁米诺、异鲁米诺、光泽精及 ABEI 的合成. 化学试剂[J]，1988，10(3)：178 ~179
6. 叶青，王尊本. 化学发光法测定食盐中的碘酸钾. 厦门大学学报[J](自然科学版)，1997，36(6)：901 ~904

# 单元4 物质性能参数的测定探究

## 实验一 植物性食品和动物性食品的热值测定与比较

### 实验目的

(1) 在燃烧热测定实验的基础上，巩固氧弹式量热计测定原理和技术；
(2) 掌握用雷诺作图法校正温差的方法；
(3) 设计测定两种食品(一种植物性食品和一种动物性食品)的热值，并进行比较。

### 实验背景

食物的热值指1g食物在体内氧化时所放出的热量，用$J \cdot g^{-1}$表示。它是表示食物能量的指标。有许多种方法可以测定食物的热值，最常见的方法是分别测量食物中每个组分(如蛋白质、脂肪、碳水化合物、乙醇、有机酸等)的热量，再将各个组分的热量相加即为该食物的热值；也可以通过量热计直接测定食物样品的实际热量，即测量食物完全燃烧时所释放的热量而确定其热值。燃烧热反映了食物样品氧化过程中所释放的热量，它表征了样品总热值。虽然有机体在体内氧化的方式与其在量热计中的燃烧有所不同，但两种途径下食物完全分解所释放出的总热量是相等的。

碳水化合物、脂肪、蛋白质三种营养组分的平均燃烧热分别为17.15 $kJ \cdot g^{-1}$、39.54 $kJ \cdot g^{-1}$和23.64 $kJ \cdot g^{-1}$。可以看出，脂肪完全燃烧所释放的热量比蛋白质多65%，比碳水化合物多120%。因此，高脂肪含量的食物热量高于无脂肪的食物。例如，一杯全脂牛奶含有670 kJ的热量，但是同样一杯脱脂牛奶含有380 kJ的热量。每天饮用1 L脱脂牛奶的人会比每天饮用1 L全脂牛奶的人全年身体少摄入脂肪的量约11 kg。这样，三年内，在身体的其他营养组分保持不变的情况下，体内的脂肪会相对减少33 kg！除了脂肪含量，全脂牛奶和脱脂牛奶所包含的其他营养成分几乎完全相同。所以，饮用脱脂牛奶可以明显降低饱和脂肪酸和胆固醇的摄入。

氧弹量热计是一种恒容、环境恒温而自身有温变的量热计。氧弹是仪器的重要部件，它是由不锈钢制成的厚壁圆筒容器。在盛有一定量水的内桶中，放入装有样品及充以氧气的密闭氧弹，内筒外是空气隔热层。食物样品燃烧是通过电气装置引燃氧弹中的金属丝来完成的。为保证食品完全燃烧，氧弹中需充入高压氧气。食物样品完全燃烧后，量热计可以看作是一个绝热系统，系统和周围环境之间没有热交换，即$Q=0$，很明显，反应放出的热量一定完全以热的形式传给水和量热计的其他部分，引起系统温度升高。如果知道量热计的热容和燃烧前后温度改变值，我们就可以计算食物样品燃烧反应的热效应。由于用氧弹式量热计测定物质的燃烧热是在恒容条件下进行的，所得数据为恒容燃烧热($Q_V$)。

其计算式如下：

$$mQ_V = W_{卡}\Delta T - Q_{点火丝} \times (m_{点火丝} - m'_{点火丝}) \tag{4-1}$$

式(4－1)中：$m$ 为待测食物样品的质量，g；$Q_v$ 为待测食物样品的恒容燃烧热，$kJ \cdot g^{-1}$；$Q_{点火丝}$为每克点火丝的燃烧热(如果点火丝用铁丝，则 $Q = 6.694kJ \cdot g^{-1}$)；$m_{点火丝}$为点火丝燃前质量，g；$m'_{点火丝}$为点火丝点火后质量，g；$\Delta T$ 为食物样品燃烧前后量热计温度的变化值，K；$W_{卡}$ 为量热计(包括量热计中的水)的水当量，$kJ \cdot K^{-1}$，它表示量热计(包括介质)每升高1℃所需要吸收的热量，量热计的水当量可以通过已知燃烧热的标准物来标定。已知量热计的水当量 $W_{卡}$ 以后，就可以利用式(4－1)计算待测食品的燃烧热。

氧弹是一个特制的不锈钢容器，耐高压，抗腐蚀。为了使食物样品燃烧后放出的热量尽可能全部传递给量热计本身和其中盛放的水，不与周围环境发生热交换，量热计在设计制造上采取了几项措施。例如在量热计外面设置一个套壳，此套壳有些是恒温的，有些是绝热的，因此量热计又可分为恒温量热计和绝热量热计两种。另外，量热计壁高度抛光，这是为了减少热辐射。量热计与套壳间设置一层挡屏，以减少空气的对流。但是，热量的散失仍然无法完全避免，其可以是由于环境向量热计辐射进热量而使其温度升高，也可以是由于量热计向环境辐射出热量而使其温度降低。因此燃烧前后温度的变化值不能直接准确测量，而必须经过作图进行雷诺校正。

## 实验要求

(1) 写出根据选用食品(一种植物性食品和一种动物性食品)测定其燃烧热的实验设计方案(内容包括：实验目的、实验原理、实验仪器与试剂、实验步骤、预期的实验结果、实验中可能遇到的问题和对策、参考文献等)。

(2) 比较所测不同性质食品的热值。

(3) 以小论文形式提交实验报告。内容包括：课题名称、研究目的、实验原理、仪器、试剂、详细的操作步骤、实验现象、实验结果、结果分析及讨论等项目。

## 实验指导

(1) 食物样品点燃及燃烧完全与否，是本实验最重要的一步。应该小心仔细地装样、绑好点火丝并充好气。

(2) 固体食物样品燃烧热测定，方法和操作比较简单，容易成功；而液体食物样品燃烧热的测定操作较麻烦，可采用脱脂棉吸附液体试样或药用胶囊装取液体的方法进行测定。

(3) 本实验中固体食品的量不宜超过1g，液体食品的量不能超过1mL，否则燃烧不充分。

(4) 固体食物样品压片前后应将压片机擦干净。

(5) 安装好点火丝后的测量电阻不可过大(一般不应超过20Ω)，否则要检查原因，点火的持续时间不可过长，以免引入一定的测量误差。

(6) 点火后，温度急速上升，说明点火成功。若温度不变或有微小变化，说明点火没有成功或食品没有充分燃烧，应检查原因并排除。

(7) 实验前一定要准确称取点火丝的质量，实验结束后，还要准确称取剩余点火丝的质量。

(8) 计算公式中的热量应以 $kJ \cdot g^{-1}$表示，而不是 $kJ \cdot mol^{-1}$。

(9) 氧弹式量热计的热容(即水当量 $W_{卡}$)需测定，操作参照《化学基础实验》。

（10）食物样品燃烧完全后取出氧弹，放出余气，然后旋开氧弹盖，检查样品燃烧是否完全。氧弹中应没有明显的燃烧残渣(液)。若发现较多的黑色残渣(说明什么?)，则应重做实验。

（11）在计算液体食物样品的燃烧热时脱脂棉(或胶囊)的燃烧热均要除去。实验所用脱脂棉(或胶囊)的燃烧热较小时，可增加脱脂棉或胶囊的量进行测定；也可将脱脂棉(或胶囊)和苯甲酸混合压片测其燃烧热，扣除掉苯甲酸的燃烧热就可得出脱脂棉(或胶囊)的燃烧热。

（12）由于量热计绝热不良而与环境有微小热交换，因此燃烧前后的温度变化与环境温度有关，即量热计随时间的变化出现了温度的变化，可采用雷诺校正求出燃烧热效应所对应的 $\Delta T$ 值。

（13）氧弹充气时，严禁钢瓶、阀门、工具及操作者手上沾有油脂，以防爆炸和燃烧。充入氧弹的氧气压力绝对不能大于 2.5MPa。

（14）开启钢瓶阀门时，人不要站在钢瓶出气处，以确保人身安全。

（15）氧气瓶在开总阀前要检查减压阀是否关好，以免突然打开时发生意外；实验结束后要关上钢瓶总阀，注意排净余气，使指针回零。

（16）钢瓶内总压力不得低于 $10 \times 10^5$Pa，否则不能使用。

## 实验思考

1. 如何测定液体食品的热值?
2. 称量食品的量应怎样掌握?
3. 点火时若指示灯不熄灭，说明产生了什么问题? 如何解决?
4. 本实验最大的测量误差是什么?

### 参考文献


1. 傅献彩，沈文霞，姚天扬，侯文华．物理化学[M](下册)(第五版)．北京：高等教育出版社，2006
2. 张军，宋帮才，关振民．物理化学实验[M]．北京：化学工业出版社，2009
3. 北京大学化学学院物理化学实验教学组．物理化学实验[M]．北京：北京大学出版社，2002
4. 复旦大学．物理化学实验[M](第三版)．北京：高等教育出版社，2004
5. 粟智，申重，刘丛．食用大豆油热值的测定．大豆科学[J]，2005，25(4)：458～460
6. 刘迎春，曹卫彬，孙传庆，李华．棉籽油及其调和油的热值测定与分析．石河子大学学报[J](自然科学版)，2008，26(3)：366～370
7. 刘建平，杨新丽，闫向阳．氧弹卡计测定食用大豆油热值．广东化工[J]，2008，35(5)：110～112


# 实验二　苯分子共振能的测定

## 实验目的

（1）通过苯分子共振能测定，加深对热化学基本知识的理解；

（2）理解共振能的概念；

（3）掌握利用等容燃烧热求算苯分子共振能的方法；

（4）通过热化学实验，将热力学数据与一定的结构化学概念联系起来。

## 实验背景

单一 Lewis 结构中，共价键的键级只能是整数，常与实验数据或量子化学计算所得的结果不符。共振论认为，如果一个物质存在两种或两种以上满足共振要求的 Lewis 结构，这类物质只能用共振式来书写，而且它们实际上具有这些结构的综合特点。共振式中的结构并不存在，真实粒子也并非这些共振式结构的混合物或平衡系统，只是价键理论中无法用单一结构式来准确表达物质结构，必须要借助共振式的思想。每一个共振式中的结构称为共振结构或极限结构，而这样的物质看作由共振结构“杂化”而成，称为杂化体。共振结构之间以双向箭头连接。根据情况不同，每一个共振结构对杂化体的贡献程度不同。

苯是最简单、最有代表性的芳香化合物，根据价键理论，可以写出两种不同的苯分子结构。实验表明，苯分子中的 C—C 键长相等，处于单键和双键之间，与单一的 Lewis 结构相矛盾，是一个典型的共轭分子，其 p 电子轨道相互平行重叠，形成离域大 π 键。为了解释这个现象，共振论认为苯实际上是两种结构的杂化体(图 4-1)，两种极限结构贡献相等，因此苯的六个碳完全等同。

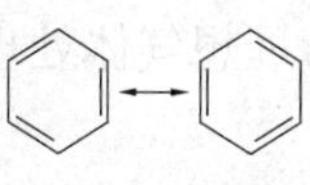

图 4-1　苯的两个共振结构

苯的两个共振结构式仅在电子排布上不同而原子核并未改变，这种共振结构所产生的共振杂化体，其稳定性较大(可以从苯和假想的 1, 3, 5-环己三烯的氢化热数值看出)。苯、环己二烯和环己三烯的氢化热以及它们的稳定性如图 4-2 所示。环己烯和一分子的氢加成时，氢化热是 119.5kJ · $mol^{-1}$，环己二烯的氢化热大致是它的 2 倍(231.6kJ · $mol^{-1}$)，假定的环己三烯的氢化热大致是它的 3 倍(358.6kJ · $mol^{-1}$)。而苯的氢化热是 208.16kJ · $mol^{-1}$，比环己三烯的氢化热少 150.5kJ · $mol^{-1}$的能量，减少的这部分能量即是苯的共振能(或称离域能)。共振能被定义为杂化体能量低于最稳定共振结构能量的数值，可以用来衡量一种共轭分子的稳定性。由于共振，苯的稳定性非常显著，以至于分子中的 π 键一般不断裂，从而解释了苯为何对加成反应缺乏活性。共振能随着极限结构数的增多而增大，尤其是存在等价极限结构(能量相等)的情况下增大更显著。共振能可由量子化学计算，也可以用热化学方法测定的燃烧热来估算。

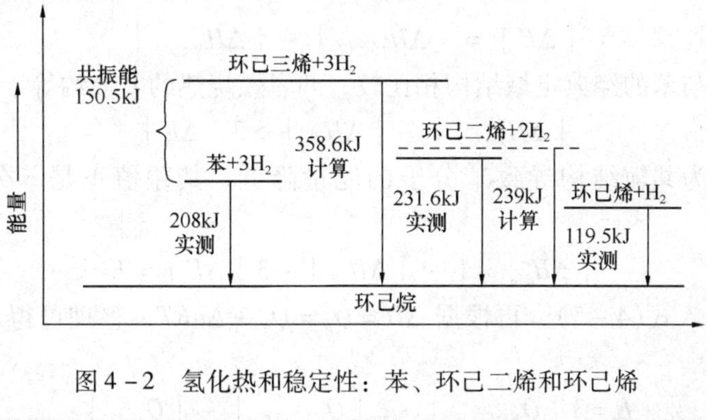


图 4-2　氢化热和稳定性：苯、环己二烯和环己烯

价键理论中，将苯分子两种可能的 Lewis 结构线性组合后，两种结构在所形成波函数中的贡献各为一半。然而，大多数情况下共振结构的贡献并不相等，这时可通过变分最优化先求得波函数的最低能量，由此近似估计分子的真实结构。在更复杂的分子轨道理论中，共振通常是 π 轨道中电子离域的同义词。

需要注意的是，每个共振结构实质上并不存在，杂化体具有单一特定的结构，也并不是共振结构的混合物或平衡系统。任何一个 Lewis 结构都无法准确地表达此物质的结构，只有用极限结构杂化的思想才能更加确切的表达。因此共振式与互变异构是截然不同的两个概念，互变异构涉及原子位置的改变，而共振式则不然。

苯的共振能可由量子化学计算得出，也可以通过燃烧热实验得出。本实验通过测定苯、环己烷和环己烯的燃烧热求算苯的共振能。

本实验采用氧弹式量热计测定物质的燃烧热，其测量的基本原理是待测物质样品在氧弹中完全燃烧，燃烧时所释放的热量使氧弹式量热计本身及其和量热计有关的附近的介质温度升高。通过测定燃烧前后整个量热计(包括氧弹周围的介质)温度的变化值，算出该样品的恒容燃烧热 $Q_V$。

一般燃烧热是指恒压燃烧热 $Q_p$。由热力学第一定律可知，在系统不做其他功时，$Q_V$ 等于系统热力学能变化 $\Delta U$；$Q_p$ 等于其焓变 $\Delta H$。若把参加反应的气体和反应生成的气体都作为理想气体处理，则它们之间存在以下关系：

$$Q_p = Q_V + \Delta nRT \quad (4-2)$$

式(4－2)中，$\Delta n$ 为反应物和生成物中气体的物质的量之差，mol；$R$ 为气体常数，$8.314\text{J}\cdot\text{mol}^{-1}\cdot\text{K}^{-1}$；$T$ 为反应时的热力学温度，K。

测得 $Q_V$ 后，再由反应前后气态物质的物质的量变化，就可以算出恒压燃烧热 $Q_p$。

苯、环己烯和环己烷三种分子都含有碳六元环，它们的燃烧反应方程式分别为：

$$C_6H_6(\text{苯},l) + \frac{15}{2}O_2(g) \longrightarrow 6CO_2(g) + 3H_2O(l) \quad (\Delta n = -1.5)$$

$$C_6H_{10}(\text{环己烯},l) + \frac{17}{2}O_2(g) \longrightarrow 6CO_2(g) + 5H_2O(l) \quad (\Delta n = -2.5)$$

$$C_6H_{12}(\text{环己烷},l) + 9O_2(g) \longrightarrow 6CO_2(g) + 6H_2O(l) \quad (\Delta n = -3)$$

环己烷和环己烯的燃烧热($\Delta H$)的差值 $\Delta E$ 与环己烯上的孤立双键结构有关，它们之间存在下述关系：

$$|\Delta E| = |\Delta H_{\text{环己烷}}| - |\Delta H_{\text{环己烯}}| \quad (4-3)$$

如果将环己烷与苯的经典定域结构相比较，两者燃烧热的差值约等于 $3\Delta E$，事实证明：

$$|\Delta H_{\text{环己烷}}| - |\Delta H_{\text{苯}}| > 3|\Delta E| \quad (4-4)$$

显然，这是因为共轭结构导致苯分子的能量降低，其差值正是苯分子的共振能，即满足：

$$|\Delta H_{\text{环己烷}}| - |\Delta H_{\text{苯}}| - 3|\Delta E| = E \quad (4-5)$$

将式(4－3)代入式(4－5)，再根据 $\Delta H = Q_p = Q_V + \Delta nRT$，整理可得苯的共振能与恒容燃烧热的关系：

$$E = 3|Q_{V,\text{环己烯}}| - 2|Q_{V,\text{环己烷}}| - |Q_{V,\text{苯}}| \quad (4-6)$$

这样，通过一个经典的热化学实验，将热力学数据比较直观地与一定的结构化学概念联系起来，有利于开阔思路。

此外，也可以通过测定其他物质的燃烧热来求算苯的共振能，如邻苯二甲酸酐、四氢邻苯二甲酸酐和六氢邻苯二甲酸酐都是可供实验选用的物质，且它们都是固体，测定较为方便。

## 实验要求

(1) 写出通过测定苯、环已烯和环已烷燃烧热计算苯的共振能的实验设计方案(内容包括：实验目的、实验原理、实验仪器与试剂、实验步骤、预期的实验结果、实验中可能遇到的问题和对策、参考资料等)。

(2) 解释苯分子稳定的原因。

(3) 论述应用燃烧热测定求算苯分子共振能的可行性和优缺点，并对实验所用各种方法的优缺点进行比较。

(4) 以研究报告形式提交实验结果(内容包括：课题名称、研究目的、实验原理、仪器、试剂、详细的操作步骤、实验现象、实验结果、结果分析及讨论等项目)。

## 实验指导

(1) 苯、环已烯和环已烷燃烧热的测定操作较麻烦，可采用脱脂棉吸附试剂或药用胶囊装取试剂的方法进行测定。

(2) 在计算液体的燃烧热时脱脂棉(或胶囊)的燃烧热均要除去。实验所用脱脂棉(或胶囊)的燃烧热较小时，可增加脱脂棉或胶囊的量进行测定；也可将脱脂棉(或胶囊)和苯甲酸混合压片测其燃烧热，扣除苯甲酸的燃烧热即可得出脱脂棉(或胶囊)的燃烧热。

(3) 本实验中液体的量不能超过 1 mL，否则燃烧不充分。

(4) 点火后，温度急速上升，说明点火成功。若温度不变或仅有微小变化，说明点火没成功或样品没有充分燃烧，应检查原因并排除。

(5) 由于量热计绝热不良而与环境有微小热交换，因此燃烧前后的温度变化与环境温度有关，即量热计随时间的变化出现了温度的变化，可采用雷诺校正法求出燃烧热效应所对应的 $\Delta T$ 值。

## 实验思考

1. 本实验中，系统与环境通过哪些途径进行热交换？对实验结果有哪些影响？

2. 比较测定液体物质燃烧热与固体物质燃烧热的方法有什么不同？

3. 实验中如何使液体物质成分燃烧完全？

4. 如何利用邻苯二甲酸酐、四氢邻苯二甲酸酐和六氢邻苯二甲酸酐的燃烧热求算苯的共振能？

### 参考文献


1. 清华大学. 物理化学实验[M](第一版). 北京：清华大学出版社，1992
2. 复旦大学. 物理化学实验[M](第三版). 北京：高等教育出版社，2004
3. 朱京，陈卫，金贤德，蔡显鄂. 液体燃烧热和苯共振能的测定. 化学通报[J]，1984，3：50 ~ 54
4. 孙红梅. 液体试样燃烧热的测定. 牡丹江大学学报[J]，2008，17(5)：95 ~ 96
5. 韩民乐，吴海霞，邹丁艳，王二永. 液体试样燃烧热的测定. 洛阳师范学院学报[J]，2010，29(2)：28 ~ 29
6. 闫学海，朱红. 液体试样燃烧热的测定方法. 化学研究[J]，2000，11(4)：50 ~ 51
7. 张德生，吴其生. 用燃烧热法测苯的共振能. 安庆师范学院学报[J]（自然科学版)，2005，11(3)：70 ~ 73

# 实验三　用差热分析法绘制二元金属相图

## 实验目的

(1) 掌握差热分析的原理和方法；

(2) 掌握用差热分析法绘制 Bi－Cd 二元金属相图的方法。

## 实验背景

对于多相系统，各相间的相互转化、新相的形成和旧相的消失均与温度、压力和组成有关。根据实验数据得到的表示相变规律的各种几何图形称为相图，它描述了平衡状态下系统的相态，即描述在某种温度、压力和组成变化时，相的种类、数量和组成变化，简单地说是相变过程的图形描述。相图是矿物冶炼、金属铸造和加工以及物质分离、提纯、结晶和蒸馏的基础，具有广泛的用途。因此，学会绘制完整的相图是非常重要的。

相变标志着物质结构状态发生本质的变化，相应的物理化学性质也会发生改变，如：热性质、光性质、电性质、磁性质、力性质、化学性质等的变化。物质结构状态的变化，表现为这些性质的连续或跳跃变化。因此，根据测定的各种性质变化就可并绘制出所需的相图。

相图测定方法大体上可归纳为动态法(热分析法)和静态法(主要为淬冷法)两大类。动态法是指按照一定程序，连续改变温度，同时测量系统物质的物理或化学性质对温度的依赖关系的方法。它主要包括：①测量相变时能量变化的方法，有加热和冷却曲线法、差热分析法(DTA)和差示扫描量热法(DSC)；②测量重量变化的方法，有热重法(TG)和微商热重法(DTG)；③测量体积变化的方法，有膨胀仪法；④测量其他物理性质变化的方法，有磁性分析法和电导率法。动态法(热分析法)较适宜于相变速度较快的系统。静态法是指将不同成分的试样依次在各个温度下恒温处理，然后淬火至室温(淬冷法)，测量各种物理性质的变化，并利用光学或电子显微镜观察不同成分在试样中所存在的相的数目和种类。在建立相图时，通常不应仅仅依靠某一种实验方法，而应采用几种相互独立的测量方法，将不同方法的结果互相验证，以得到相对准确可靠的实测数据。

步冷曲线法，是绘制凝聚系统相图常用的方法，是根据步冷曲线上的“平台”和“拐点”而绘制相图。但是，步冷曲线法有如下缺点：①当相变过程比较缓慢，且相变热比较小的时候，步冷曲线上的转折极不明显，所得结果误差较大；②所用样品量较多，污染环境；③受环境影响较大，相转变温度不十分明显，重现性差；④采用冷却曲线确定相转变温度，实验花费时间较长。

差热分析法(DTA)是一种重要的物理化学分析方法，它可以对物质进行定性和定量分析，在生产和科学研究中有广泛的应用。DTA 是在程序控制温度的条件下，测量试样与参比物(如 $\alpha-Al_2O_3$)之间的温度差($\Delta T$)与温度($T$)关系的一种技术，有 $\Delta T=f(T)$。当试样与热容相对稳定的参比物一起按程序控制的速率加热升温时，被测试样可能会发生物理、化学变化，同时伴随热效应，因而在被测物与参比物之间出现温度差。因此，在同一条件下，测定加热或冷却过程中被测物与参比物之间的温度差即可获得 DTA 曲线。DTA 曲线上反映有差热峰的数目、位置、方向、高度、宽度、对称性、面积和出峰温度等信息。峰的数目表示在测定温度范围内，待测样品发生变化的次数；峰的位置表示发生转化的温度范围；峰的方向指示过程是吸热还是放热；峰的面积反映热效应大小(在相图测定条件下)；峰的高度、宽度、对称性及面积除与测定条件有关外，往往与样品变化过程的动力学因素有关，因此，从 DTA 曲线中峰的方向和面积可以测得变化过程热效应的大小和性质。

以 A－B 二元金属固态完全不互溶系统为例。当液态的纯组分 A 与参比物以同一速率冷却时，可得到图 4－3 中的差热曲线($a$)，由曲线($a$)可知，在组分 A 的熔点以上，由于试样没有任何物理或化学变化，所以样品与参比物的温度相同，差热图为竖直段(基线)，当温度降到 A 的熔点时，A 发生凝固，释放出熔化热，因此试样的温度将高于参比物的温度，差热图上出现放热峰，此峰的起点为纯 A 的熔点，当温度继续下降到 A 的熔点以下，样品与参比物的温度相同，差热线又出现竖直段(基线)。

组成为 $x_1$(或 $x_3$)的液体混合物冷却时，可得到图 4－3 中的差热曲线($b$)或($d$)，开始参比物与样品以同样的速率降温，它们之间没有温度差，差热线出现竖直段。当冷却至一定温度时，晶体 A(或 B)开始析出，同时释放熔化热，使样品的温度高于参比物，在差热曲线上出现一个放热峰，此峰起始的位置为 A 析出的温度。由于组分 A(或 B)的不断析出，所剩下的熔化物中 B(或 A)组分的相对含量不断增加，因此放热峰的形状不再是一个简单的、尖锐的峰，而呈现拖尾形状，当系统温度冷却至某一个温度时，A 和 B 两种组分同时析出，差热曲线上将出现另一个放热峰。此峰顶点所对应的温度就是低共熔物的熔点。此后，由于整个系统都已变为固态，它将与参比物一起冷却，差热曲线又回到基线。

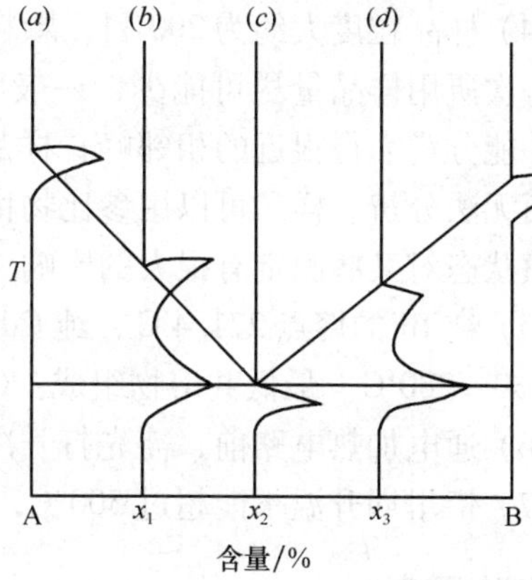


图 4－3　差热图与相图的关系

组成为 $x_2$(为低共熔物)的液体混合物冷却时，可得到图 4－3 中的差热曲线($c$)，线上只出现一个尖锐的放热峰。

由图 4－3 可知，测定组成不同的 A 和 B 混合物的差热曲线，可求得系统的低共熔温度，以及不同组成时单一液相开始转变为固液两相共存的转变温度，将不同组成时的转变温度联结起来便是相图中的两相线。这样，就可以得到二元金属固态完全不互溶系统的相图。

对于差热分析来说，为了减少过冷现象，经常采用加热曲线，则冷却曲线的放热峰变为吸热峰。

## 实验要求

(1) 设计用差热分析法绘制二元金属相图的实验方案(内容包括：实验目的、实验原理、实验仪器与试剂、实验步骤、预期的实验结果、实验中可能遇到的问题和对策、参考资料等)。

(2) 比较差热分析法所得相图与文献值的偏差，并分析偏差的来源。

(3) 讨论差热分析法与经典法绘制二元金属相图的差异和各自的优缺点。

(4) 以小论文形式提交实验报告。

## 实验指导

（1）升温速率对测定结果影响很大。实验中升温速率过大，则所得峰形尖锐，但基线漂移大，且相邻峰的分辨率差，甚至小峰被掩蔽；但升温速率太小，则费时太多，且峰形不好。故实验中要恰当选择加热速率。一般选择 2 ~ 20℃ · $min^{-1}$。

（2）选作参比物的物质必须在整个测温范围内保持良好的热稳定性，不会出现能产生热效应的任何变化，并应尽可能选用与样品的比热、导热系数相近的材料作参比物。常用的参比物有 $\alpha-Al_2O_3$、MgO、煅烧过的石英砂等。

（3）由于相变点温度与升温速率有关，因此所有实验应控制在同样的升温速率下进行。

（4）样品粒度大约为 200 目，颗粒减小虽可以改善导热条件，但太细可能破坏晶格或分解。每次所用样品量尽可能少，一般为几毫克，这样可以节省样品，同时可以得到尖锐的峰，并能分辨靠得很近的相邻峰；样品过多，往往会使峰形成“大包”，并和相邻的峰相互重叠而无法分辨。样品可以用参比物稀释，稀释剂的种类及稀释比也影响测定结果，同时样品装填状态对某些测定有很大的影响。

（5）纯 Bi 的熔点 271.4℃，纯 Cd 的熔点 321℃。三相点温度约 140 ~ 150℃，测量温度范围 130 ~ 280℃。最低共熔物组成：Cd40%，Bi60%。

（6）通电加热电路前，需先打开冷却水源。

（7）铝坩埚升温不能超过 500°C，瓷、铂金坩埚无限制。

## 实验思考

1. 影响差热分析的主要因素有哪些？
2. 差热分析的基本原理是什么？
3. 与步冷曲线法绘制相图比较，差热分析法有何优点？
4. 为什么用慢的升温速率所得的结果比较准确？

### 参考文献


1. 复旦大学．物理化学实验[M]（第三版）．北京：高等教育出版社，2004
2. Liu S T, Wang L S, Ohnishi R, Ichikawa M. Bifunctional catalysis of Mo/HZSM-5 in the dehydroaromatization of methane to benzene and naphthalene XAFS/TG/DTA/MASS/FTIR characterization and supporting effects. Journal of Catalysis, 1999, 181(2): 175 ~ 188
3. Chen W, Qu B J. Structural characteristics and thermal properties of PE – g – MA/MgAl-LDH exfoliation nanocomposites synthesized by solution intercalation. Chem. Mater., 2003, 15(16): 3208 ~ 3213
4. 陈良坦，董振荣，黄泰山．差热分析在物化实验中的应用．实验室研究与探索[J]，2001，20(2)：96 ~ 98
5. 丁益民，阎立诚，陈念贻．KF – KCl 体系相图测定和相图的热力学评估问题的探讨．盐湖研究[J]，2003，11(1)：4 ~ 6
6. 迟亮，丁益民，陈念贻．KF-KCl 系二元相图的研究．上海大学学报[J]（自然科学版），2003，9(5)：464 ~ 466
7. 马天慧，庄志萍，贾林艳．差热分析法测 $CaCl_2$ – KCl 二元凝聚体系相图．牡丹江师范学院学报[J]（自然科学版），2005(1)：32
8. 侯娜，丁益民，陈念贻．CsCl – $BaCl_2$ 二元系相图的研究．盐湖研究[J]，2006，14(2)：49 ~ 51

# 实验四　难溶盐溶度积测定

## 实验目的

（1）掌握难溶盐溶度积的测定方法；

（2）理解不同温度下的溶度积与难溶盐的沉淀－溶解反应热效应的关系。

## 实验背景

任何难溶电解质在水中总是或多或少地溶解，绝对不溶解的物质是不存在的。通常把在100g水中溶解度小于0.01g的物质称为难溶物。难溶电解质在水中溶解的部分是完全离解的，即溶解多少，就离解多少，同时进入溶液的阴阳离子又会在固体表面沉积下来，当这两个过程的速率相等时，难溶电解质的溶解就达到平衡状态，固体的量不再减少，这样的平衡状态叫沉淀溶解平衡。当溶剂和温度不变时，阴阳离子浓度幂的乘积是一个常数，这一数值表示电解质在溶剂中的溶解能力，故称为溶度积，用符号 $K_{sp}^{\ominus}$ 表示，常简写为 $K_{sp}$。

对于物质 $A_nB_m(s) = nA^{m+}(aq) + mB^{n-}(aq)$，溶度积 $K_{sp} = c_{A^{m+}}^{n} \cdot c_{B^{n-}}^{m}$

严格地讲，难溶电解质饱和溶液中离子活度幂的乘积才等于常数。只有当难溶电解质溶解度很小、离子活度系数均等于1时，离子活度才近似等于浓度，其离子浓度幂的乘积才近似等于 $K_{sp}$。

难溶电解质的多相平衡是一种动态平衡。当溶液中离子浓度变化时，平衡就向一定方向移动，直至离子浓度幂的乘积等于溶度积为止。在一定条件下某一难溶电解质的沉淀能否生成或溶解，可根据溶度积规则来判断。溶度积规则是van' tHoff等温式在沉淀溶解平衡中的应用，可表示为：

$c_{A^{m+}}^{n} \cdot c_{B^{n-}}^{m} < K_{sp}$ 时，非平衡状态，溶液未饱和，无沉淀析出，若原来有沉淀存在，则沉淀溶解。

$c_{A^{m+}}^{n} \cdot c_{B^{n-}}^{m} = K_{sp}$ 时，饱和溶液，多相离子平衡状态，无沉淀析出。

$c_{A^{m+}}^{n} \cdot c_{B^{n-}}^{m} > K_{sp}$ 时，系统暂时处于非平衡状态，沉淀析出，直至达到新的平衡。当然，由于动力学原因，有可能不形成沉淀，成为过饱和溶液，呈非平衡的亚稳态。

难溶盐在水中的溶解度很小，其在水中溶解的浓度很难用普通的滴定方法测定，但利用电导测定方法却能方便地求得。

电解质溶液属于第二类导体，依靠正负离子的定向迁移转移电流。导体导电能力的大小常以电导 $G$（单位是西门子，S或 $\Omega^{-1}$）表示。电导是电阻 $R$（单位是欧姆，Ω）的倒数，即：

$$G = \frac{1}{R} \tag{4-7}$$

导体的电阻与其长度 $l$ 成正比，与其截面积 $A$ 成反比，即：

$$R = \rho \frac{l}{A} \tag{4-8}$$

其中 $\rho$ 是比例常数，称为电阻率或比电阻（单位是欧姆·米，Ω·m）。根据电导与电阻的关系有：

$$G = \kappa \frac{A}{l} \tag{4-9}$$

$\kappa$ 称为电导率或比电导(单位是西门子·米$^{-1}$，$S \cdot m^{-1}$)

$$\kappa = \frac{1}{\rho} \tag{4-10}$$

或

$$\kappa = \frac{l}{A} \cdot \frac{1}{R} \tag{4-11}$$

对于确定的电导池来说，$l/A$ 称为电导池常数，用 $K_{cell}$ 表示。

电导率已消除了电导池几何结构的影响，其仅与溶液浓度或单位体积的质点数有关。某一温度下，由于电解质溶液浓度不同，所含离子的数目不同，因而电导率也不同。因此，无论是比较不同种类的电解质溶液在指定温度下的导电能力，还是比较同一电解质溶液在不同温度下的导电能力，都需要固定被比较电解质溶液所包含的质点数。若取 1mol 电解质溶液来度量，即在给定条件下对不同电解质溶液进行比较，1mol 电解质溶液全部置于相距为 1m 的两个平行电极之间的电导称为摩尔电导率，用 $\Lambda_m$ 表示。摩尔电导率与电导率和浓度的关系为：

$$\Lambda_m = \frac{\kappa}{c} \tag{4-12}$$

式(4-12)中：$\Lambda_m$ 为摩尔电导率，$m^2 \cdot \Omega^{-1} \cdot mol^{-1}$ 或 $S \cdot m^2 \cdot mol^{-1}$；$\kappa$ 为电导率，$\Omega^{-1} \cdot m^{-1}$ 或 $S \cdot m^{-1}$；$c$ 为摩尔浓度，$mol \cdot m^{-3}$。

从式(4-12)可知，欲得到 $\Lambda_m$ 值，必须先测得电导率 κ。而电导率一般依据式(4-11)用电导率仪进行测定。将电导电极置于被测系统中，系统的电导值通过电子线路处理后，通过表头或数字显示器显示。进行测定时必须知道电导池常数 $K_{cell}$，即两极间距离 $l$ 和电极面积 $A$，电导池常数可通过测定已知电导率的电解质溶液的电导(或电阻)来确定。每支电极的电导池常数一般出厂时已经标出，如果长时间未使用，对于精密的测量，需进行电导池常数校正。

当溶液无限稀时，离子可以独立运动，不受其他离子的影响，每一种离子对电解质的摩尔电导率都有一定的贡献，这时的摩尔电导率称为极限摩尔电导率 $\Lambda_m^\infty$。难溶盐饱和溶液的浓度极稀，根据 $\Lambda_m = \Lambda_m^\infty$、$\Lambda_m^\infty$、$\Lambda_m$ 的值可从离子的无限稀释摩尔电导率的表值得到。所以，式(4-12)可写作：

$$\Lambda_m^\infty(\text{盐}) = \frac{\kappa(\text{盐})}{c(\text{盐})} \tag{4-13}$$

测定的难溶盐饱和溶液的电导率是盐和水的电导率之和(这是由于溶液很稀，水的电导率已占一定比例，故不能忽略)，即：

$$\kappa(\text{盐}) = \kappa(\text{溶液}) - \kappa(H_2O) \tag{4-14}$$

因此，可根据式(4-14)用难溶盐饱和溶液的电导 $\kappa$(盐)减去纯水的电导 $\kappa(H_2O)$ 求出 $k$(盐)后，再利用式(4-13)求出溶解度 $c$(盐)，最后求得 $K_{sp}$。

同样，利用电动势测定等其他电化学方法，也可测定难溶盐的溶度积。

难溶盐的溶度积是其沉淀溶解反应的平衡常数，因此溶度积随温度的改变而改变。温度对溶度积的影响遵循 van' tHoff 方程，即：

$$\ln \frac{K_{sp}(T_2)}{K_{sp}(T_1)} = \frac{\Delta_r H_m^{\ominus}}{R}\left(\frac{1}{T_1} - \frac{1}{T_2}\right) \text{（假定热效应与温度无关）} \quad (4-15)$$

由此，由难溶盐在两个温度下的溶度积，可求出难溶盐的沉淀－溶解反应的热效应。

## 实验要求

（1）设计测定25℃、35℃时，该难溶盐溶度积实验方案（内容包括：实验目的、实验原理、实验仪器与试剂、实验步骤、预期的实验结果、实验中可能遇到的问题和对策、参考资料等），并计算其反应的热效应。

（2）讨论难溶盐的性质与沉淀－溶解反应关系。

（3）以小论文形式提交实验报告（必须比较不同方法的实验结果和优缺点）。

## 实验指导

（1）用电化学方法测定难溶盐溶度积时，配制溶液需用电导水（电导率小于 $10^{-4} S \cdot m^{-1}$）。电导水的制备方法：向蒸馏水中加入少量高锰酸钾，用硬质玻璃烧瓶进行蒸馏。测量溶液和电导水的电导率时，操作应迅速，否则空气中的 $CO_2$ 溶入水中变为 $CO_3^{2-}$，会使电导率迅速增加。

（2）制备难溶盐时，难溶盐沉淀必须经沸水洗涤多次，以除去可溶性杂质，减小实验误差。洗涤难溶盐沉淀可用倾析法，也可用离心分离法，为了提高洗涤效果，不仅要进行搅拌，而且尽量将每次的洗涤液倾尽或吸出。

（3）为了保证难溶盐饱和溶液的饱和度，难溶盐饱和溶液的下层一定要在有晶体析出后，再测量上层澄清液的电导率。如未等难溶盐沉淀沉降就测定电导率，不仅造成测定误差，而且会污染电极。

（4）温度对电导、电动势等电化学性质有较大影响，所以测定电化学性质时必须在恒温水浴中恒温后方可进行。

（5）本实验的成败关键是难溶盐是否纯净，影响难溶盐纯净的因素有：水的纯度、难溶盐沉淀条件的控制以及沉淀的洗涤等，因此，必须认真对待每步操作。

（6）实验中温度要恒定，测量必须在同一温度下进行。恒温水浴的温度要控制在（25.0 ±0.1）℃或（35.0 ± 0.1）℃。

（7）实验前先检查电化学仪器是否完好且处于可用状态，玻璃仪器是否干净、干燥。

（8）测定水及溶液的电化学性质前，电极要反复冲洗干净（特别是测定水的电化学性质前），以免影响测定结果。

（9）铂黑电极上的溶液不能擦，只能用滤纸吸，以免破坏电极表面积。

（10）电化学仪器在每次测定前均要校正。

（11）电极不用时，应保存在蒸馏水中，防止电极干燥老化。

## 实验思考

1. 用电导率仪测定难溶盐的溶度积时，为何需要测量水的电导率？
2. 实验中用到电极时，为何用镀铂黑的电极？使用时有哪些注意事项？
3. 测定溶液的电导为什么不能用直流电？

4. 测定溶液的电化学性质时为什么要恒温？

5. 测定难溶盐饱和溶液的电化学性质时，为什么一定要测定上层清液的电化学性质？

## 参考文献


1. 孙尔康，徐维清，邱金恒．物理化学实验[M](第一版)．南京：南京大学出版社，2002
2. 北京大学化学学院物理化学实验教学组．物理化学实验[M]．北京：北京大学出版社，2002
3. 刘志明．应用物理化学实验[M]．北京：化学工业出版社，2009
4. 李曦．物理化学实验[M]．武汉：武汉理工大学出版社，2010
5. 贾瑛，许国根，严小琴．物理化学实验[M]．西安：西北工业大学出版社，2009
6. 马桂林．电导法测定碘酸铜的溶度积．扬州大学学报[J](自然科学版)，1986，(1)：73 ~ 76


# 实验五　温度和浓度对电解质溶液平均活度系数的影响

## 实验目的

(1) 掌握电化学方法测定电解质溶液活度系数的原理；

(2) 探究不同温度、不同电解质溶液浓度对电解质溶液平均活度系数的影响。

## 实验背景

电解质溶液的活度系数是溶液热力学研究的重要参数。电解质溶液的活度系数集中反映了该溶剂中离子与离子之间及离子与溶剂分子之间的相互作用，对离子溶剂化、离子缔合及溶液结构理论的研究与应用具有重要意义。

海洋化学、盐湖化学、污染控制等领域中都涉及到电解质水溶液中组分活度系数的研究。电解质活度系数理论既是国内外溶液热力学理论研究的热点，也是含盐溶液蒸馏、湿法冶金、生物化工等工程的理论依据。制盐原料卤水中含有大量的 $Na^+$、$Cl^-$ 及少量 $Ca^{2+}$、$SO_4{}^{2-}$，研究由这些离子组成的电解质溶液的离子平均活度系数对于制盐工业、海水淡化等工艺过程的设计和开发非常重要。虽然有不少经验的或理论的方程可计算电解质水溶液组分的活度系数，但这种计算仍需借助于实验测定。

测定电解质活度系数的方法很多，常用的有电动势法、凝固点降低法、电导法、溶解度法、等压法等。而电导法和电动势法相对于其他方法来说具有仪器简单、操作方便等优点。

应用电导法测定 NaCl 在水溶液中的电导率，可根据 Debye-Hücker 和 Osager-Falkenlagen 公式计算 NaCl 在水溶液中的平均活度系数。

由 Debye-Hücker 公式：

$$\lg f_{\pm} = -\frac{A\ |Z_{+}\cdot Z_{-}|\sqrt{I}}{1 + aB\sqrt{I}} \tag{4-16}$$

和 Osager-Falkenhangen 公式：

$$\Lambda_{\mathrm{m}} = \Lambda_{\mathrm{m}}^{\infty} - \frac{(B_1\Lambda_{\mathrm{m}}^{\infty} + B_2)\sqrt{I}}{1 + aB\sqrt{I}} \tag{4-17}$$

可以推出公式：

$$\lg f_{\pm} = -\frac{A\,|Z_+ \cdot Z_-|}{B_1 \Lambda_m^{\infty} + B_2}(\Lambda_m - \Lambda_m^{\infty}) \tag{4-18}$$

令 $\alpha = \frac{A\,|Z_+ \cdot Z_-|}{B_1 \Lambda_m^{\infty} + B_2}$，则：

$$\lg f_{\pm} = \alpha(\Lambda_m - \Lambda_m^{\infty}) \tag{4-19}$$

式(4-16)~式(4-19)中：

$$A = \frac{1.8246 \times 10^6}{(\varepsilon T)^{3/2}};$$

$$B_1 = \frac{2.801 \times 10^6\,|Z_+ \cdot Z_-|q}{(\varepsilon T)^{3/2}(1 + \sqrt{q})};$$

$$B_2 = \frac{41.25(|Z_+| + |Z_-|)}{\eta\,(\varepsilon T)^{1/2}};$$

$$q = \frac{|Z_+ \cdot Z_-|}{|Z_+| + |Z_-|}\frac{\Lambda_{m,+}^{\infty} + \Lambda_{m,-}^{\infty}}{|Z_-| \cdot \Lambda_{m,+}^{\infty} + |Z_+| \cdot \Lambda_{m,-}^{\infty}};$$

式中，$f_{\pm}$ 为溶剂化离子的活度系数；$\varepsilon$ 为溶剂的介电常数，$F \cdot m^{-1}$；$\eta$ 为溶剂的黏度，$Pa \cdot s$；$T$ 为热力学温度，K；$\Lambda_m^{\infty}$ 为电解质无限稀释摩尔电导率，$S \cdot m^2 \cdot mol^{-1}$；$I$ 为溶液的离子强度，$mol \cdot kg^{-1}$；$\Lambda_{m,+}^{\infty}$ 为正离子的无限稀释摩尔电导率，$S \cdot m^2 \cdot mol^{-1}$；$\Lambda_{m,-}^{\infty}$ 为负离子的无限稀释摩尔电导率，$S \cdot m^2 \cdot mol^{-1}$；$Z_+$ 为正离子的电荷数；$Z_-$ 为负离子的电荷数。

对于某电解质正、负离子的平均活度系数 $\gamma_{\pm}$ 存在如下关系：

$$f_{\pm} = \gamma_{\pm}(1 + 0.001\nu m M)$$

所以：
$$\lg\gamma_{\pm} = \lg f_{\pm} - \lg(1 + 0.001\nu m M)$$

即：
$$\lg\gamma_{\pm} = \alpha(\Lambda_m - \Lambda_m^{\infty}) - \lg(1 + 0.001\nu m M) \tag{4-20}$$

式(4-20)中：$M$ 为溶剂的摩尔质量，$g \cdot mol^{-1}$；$\nu$ 为一个电解质分子中所含正、负离子数目的总和，即 $\nu = \nu_+ + \nu_-$；$m$ 为电解质溶液的质量摩尔浓度，$mol \cdot kg^{-1}$。

（注：此式只适用于非缔合式电解质溶液且浓度在 $0.1 mol \cdot kg^{-1}$ 以下）。

式(4-20)中 NaCl 的摩尔电导率 $\Lambda_m$ 可采用电导法分别测定 NaCl 水溶液和溶剂水的电导率，再通过公式 $\Lambda_m = \frac{(\kappa_{溶液} - \kappa_{溶剂}) \times 10^{-3}}{c}$ 而求出，从而可求得 NaCl 在水溶液中的平均活度系数。

利用电动势的测定也可求出 NaCl 在水溶液中的平均活度系数。

## 实验要求

(1) 设计不同温度、不同电解质溶液浓度对电解质溶液平均活度系数影响的实验方案（内容包括：实验目的、实验原理、实验仪器与试剂、实验步骤、预期的实验结果、实验中可能遇到的问题和对策、参考资料等）。

（2）在288～308K温度范围内选取若干个温度，测定NaCl在水溶液中的平均活度系数，探究温度对NaCl在水溶液中平均活度系数的影响。

（3）在(1～6)×$10^{-3}$mol·$L^{-1}$浓度范围内选取若干个温度，测定NaCl在水溶液中的平均活度系数，探究浓度对NaCl水溶液活度系数的影响。

（4）报告中讨论的重点是不同温度、不同NaCl溶液浓度对电解质溶液活度系数的影响。

（5）以研究论文形式提交实验报告。

## 实验指导

（1）配制溶液需用电导水(电导率小于$10^{-4}$ S·$m^{-1}$)。

（2）电导水的制备方法：向蒸馏水中加入少量高锰酸钾，用硬质玻璃烧瓶进行蒸馏。测量溶液和电导水的电导率时，操作应迅速，否则空气中$CO_2$溶入水中变为$CO_3^{2-}$，会使电导率迅速增加。

（3）温度对电导率有较大影响，所以测定电导率时必须在恒温水浴中恒温后方可测定。

（4）只有强电解质极稀溶液才符合实验原理中的公式。实验中NaCl浓度小于6×$10^{-3}$ mol·$L^{-1}$，此时$m \approx c$。

（5）实验前，先检查电化学仪器是否完好且处于可用状态。玻璃仪器是否干净、干燥。

## 实验思考

1. 将实验值与文献值比较，并计算相对误差。
2. 实验中对电解质有何要求？

### 参考文献

1. 南开大学化学系物理化学教研室．物理化学实验[M]．天津：南开大学出版社，1991
2. 李林尉，褚德萤，刘瑞麟．RbCl在$H_2O$－DMF混合溶剂中活度系数的测定．物理化学学报[J]，1998，14(8)：691～697
3. 王卫东．NaCl在$H_2O$中活度系数测定的研究．中国井矿盐[J]，2005，36(3)：14～15
4. 王卫东．电导法测定LiCl在水溶液中的活度系数．盐湖研究[J]，2005，13(4)：35～37
5. 王卫东．电解质溶液活度系数的测定方法．湖北师范学院学报[J]（自然科学版），2005，25(1)：104～106
6. 陈莉莎，任丽慧，魏西莲．离子液体溶液平均活度系数的测定．聊城大学学报[J]（自然科学版），2010，23(1)：30～34

# 实验六　电解质溶液浓度对电极电势的影响

## 实验目的

（1）掌握电池电动势及电极电势的测定方法；

（2）掌握浓度对电极电势及电动势的影响；

(3) 通过发现问题、分析问题和解决问题的过程，锻炼逻辑思维能力。

**实验背景**

化学家 W. H. Nernst 提出双电层理论解释了电极电势产生的原因。当金属放入溶液中时，一方面金属晶体中处于热运动的金属离子在极性水分子的作用下，离开金属表面进入溶液。金属性质愈活泼，这种趋势就愈大；另一方面溶液中的金属离子，由于受到金属表面电子的吸引，而在金属表面沉积，溶液中金属离子的浓度愈大，这种趋势也愈大。在一定浓度的溶液中达到平衡后，在金属和溶液两相界面上形成了一个带相反电荷的双电层，双电层的厚度虽然很小(约为 $10^{-8}$cm)，但却在金属和溶液之间产生了电势差。通常人们把产生在金属和盐溶液之间的双电层间的电势差称为金属的电极电势，并以此描述电极得失电子能力的相对强弱。

电极电势的大小，首先取决于电极的本性，它是通过标准电极电势来体现的。其次，溶液中离子的浓度(或气体的分压)、溶液的酸碱性、沉淀剂和络合剂、温度等的改变都会引起电极电势的变化。

电极电势数值是十分重要的理化参数，是电化学中很重要的数据。利用这些数据，除了可以计算原电池的电动势和相应的氧化还原反应的摩尔吉布斯函变外，还可以比较氧化剂和还原剂的相对强弱，判断某一指定的氧化还原反应进行的方向和反应进行的程度等，因此电极电势在化学上有着广泛而重要的应用。

凡可以把化学能转变为电能的装置称为化学电源(或电池、原电池)。电池由两个电极和连通两个电极的电解质溶液组成。如图 4－4 所示，把 Zn 片插入 $ZnSO_4$ 溶液中构成 Zn 电极，把 Cu 片插在 $CuSO_4$ 溶液中构成 Cu 电极，用盐桥(其中充满电解质)把这两个电极连接起来就成为 Daniell 电池。

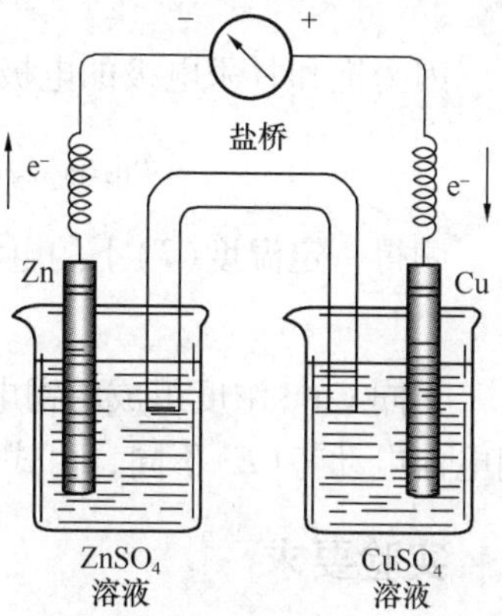

图 4－4　Daniell 电池示意图

实现化学能与电能之间的可逆转换必须依靠可逆电池，可逆电池应满足如下条件：

① 电池反应可逆，亦即电池电极反应可逆。

② 电池中不允许存在任何不可逆的液接界。

③ 电池必须在可逆的情况下工作，即充放电过程必须在平衡态下进行，亦即允许通过电池的电流为无限小。

因此在制备可逆电池、测定可逆电池的电动势时应符合上述条件，在精确度不高的测量中，常用正负离子迁移数比较接近的盐类构成“盐桥”来降低液接电位。用电位差综合测试仪测量电动势可满足通过电池电流为无限小的条件。

在电池中，每个电极都具有一定的电极电势。当电池处于平衡态时，两个电极的电极电势之差就等于该可逆电池的电动势，即：

$$E=\varphi_{+}-\varphi_{-} \tag{4-21}$$

$$\varphi_{+}=\varphi_{+}^{\ominus}+\frac{RT}{zF}\ln\frac{a_{\text{氧化}}}{a_{\text{还原}}} \tag{4-22}$$

$$\varphi_- = \varphi_-^{\ominus} + \frac{RT}{zF}\ln\frac{a_{氧化}}{a_{还原}} \tag{4-23}$$

式(4-21)、式(4-22)、式(4-23)中：$E$ 为原电池的电动势。$\varphi_+^{\ominus}$、$\varphi_-^{\ominus}$ 为分别为正、负电极的标准电极电势；$R$ 为气体常数，8.314 $J \cdot mol^{-1} \cdot K^{-1}$；$F$ 为 Faraday 常数，为 1mol 电子的电量，即 96485$C \cdot mol^{-1}$；$T$ 为热力学温度，K；$z$ 为反应中得失电子的数量；$a_{氧化}$ 为参与电极反应的物质的氧化态的活度；$a_{还原}$ 为参与电极反应的物质的还原态的活度。

从式(4-22)和式(4-23)可以看出，电极电势与组成电极的物质、电极反应物质的活度及温度有关。

怎样测定某一电极的电极电势呢？既然电池的电动势等于正、负极的电极电势之差，那么将被测定的电极与精确已知电极电势数值的参比电极构成电池，用电位差综合测试仪测定电池电动势数值，利用式(4-21)就可计算出待测定电极的电极电势。精确已知电极电势的电极可作为参比电极，其电极反应为单一的可逆反应，电极电势稳定性和重现性好。通常用微溶盐电极作为参比电极，如甘汞($Hg | Hg_2Cl_2 | Cl^-$)电极和银 | 氯化银($Ag | AgCl | Cl^-$)电极等。

以下列原电池为例：

$$(-)Hg(l) | Hg_2Cl_2(s) | KCl(饱和) || Cu^{2+}(a) | Cu(+)$$

$$E = \varphi_+ - \varphi_- = \varphi_{Cu^{2+}|Cu} - \varphi_{Hg-Hg_2Cl_2|Cl^-} \tag{4-24}$$

因为饱和甘汞电极的电极电势与温度的关系为：

$$\varphi_{Hg-Hg_2Cl_2|Cl^-}(T) = 0.2415 - 0.00065(T - 298.15) \tag{4-25}$$

测得一定温度($T$)下的电池电动势 $E$，即可由下式求出 $\varphi_{Cu^{2+}|Cu}$：

$$\varphi_{Cu^{2+}|Cu} = E + \varphi_{Hg-Hg_2Cl_2|Cl^-}(T) \tag{4-26}$$

不同 $Cu^{2+}$ 浓度组成的铜电极的电极电势不同，若保持温度和负极(饱和甘汞电极)不变，则电池电动势($E$)不同，由式(4-26)可计算出不同 $Cu^{2+}$ 浓度的 $\varphi_{Cu^{2+}|Cu}$。

## 实验要求

(1) 设计在 298.15K 时，不同浓度的电解质溶液对电极电势的影响的实验方案。

(2) 将测得的数据与 Nernst 方程计算得到的数据进行比较，分析数据不一致的原因。

(3) 分析实验测得的铜电极的电极电势与 Nernst 方程计算所得数据产生差异的原因。

(4) 以研究论文形式提交实验报告。

## 实验指导

(1) 铜电极的制备　将铜片放入混合酸($HNO_3$，$H_2SO_4$，$CrO_3$)溶液中浸一下，除去氧化物，用蒸馏水冲洗干净。然后把它作为阴极，另一块纯铜片作阳极(作阳极的纯铜片也要在混合酸中浸泡一下并用蒸馏水冲洗干净)，放入盛有镀铜溶液(100mL 溶解有 15g$CuSO_4 \cdot 5H_2O$ 的 $H_2O$，2.5mL 浓 $H_2SO_4$，5mL$C_2H_5OH$)的电镀槽内电镀 2min(如图 4-5)，电流密度控制在

$20mA \cdot cm^{-2}$，电镀后取出用水冲洗干净，再用蒸馏水淋洗，插入电极管，塞紧橡皮塞。取10mL小烧杯盛入 $CuSO_4$ 溶液，将电极管虹吸管插入小烧杯溶液中，用吸耳球将 $CuSO_4$ 溶液吸进电极管，使虹吸管无气泡和漏液现象。

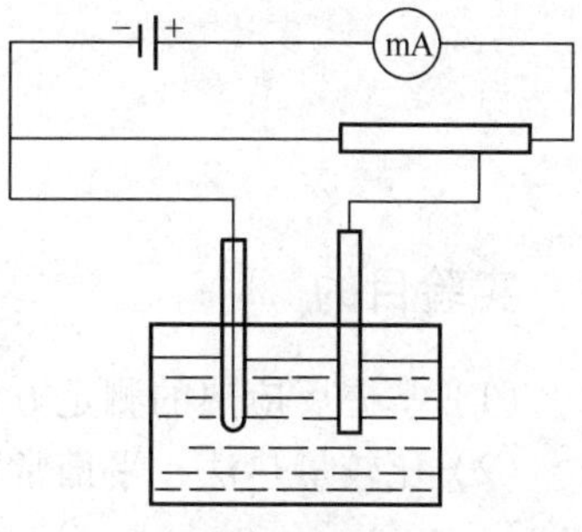

图4－5 制备铜电极的电镀装置

（2）盐桥的制备 取50mL烧杯直接盛入饱和KCl溶液作为盐桥，分别将上面制备好的铜电极和甘汞电极插入盐桥中，即可以组成原电池。

（3）测量前可根据电化学基本知识，初步估算一下被测电池的电动势大小，以便在测量时能快速找到平衡点，避免电极极化。

（4）测定原电池电动势时，在15min左右时间内测定7～8个数据，若这些数据的偏差小于±0.0005V，则可认为此电池的电动势已为平衡电势，取这些数据的平均值作为该电池的电动势。

（5）使用饱和甘汞电极前应检查饱和氯化钾溶液是否浸没内部电极小瓷管的下端，是否有氯化钾晶体存在，若氯化钾溶液较少或无氯化钾晶体，则应添加氯化钾溶液或氯化钾晶体（保证氯化钾溶液浸没内部电极小瓷管的下端和氯化钾溶液的饱和）；使用饱和甘汞电极时应拔去支管上的小橡皮塞，以保持有足够的液压差；使用完毕后先用蒸馏水冲洗饱和甘汞电极下端，再套上饱和甘汞电极支管上的橡皮塞，以防水蒸发后电极干涸；甘汞电极不能浸在纯水中保存，否则氯化钾晶体溶解，溶液稀释；检查弯电极管内是否有气泡将溶液隔断，如有气泡，则除去（保证电路畅通）。

（6）要选择最佳实验条件使电极处于平衡态。

（7）实验完毕后，首先关掉所有电源开关，松开接线的夹子，再将电位差综合测试仪所有档位旋至零，撤除所有接线，清洗电极、电极管和烧杯。

## 实验思考

1. 参比电极应具备什么条件？它有什么作用？
2. 盐桥有什么作用？应选择什么样的电解质作盐桥？
3. 对消法测量原电池电动势的原理是什么？
4. 影响电极电势的因素有哪些？

## 参考文献


1. 复旦大学．物理化学实验[M]（第三版）．北京：高等教育出版社，2004
2. 尹亚平，王辉宪．物理化学实验[M]（第一版）．北京：科学出版社，2006
3. 张春晔，赵谦．物理化学实验[M]．南京：南京大学出版社，2006
4. 袁誉洪．物理化学实验[M]（第一版）．北京：科学出版社，2008
5. 周井炎．基础化学实验[M]（下册）（第三版）．华中科技大学出版社，2008

# 实验七　反应热的测定

## 实验目的

（1）掌握反应热的测定方法；

（2）比较量热法、平衡常数求算法、电动势法测定反应热的优劣。

## 实验背景

化学反应所释放的能量是现代能量的主要来源之一。化学反应一般是以热和功的形式与环境进行能量交换，但大多是以热的形式进行能量交换。因此，研究化学反应中的能量变化主要集中在热量问题上。反应过程中所释放出的热量对我们的日常生活、工农业生产和化工生产有着举足轻重的作用，如：在天然气化肥厂合成氨的生产中，每生产一吨氨将产生约 $3\times10^6$kJ的热量，如果不设法将这些热量移走，反应器内温度就会过高，不仅影响反应进程，还可能发生爆炸事故；而合理利用这部分热量，会降低化肥生产中的能耗和成本。因此，研究与讨论反应热的测定很有必要。

一个化学反应在恒压以及不作非膨胀功的情况下发生后，若使生成物的温度回到反应物的起始温度，这时系统所放出或吸收的热量称为反应热。也就是说，反应热通常是指：系统在等温、等压过程中发生物理或化学变化时所放出或吸收的热量。化学反应热有多种形式，如：生成热、燃烧热、中和热等。化学反应热是重要的热力学数据，其可通过实验直接测定，也可通测定其他一些热力学数据（如平衡常数和电池电动势等）间接得到。

下面以两个具体反应为例，说明上述反应热测定的各种方法和原理：

1. $CaCO_3(s) = CaO(s) + CO_2(g)$

（1）量热法　用氧弹量热计测定燃烧热时，基准物质（如苯甲酸等）的燃烧是放热反应，而 $CaCO_3(s)$分解是吸热反应，如果将燃烧的基准物质和 $CaCO_3(s)$均匀混合，通过测定混合系统的热值，然后用 Hess 定律计算出 $CaCO_3(s)$的分解热。

例如，苯甲酸和 $CaCO_3(s)$混合燃烧时

$$m_1 \cdot Q_V(1) + n_2 \cdot Q_{V,m}(2) + \Delta m_f \cdot Q_f = W_{卡} \cdot \Delta T \qquad (4-27)$$

式(4－27)中：$m_1$为苯甲酸的质量，g；$n_2$为 $CaCO_3(s)$的物质的量，mol；$Q_V(1)$ 为苯甲酸的等容燃烧热，$-26.460kJ\cdot g^{-1}$；$Q_{V,m}(2)$ 为 $CaCO_3(s)$的等容摩尔分解热，$kJ\cdot mol^{-1}$；$\Delta m_f$为点火丝燃烧的质量，g；$Q_f$ 为每克燃烧丝的燃烧热（如果点火丝用铁丝，则为 $6.694kJ\cdot g^{-1}$）；$\Delta T$ 为苯甲酸和 $CaCO_3(s)$混合物燃烧前后量热计温度的变化值，K；$W_{卡}$为量热计（包括量热计中的水）的水当量，$kJ\cdot K^{-1}$，它表示量热计（包括介质）每升高 1K 所需要吸收的热量，量热计的水当量可以通过已知燃烧热的标准物来标定。

已知量热计的水当量以后，就可以利用式(4－27)计算 $CaCO_3(s)$的等容摩尔分解热 $Q_{V,m}(2)$ 。

根据 $Q_{p,m}(2)$ 和 $Q_{V,m}(2)$ 的关系：

$$Q_{p,m}(2) = Q_{V,m}(2) + \Delta nRT \qquad (4-28)$$

式(4－28)中：$Q_{p,m}(2)$ 为 $CaCO_3(s)$ 的等压摩尔反应（分解）热，$J\cdot mol^{-1}$；$\Delta n$ 为反应前后气体的计量系数之差。

因此，由式(4－28)即可求出 $CaCO_3(s)$分解反应的等压反应热。

(2) 平衡常数求算法　反应的标准平衡常数表达式为：

$$K_p = p_{CO_2}^{eq}(g) \tag{4-29}$$

此式说明 $CaCO_3$在一定温度下分解达到平衡时，$CO_2$的压力保持不变，$CO_2$的压力即为分解压。分解压的数值随温度升高而增大。测定在指定温度下反应达平衡时 $CO_2(g)$的平衡压力，代入式(4－29)即可算出平衡常数 $K_p$。将不同温度下的 $K_p$ 值代入下式，即可求出反应热( $Q_p = \Delta_r H_m$ )。

$$\frac{d\ln K_p}{dT} = \frac{\Delta_r H_m}{RT^2} \tag{4-30}$$

2. $Zn(s) + CuSO_4(l) =\!=\!= Cu(s) + ZnSO_4(l)$

(1) 量热法　将锌粉和硫酸铜溶液在绝热良好的量热计中反应，并使锌粉过量，保证硫酸铜完全反应，反应所放出的热量可认为全部被硫酸铜溶液和量热计吸收。则此反应的反应热的计算公式为：

$$\Delta H = -\frac{(C_{溶液}V\rho + C_{量热计}) \cdot \Delta T}{n_{CuSO_4}} (J \cdot mol^{-1}) \tag{4-31}$$

式(4－31)中：$C_{溶液}$为 $CuSO_4$溶液的比热容，$J \cdot g^{-1} \cdot K^{-1}$；$V$ 为 $CuSO_4$溶液的体积，$m^3$；$\rho$ 为 $CuSO_4$溶液的密度，$kg \cdot m^{-3}$；$C_{量热计}$为量热计的热容，$J \cdot K^{-1}$；$\Delta T$ 为反应前后温度变化，K；$n$ 为 $CuSO_4$溶液中 $CuSO_4$的物质的量，mol。

(2) 电动势法　由化学反应设计可逆电池：

$$Zn(s) \mid ZnSO_4(aq) \parallel CuSO_4(aq) \mid Cu(s)$$

测定不同温度时上述电池的电动势，并求出 $\left(\frac{\partial E}{\partial T}\right)_p$，利用 $\Delta H = -nFE + nFT\left(\frac{\partial E}{\partial T}\right)_p$，求出反应热 $\Delta H$。

## 实验要求

(1) 选择两种不同的方法测定某个反应热效应的实验方案。

(2) 分析不同方法测得的反应热数据不一致的原因，并说明每种方法的优缺点。

(3) 以研究论文形式提交实验报告。

## 实验指导

(1) 量热法测固体物质的分解热时，对于测定含有硫、氮、碳、卤族等固体试样的分解热时，应当考虑样品燃烧前后的硫酸、硝酸等热效应值，实验中忽略了此部分热量。

(2) 量热法测 $CaCO_3(s)$反应热时，为保证 $CaCO_3(s)$分解完全，混合样品中苯甲酸的质量应大于 $CaCO_3(s)$质量的 4 倍。在燃烧第二个样品时，必须再次调节内筒水温，使内筒的水温低于环境温度 1°C 左右，否则测定结果误差较大。苯甲酸和 $CaCO_3(s)$都应干燥且有较高的纯度(不低于分析纯级)，受潮样品不易燃烧，且可导入称量误差。压片不宜太紧，否则不易燃烧。

(3) 采用平衡常数求算法进行测定时，称取约 5g 粉状 $CaCO_3$试样装在一小瓷管内，然后将瓷管推入实验装置的反应管中部，组装并连接好密闭装置和仪器设备；检查系统的气密性后方可进行实验；确证实验装置不漏气后，启动装置的数字温度控制仪，控制电炉温度约在550°C左右，然后用真空泵再次将装置抽至近真空。电炉温度650 ~ 800℃之间选择5 ~ 8个温度，反应达平衡后则可准确测量出反应温度和压力数据。

（4）量热法测锌粉和硫酸铜溶液反应热时应先测定量热计的热容 $C_{量热计}$；锌粉约取3g，$CuSO_4$溶液约为0.1mol·$L^{-1}$；测定的方法可参考《化学基础实验》。$CuSO_4$溶液的比热容和密度分别取4.18J·$g^{-1}$·$K^{-1}$和1000g·$m^{-3}$。量热计跟硫酸铜溶液达到热平衡即可加入锌粉反应。

（5）量热法中要用图解法，采用雷诺校正法求出反应前后温度变化的最大值。

（6）电动势法中制备Zn电极要汞齐化，成为Zn(Hg)，而不用锌棒，制备Cu电极可参考实验六“电解质溶液浓度对电极电势的影响”。

（7）氧气钢瓶使用前应首先检查氧气压力表是否完好、灵敏，指示的压力是否正确；在给氧弹充氧时，必须使压力缓慢上升，直至所规定的压力后再维持0.5 ~ 1min；在使用氧气时不得接触油脂。

（8）平衡常数求算法测定前，必须抽气检查系统的气密性，判断不漏气才能开始实验；使装样瓷管处于管式电炉的均温区，不能将$CaCO_3$粉末洒在石英管内；样品及石英管内应干燥；注意测量反应温度的热电偶的位置应处于反应恒温区。

（9）硝酸汞为剧毒物质，所以在Zn电极汞齐化时所用的滤纸不能随便乱扔，应放至指定地点；盛硝酸汞试剂的瓶塞要及时盖好。

## 实验思考

1. 测量化学反应热效应有哪些方法？各适合哪种反应系统？
2. 比较同一化学反应中不同方法所得反应热数据之间的差异，并分析原因。
3. 分析各种测定方法产生误差的原因，采用怎样的措施能减小误差？

### 参考文献

1. 复旦大学．物理化学实验[M]（第三版）．北京：高等教育出版社，2004
2. 粟智．氧弹燃烧法测定固体的分解焓．化学通报[J]，2006，(4)：75 ~ 79
3. 王遵尧，翟志才，顾红．硫酸铜溶液和锌粉反应热效应的测定．大学化学[J]，1998，13(1)：44 ~ 47
4. 粟智．用氧弹量热计测定钠与水的反应热．新疆师范大学学报[J]（自然科学版），2004，23(1)：18 ~ 20
5. 丁双胜，武婧，张宝梅，安红钢，丁双记．$KMnO_4$与$FeSO_4$反应热的测定．洛阳师范学院学报[J]，2005，24(5)：51 ~ 52
6. 周萃文，白小春．用氧弹量热计测定碳酸钙的分解焓．应用化工[J]，2006，35(9)：723 ~ 726
7. 陈玉锋．用氧弹量热计测定碳酸锶的分解焓．实验室科学[J]，2010，13(5)：169 ~ 171

# 实验八　铝阳极氧化的最佳实验条件探究

## 实验目的

（1）掌握铝阳极氧化的原理和工艺；

（2）探究金属表面氧化处理的一般方法；

（3）探讨铝在阳极氧化过程中影响氧化膜厚度和性能的各种因素。

## 实验背景

表面处理技术是一门新兴的工业加工技术。对金属及非金属材料如塑料、陶瓷、玻璃等的表面进行物理化学处理，以改善金属和非金属的性能，从而大大提高了金属、非金属材料的应用范围。

铝及铝合金具有密度小、比强度高、导电和导热性好、成型容易，无低温脆性等优点，是一种综合性能优良的轻金属材料。目前，铝材在航空航天工业及建筑材料、交通工具、电子产品等领域中得到了广泛的应用。

铝对氧的化学亲和力特别强，在空气中其表面总是被一层透明的氧化膜所覆盖，但是天然的铝氧化膜极薄，只有几十埃[1 埃(Å) $=10^{-10}$m]，且孔隙率大，机械强度低，抗蚀和耐磨性都不能满足防腐蚀的需要。利用电化学方法，可使铝(或铝合金)表面生成致密的优质氧化膜，且膜较厚，其厚度可达几十至几百微米，能有效地提高铝的耐腐蚀性。另外，由于所形成的氧化膜存在均匀的孔隙，故可用有机染料进行染色处理，经封闭后色泽稳定，使铝材的应用更加广泛。这种使铝表面氧化的电化学工艺称为铝的阳极氧化。

根据氧化膜用途，可以在阳极氧化的同时进行其他的工艺而得到相应的氧化膜：如防护性氧化膜、防护-装饰性氧化膜(氧化后再着色)、功能性氧化膜(如硬质氧化膜、自润滑氧化膜、导电氧化膜、绝缘氧化膜、磁性氧化膜、光吸收氧化膜、催化膜)等。

**1. 铝的阳极氧化**

将铝制品作阳极，以硫酸、铬酸、磷酸、草酸等为电解液进行阳极氧化，可形成较厚的氧化膜，膜的主要成分是 $Al_2O_3$，其反应历程比较复杂。现在以 Al 为阳极，Pb 为阴极，$H_2SO_4$溶液为电解质为例，介绍铝阳极氧化的反应原理。电解时的电极反应为：

阴极：

$$2H^+ + 2e^- \longrightarrow H_2$$

阳极：$Al - 3e^- \longrightarrow Al^{3+}$

$$Al^{3+} + 3H_2O \longrightarrow Al(OH)_3 + 3H^+$$

$$2Al(OH)_3 \longrightarrow Al_2O_3 + 3H_2O\text{(氧化膜形成)}$$

阳极上的 Al 被氧化，且在表面上形成一层氧化铝薄膜的同时，由于阳极反应生成的 $H^+$ 和电解质 $H_2SO_4$中的 $H^+$ 都能使所形成的氧化膜发生溶解：

$$Al_2O_3 + 6H^+ \longrightarrow 2Al^{3+} + 3H_2O$$

作为阳极的铝制品在硫酸电解液中发生氧化，在阳极化初始的短暂时间内，其表面受到均匀氧化，生成极薄而又非常致密的膜。同时，由于硫酸溶液的作用，膜的最弱点(如晶界，杂质密集点，晶格缺陷或结构变形处)发生局部溶解，而出现大量孔隙，即原生氧化中心，使基体金属能与进入孔隙的电解液接触，电流得以继续传导。新生成的氧离子则用来氧化基体金属，并以孔底为中心而展开，最后与旧膜汇合，在旧膜与金属表面形成一层新膜，使得局部溶解的旧膜如同得到“修补”似的。

影响铝阳极氧化的因素有：①氧化时间。随着氧化时间的延长，膜不断溶解或得到修补，氧化反应得以向纵深发展，从而使制品表面生成由薄而致密的内层和厚而多孔的外层所组成的氧化膜。其内层(阻挡层、介电层、活性层)厚度至氧化结束基本都不变，位置却不断向深处推移；在一定的氧化时间内随时间而增厚。②电解液浓度。要使 $Al_2O_3$氧化膜顺利形成，并达到一定厚度，必须使电极上氧化膜形成的速率大于氧化膜溶解的速率，这要通过控制一定的氧化条件来实现。如果是在强酸电解液中，阳极上的金属离子不断地从金属本体溶解，根本不能形成氧化膜；若在弱酸中，阳极产物在电解液中不溶解，则氧化膜很快形成并覆盖金属，电阻增大，使电化学反应不能正常进行而不能形成所需厚度的氧化膜，所以要严格控制硫酸的浓度。

铝的阳极氧化要求形成的膜既有一定厚度，又要在膜上有均匀的孔隙，以保证电流的通过。这是一个既有膜的生长又伴随膜的溶解的电极过程。由于膜的不断生长与加厚，致使电阻不断增加，从而使膜的生长速率渐缓，此时膜的形成速率与膜的溶解速率达到动态平衡，膜的厚度就不会变化了。

**2. 氧化膜的封闭处理**

氧化膜的表面是由多孔层构成的，其比表面积大，具有很高的化学活性。这些孔隙既可吸附染料，也可吸附结晶水。由于吸附性强，如不及时处理，也可能吸附杂质而被污染，所以要及时进行填充处理，从而提高多孔膜的强度等性能。

氧化膜封闭处理的方法很多，如沸水法、高压蒸汽法、浸渍金属盐法和填充有机物(油、合成树脂)法等。众多方法中应用最广的是沸水法。沸水法是将铝片放入沸水中煮，其原理是利用无水 $Al_2O_3$发生水化作用，反应如下：

$$Al_2O_3 + H_2O \longrightarrow Al_2O_3 \cdot H_2O$$

$$Al_2O_3 + 3H_2O \longrightarrow Al_2O_3 \cdot 3H_2O$$

由于氧化膜表面和孔壁的三氧化二铝水化的结果，使氧化物体积增大，将孔隙封闭。

**3. 氧化膜质量检验**

(1) 绝缘性检验　利用自行设计的串联小灯泡的电路或万用表，试验铝片氧化部分与未氧化部分的绝缘性能。

(2) 耐腐蚀性　在铝片阳极氧化处理的部分和未阳极氧化部分各加一滴 $K_2Cr_2O_7$盐酸溶液，观察反应。比较这两部分产生气泡和液滴变绿时间的快慢。其反应如下：

$$Al_2O_3 + 6HCl = 2AlCl_3 + 3H_2O$$

$$2Al + 6HCl = 2AlCl_3 + 3H_2\uparrow$$

$$2Al + K_2Cr_2O_7 + 14HCl = 2AlCl_3 + 2CrCl_3 + 2KCl + 7H_2O$$

## 实验要求

(1) 采用对比法或正交实验法、探究各种条件(温度、时间、浓度、电解液、电解电压等)对铝阳极氧化影响的实验方案。

(2) 探讨铝在阳极氧化过程中，影响氧化膜厚度(要求厚度控制在 0.01 ~ 0.1μm 之间)的各种因素。

(3) 检验不同条件下形成的氧化膜的绝缘性能和耐腐蚀性。

(4) 报告必须通过分析、讨论，得出铝阳极氧化的最佳条件。

(5) 以研究论文形式提交实验报告。

## 实验指导

(1) 实验时要注意，当某个影响因素变化时，其他工艺条件必须是固定的，尽量在最佳条件下进行实验。例如，研究电解电压(电流)对氧化膜形成过程的影响时，必须在固定电解质的浓度、温度及时间的条件下，在不同电解电压(电流)条件下进行实验。

(2) 实验流程为：铝片的表面预处理(有机溶剂除油→碱洗→酸洗)→阳极氧化→氧化

膜封闭处理→氧化膜质量检查。

（3）表面预处理的目的是清洁铝的表面。关键是：①用镊子夹棉花球蘸苯擦洗铝片，再用酒精擦洗，最后用自来水冲洗（除油后的铝片不能再用手去拿）。②将铝片放在 333.2～343.2K 的 $2mol \cdot L^{-1}$ NaOH 溶液中浸 1min，取出后用自来水冲洗。③将铝片放在 10% $HNO_3$溶液中浸 1min，中和铝片表面的碱液，取出后用自来水冲洗，然后放在水中待用。

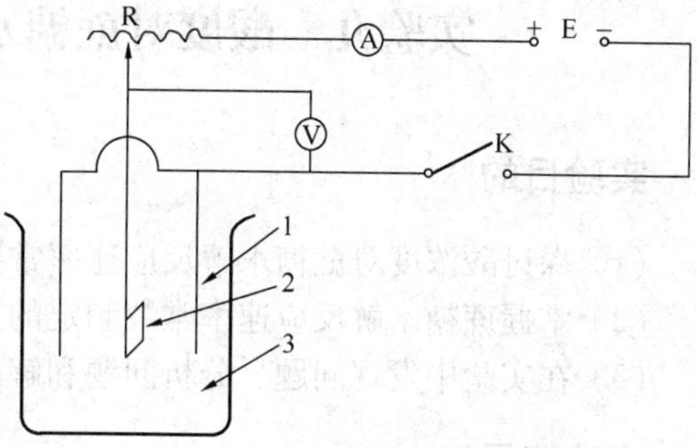


图 4-6　铝阳极氧化装置示意图

E—直流电源；A—电流表；V—电压表；K—单刀开关；R—电阻；1—阴极铅棒；2—阳极铝片；3—氧化槽

（4）铝的阳极氧化可采用直流稳压电源，铝片做阳极，铅或铂做阴极。图 4-6 为铝阳极氧化装置示意图。参考工艺条件：①电解液的硫酸浓度为 20% 左右。②电流密度为 $15mA \cdot cm^{-2}$，通电时间为 20min 左右。

（5）氧化膜封闭处理可采用沸水法。沸水法是将铝制品浸入纯水中煮沸约 30min，氧化膜与水反应生成 $Al_2O_3 \cdot H_2O$，体积膨胀而将孔封闭。当水温低于 30℃ 时，可能生成 $Al_2O_3 \cdot 3H_2O$，它是不稳定的、可塑性的水化物，耐蚀性差，所以沸水法一定要在 95～100℃下进行。另外，水的 pH 值应控制在 4.5～6.5 之间，若 pH 值太高会造成“碱蚀”。煮沸后取出，放入无水酒精中数秒后再晾干。

（6）实验进行之后，可从反应过程、膜的微观结构等方面进一步讨论影响膜质量的因素。

（7）阳极氧化前必须将铝片表面进行预处理。

（8）在氧化过程中，$H_2SO_4$会使 $Al_2O_3$膜部分溶解，所以要控制氧化条件，使氧化膜的生成速度大于溶解速度，才可得到一定厚度的氧化膜。

（9）氧化后的铝片不得用热水洗和用手摸。

## 实验思考

1. 为什么要对金属制品进行阳极氧化处理？
2. 影响铝阳极氧化的因素有哪些？
3. 铝阳极氧化膜为何要进行封孔处理？

### 参考文献


1. 景茂，谷丰，赵旭辉，左禹．铝阳极氧化膜的半导体特性．物理化学学报[J]，2008，24(1)：147～148
2. 宋蓓蓓，刘莹红，杜长海．铝阳极氧化材料的研究进展．化学工程师[J]，2008，22(11)：32～35
3. 籍淑珍，籍淑萍．铝型材阳极氧化后沸水法封孔改为冷封孔工艺．轻合金加工技术[J]，2008，36(7)：33～35
4. 王雨顺，丁毅，马立群．铝及铝合金阳极氧化膜的封孔工艺研究进展．表面技术[J]，2010，39(4)：87～90
5. 张莹，王桂香．铝阳极氧化膜的研究进展，电镀与环保[J]，2010，30(4)：5～9
6. 程沪生．纯铝阳极氧化染色．电镀与涂饰[J]，2010，29(9)：33～35

# 实验九　酸度对蔗糖水解反应速率常数的影响

## 实验目的

(1) 探讨酸浓度对蔗糖水解反应速率常数影响的因素；

(2) 掌握蔗糖水解反应速率常数测定的方法；

(3) 在实验中发现问题、分析问题和解决问题。

## 实验背景

蔗糖是人类基本的食品添加剂之一，是光合作用的主要产物，广泛分布于植物体内，特别是甜菜、甘蔗和水果中含量极高。蔗糖及蔗糖溶液在热、酸、碱、酵母等的作用下，会产生各种不同的化学反应。结晶蔗糖加热至160℃，便熔化成为浓稠透明的液体，冷却时又重新结晶。加热时间延长，蔗糖即分解为葡萄糖及脱水果糖。蔗糖溶液为酸性时，蔗糖转化更快。浓酸对糖液的分解作用影响剧烈，如浓硫酸能使固体蔗糖迅速脱水，焦化成为黑色产物。在纯蔗糖溶液中，只要有少量的游离酸存在，就能使蔗糖的转化作用迅速进行。

1850 年，法国化学家 L. F. Wilhelmy 用旋光仪研究蔗糖在酸存在下的转化速率，以及不同的实验数据处理方法，采用微分方程表示反应进程，第一个提出表达简单类型的化学反应速率的普遍公式，并开始了对化学反应速率的定量研究。

反应速率常数是化学反应一个重要的动力学参数。根据化学反应原理，要测定化学反应速率，必须测出在不同反应时刻的反应物(或生成物)的浓度，绘制出物质浓度随时间的变化曲线，然后从图上求出不同反应时刻的速率。

测定反应物(或生成物)在不同反应时刻的浓度一般可用化学方法和物理方法。化学方法是在某一时刻取出一部分物质，并设法迅速使反应停止，然后进行化学分析，这样可直接得到不同时刻某物质浓度的数值，但实验操作往往较繁。物理方法是在反应过程中对某一种与物质浓度有关的物理量进行连续监测，获得一些原位反应的数据。

研究蔗糖水解这一经典实验，从简单类型的假一级反应实验方法测量表观速率常数，到研究催化剂浓度对反应速率的影响，以及探讨不同的实验数据处理方法等多方面入手，进行一个比较完整的动力学实验研究。这对于更好地掌握并运用动力学实验的研究方法、培养逻辑思维能力是十分有益的。

蔗糖在酸催化作用下的水解反应为：

$$C_{12}H_{22}O_{11} + H_2O \xrightarrow{\text{酸催化}} C_6H_{12}O_6\ (\text{葡萄糖}) + C_6H_{12}O_6\ (\text{果糖})$$

影响蔗糖水解反应速率的因素有反应温度、蔗糖和水的浓度、酸催化剂的种类和浓度等。在催化剂种类和实验温度一定的情况下，此反应的速率方程可写为：

$$-\frac{dc_{C_{12}H_{22}O_{11}}}{dt} = kc_{C_{12}H_{22}O_{11}}c_{H_2O}c_{H^+} \tag{4-32}$$

式中 $k$ 为速率常数。

对于蔗糖的稀溶液，由于水是大量存在的，尽管有部分水分子参加了反应，仍可近似地认为整个实验过程中水的浓度是恒定的；同时，催化剂 $H^+$ 的浓度也保持不变。因此反应的速率方程可写为：

$$-\frac{dc_{C_{12}H_{22}O_{11}}}{dt}=k'c_{C_{12}H_{22}O_{11}} \tag{4-33}$$

式中 $k'=kc_{H_2O}c_{H^+}$，为反应的表观速率常数，与酸催化剂的种类和浓度有关。由于 $k'$ 中包含了 $H^+$ 的影响，因此蔗糖转化反应可称为假一级反应或准一级反应。

设 $C_{12}H_{22}O_{11}$ 的起始浓度为 $c_0$，反应 $t$ 时刻浓度为 $c$，将式(4-33)积分，可得到：

$$\ln c=-k't+B \tag{4-34}$$

或：

$$\ln\frac{c_0}{c}=k't \tag{4-35}$$

蔗糖、葡萄糖和果糖都是旋光性物质，所以可用反应液旋光度的变化来代替蔗糖浓度的变化。在一定温度下，对于一定波长的光源和一定长度的旋光管，旋光性物质溶液的旋光度变化 $\alpha$ 与溶液的浓度成正比：

$$\alpha=Kc \tag{4-36}$$

对于由两种或几种旋光性物质组成的混合溶液，其旋光度则是各物质旋光度之和：

$$\alpha=K_1c_1+K_2c_2+\cdots\cdots+K_nc_n \tag{4-37}$$

显然，在蔗糖转化反应中，当反应开始时($t=0$)，反应液的旋光度 $\alpha_0$ 与反应物蔗糖的初始浓度 $c_{0,蔗}$ 成正比：

$$\alpha_0=K_{蔗}c_{0,蔗} \tag{4-38}$$

当反应时间为 $t$ 时，蔗糖的浓度为 $c_{蔗}$，而葡萄糖、果糖的浓度均为 $c_{0,蔗}-c_{蔗}$，根据式(4-37)，此时反应液的旋光度应为：

$$\alpha_t=K_{蔗}c_{蔗}+K_{葡}(c_{0,蔗}-c_{蔗})+K_{果}(c_{0,蔗}-c_{蔗}) \tag{4-39}$$

当 $t=\infty$ 时，蔗糖转化完毕，此时反应液的旋光度 $\alpha_\infty$ 应与浓度为 $c_{0,蔗}$ 的葡萄糖和果糖溶液相对应，即：

$$\alpha_\infty=K_{葡}c_{0,蔗}+K_{果}c_{0,蔗} \tag{4-40}$$

联立以上不同时间的 $\alpha$ 表达式，可得：

$$\ln(\alpha_t-\alpha_\infty)=-k_{蔗}t+\ln(\alpha_0-\alpha_\infty) \tag{4-41}$$

以 $\ln(\alpha_t-\alpha_\infty)$ 对 $t$ 作图为一直线，表明蔗糖转化反应对 $c_{蔗}$ 是一级反应，由直线的斜率求得表观反应速率系数 $k_{蔗}$。

需要指出的是蔗糖和葡萄糖都是右旋性物质，果糖是左旋性物质，而且果糖的左旋性比葡萄糖的右旋性大，所以在反应过程中溶液的右旋角不断减小，而当反应完毕后溶液呈左旋性，即 $\alpha_\infty$ 为负值。$\alpha_\infty$ 的获得方法有：

①将反应液保留好，48h 后重新恒温观察其旋光度，此即为 $\alpha_\infty$。

②将反应液于 50~60℃加热约 40min，可认为蔗糖的水解反应基本完成，待冷却至实验温度后测得 $\alpha_\infty$。

将不同时刻测得的 $\alpha_t$ 和上述两方法测得的 $\alpha_\infty$ 代入 $\ln(\alpha_t-\alpha_\infty)$，再以 $\ln(\alpha_t-\alpha_\infty)$ 对 $t$ 作图即可求出表观反应速率系数 $k_{蔗}$。

另外，也可以不测定 $\alpha_\infty$ 而直接得出表观反应速率系数 $k_{蔗}$：

(1) Guggenheim 固定时间间隔数据处理法由式(4-41)可得：

$$\ln\frac{\alpha_t-\alpha_\infty}{\alpha_0-\alpha_\infty}=-k_{蔗}t \tag{4-42}$$

设在 $t$ 时：

$$\alpha_t-\alpha_\infty=(\alpha_0-\alpha_\infty)\exp(-k_{蔗}t) \tag{4-43}$$

在 $t+\Delta t$ 时： $\alpha_{t+\Delta t}-\alpha_{\infty}=(\alpha_0-\alpha_{\infty})\exp[-k_{蔗}(t+\Delta t)]$ (4-44)

取 $\Delta t$ 为固定时间间隔，两式相减后，等式两边再同时取对数，则有：

$$\ln(\alpha_t-\alpha_{t+\Delta t})=-k_{蔗}t+\ln\{(\alpha_0-\alpha_{\infty})[1-\exp(-k_{蔗}\Delta t)]\} \tag{4-45}$$

以 $\ln(\alpha_t-\alpha_{t+\Delta t})$ 对 $t$ 作图，斜率为 $k_{蔗}$。

（2）微分法　将式(4-41)微分可得：

$$\frac{d\alpha_t}{dt}=k_{蔗}(\alpha_t-\alpha_{\infty}) \tag{4-46}$$

先绘制 $\alpha_t-t$ 曲线，然后在曲线的不同时刻($t$)作切线，求得 $\frac{d\alpha_t}{dt}$。再以 $\frac{d\alpha_t}{dt}$ 对相应的 $\alpha_t$ 作直线，斜率为 $k_{蔗}$。

反应速率常数 $k_{蔗}$随酸催化剂(如 HCl、$HNO_3$、$H_2SO_4$和 HAc)的不同或同一种酸催化剂浓度的不同而不同。一般认为 $H^+$浓度较低时，速率常数与 $H^+$浓度成正比；但当 $H^+$浓度增加时，速率常数则和 $H^+$浓度不成比例，而且酸催化剂的种类不同对反应速率常数的影响也不一样。有文献指出，在30℃用 HCl 和 $H_2SO_4$作催化剂，$H^+$浓度在 1~3mol·L$^{-1}$范围之内速率常数 $k'$与 $H^+$浓度的关系分别如下：

$$k'_{HCl}=1.8\times10^{-3}+23.70\times10^{-3}\cdot c_{H^+}(mol\cdot dm^{-1})^{1.623}\cdot(min^{-1})$$

$$k'_{H_2SO_4}=1.8\times10^{-3}+8.296\times10^{-3}\cdot c_{H^+}(mol\cdot dm^{-1})^{1.554}\cdot(min^{-1})$$

## 实验要求

（1）设计用不同浓度的同种酸作催化剂时反应表观速率常数的测定方案；

（2）研究不同酸度对蔗糖转化反应速率常数的影响。

（3）分别用 Guggenheim 固定时间间隔法、微分法及以 $\ln(\alpha_t-\alpha_{t+\Delta t})$ 对 $t$ 作图法计算表观反应速率常数 $k_{蔗}$，并与文献值相比较，进行误差分析。

（4）讨论不同实验方法和不同数据处理方法计算表观反应速率常数 $k_{蔗}$的优缺点。

（5）以研究论文形式提交实验报告。

## 实验指导

（1）实验时需测定旋光仪的零点。旋光仪接通电源，点亮钠光灯，约5~10min，待光源正常后，测零点。

（2）温度对反应速率常数影响很大。严格控制温度是做好本实验的关键。建议反应开始时，溶液混合的操作在恒温箱中进行。为促使反应完全，在50~60℃恒温时，温度不能超过60℃，否则将会发生脱水副反应，使反应液变黄，影响测量结果。

（3）以 $\ln(\alpha_t-\alpha_{t+\Delta t})$ 对 $t$ 作图法计算表观反应速率常数 $k_{蔗}$时，一般从溶液混合到测得第一个读数时间控制在3~5min 内。

（4）Guggenheim 固定时间间隔法中，若时间间隔 $\Delta t$ 值取得太小，会导致实验结果的误差较大，一般取30min 左右为宜。

（5）本实验中旋光度的测定应当使用同一台仪器和同一支旋光管，并且旋光管在旋光仪中放置的位置和方向始终保持一致。

（6）液体装入旋光管后，管内不能有大气泡，光路内不能有气泡。如有小气泡，可将其赶至旋光管的凸部。

(7) 旋光管管盖只要旋至不漏水即可，过紧的旋钮会损坏旋光管，或因玻片受力产生应力而致使有一定的假旋光。

(8) 每次测量后，应将旋光管取出，下次测量前再放入，避免仪器升温给测量带来误差。

(9) 旋转手轮(旋转检偏镜)时，动作不能过猛，并尽可能顺时针旋转。

(10) 旋光仪中的钠光灯不宜长时间开启，测量间隔较长时，应熄灭，以免损坏。

(11) 实验中所用的盐酸对旋光仪有腐蚀性，旋光管必须擦净后才能放入旋光仪。实验结束时，必须将旋光管和仪器彻底洗净，并用滤纸吸干水分，以保持仪器的洁净和干燥。

## 实验思考

1. 蔗糖浓度、盐酸浓度对反应速率常数有什么影响？
2. 测定旋光度时，某一时刻数据未来得及测出怎么办？
3. 旋光管内有小气泡怎么办？
4. 旋光仪的零点是怎么设计的？

### 参考文献

1. 复旦大学. 物理化学实验[M](第三版). 北京：高等教育出版社，2004
2. 孙尔康，徐维清，邱金恒编. 物理化学实验[M](第一版). 南京：南京大学出版社，2002
3. 朱艳，杨文春，党微. 盐酸催化蔗糖水解中反应速率常数和盐酸浓度等温关系式. 天然产物研究与开发[J]，2007，19(6)：1067~1069
4. 陈文娟，胡治元. "蔗糖水解反应速率常数测定"实验数据处理的改进. 洛阳工业高等专科学校学报[J]，2004，14(3)：41~42
5. 陈瑞战，高宏伟，王晓菊. 酸催化蔗糖水解反应机理的研究. 长春师范学院学报[J]，1999，18(5)：19~21
6. 艾佑宏，吴慧敏，吴琼. 蔗糖水解实验数据处理方法的改进. 化学研究[J]，2007，18(1)：80~83
7. 梁敏，邹东恢，赵桦萍. 蔗糖水解反应速率常数测定实验的改进. 高师理科学刊[J]，2002，22(3)：83~86

# 实验十　影响反应速率常数因素的探究

## 实验目的

(1) 了解影响化学反应速率常数的影响因素；

(2) 掌握化学反应速率常数的测定方法。

## 实验背景

皂化反应是在碱(通常为强碱)催化下酯发生水解生成醇和羧酸盐的反应。狭义地讲，皂化反应仅限于油脂与氢氧化钠或氢氧化钾混合，得到高级脂肪酸的钠/钾盐和甘油的反应。例如，肥皂就是用油脂和氢氧化钠溶液起皂化反应而生成的高级脂肪酸钠盐。

$$RCOOR' + NaOH \longrightarrow RCOONa + R'OH$$

这个反应最初应用于动、植物油脂(硬脂酸、软脂酸和油酸的混合甘油酯)加氢氧化钠

（或氢氧化钾）水解来制造肥皂（脂肪酸钠/钾），因此这类反应被称为皂化反应。它的化学反应机理于1823年被法国 Eugène Chevreul 提出。

乙酸乙酯皂化反应是一个典型的二级反应。在基础实验教学中普遍采用电导法测定其速率常数，但测定时要保证强电解质溶液的浓度与电导成正比例关系，需要氢氧化钠和乙酸乙酯的浓度足够低，故配制溶液时易产生误差而影响结果。因此，若采用准一级反应的方法（乙酸乙酯的浓度远大于氢氧化钠的浓度）可改善实验的结果。除此之外，也可采用 pH 值法测定反应速率常数：用酸度计测定反应溶液的 pH 值，得到各个时刻溶液中 $OH^-$ 的浓度，通过作线性关系图并结合反应速率常数与该直线斜率之间的关系求出反应速率常数 $k$。另外，反应系统中 $CH_3COOC_2H_5$、NaOH 和 $CH_3COONa$ 在紫外光区均有吸收，故还可采用分光光度法测定皂化反应的速度常数。

设 $a$ 和 $b$ 分别为氢氧化钠和乙酸乙酯的初始浓度，该反应系统在不同反应时刻（$t$）各组分的浓度表示为：

| | $CH_3COOC_2H_5$ + | NaOH ══ | $CH_3COONa$ + | $C_2H_5OH$ |
|---|---|---|---|---|
| $t=0$ 时 | $b$ | $a$ | 0 | 0 |
| $t=t$ 时 | $b-x$ | $a-x$ | $x$ | $x$ |

该反应速率可表示为：

$$\frac{dx}{dt}=k(a-x)(b-x) \qquad (4-47)$$

式（4-47）中 $k$ 为反应速率常数。

测定乙酸乙酯皂化反应速率常数的常用方法如下。

**1. 准一级反应法**

若反应开始（$t=0$）时乙酸乙酯的浓度远大于氢氧化钠的浓度（$b \gg a$），则 $t$ 时刻乙酸乙酯的浓度 $b-x \approx b$，所以，反应速率可表示为：

$$\frac{dx}{dt}=kb(a-x)=k'(a-x) \qquad (4-48)$$

此时，皂化反应表现为准一级反应，式（4-48）中 $k'$ 为准一级反应的速率常数，$k'=kb$。因此，可以用准一级反应的方法测定 $k'$，再由 $k'/b$ 求出速率常数 $k$。

对于准一级反应，速率方程的积分表达式为：

$$\ln\frac{a}{a-x}=k't \qquad (4-49)$$

混合强电解质稀溶液的电导 $G$ 可表示为各组分电解质的电导 $G_i$ 之和：

$$G=\sum_i G_i \qquad (4-50)$$

第 $i$ 种电解质的电导 $G_i$ 与该电解质的摩尔电导率 $\Lambda_{m,i}$，该电解质的物质的量浓度 $c_i$，电导池的电极面积 $A$ 及电极距离 $l$（或电导池常数 $\frac{A}{l}$）的关系为：

$$G_i=\Lambda_{m,i}\left(\frac{A}{l}\right)c_i \qquad (4-51)$$

在稀溶液中，$\Lambda_{m,i}\approx\Lambda_{m,i}^{\infty}$，$\Lambda_{m,i}^{\infty}$ 为第 $i$ 种电解质的的无限稀释摩尔电导率，在恒定温度下为一常数。恒温且电导池常数固定时，上式可写作：

$$G_i=K_i c_i \qquad (4-52)$$

式(4－52)中：

$$K_i = \Lambda_{m,i}\left(\frac{A}{l}\right) \approx \Lambda_{m,i}^{\infty}\left(\frac{A}{l}\right) \quad (4-53)$$

由式(4－52)和式(4－53)可知，在恒温及电导池固定的条件下，混合强电解质稀溶液中第 $i$ 种电解质对溶液电导的贡献与该电解质的物质的量浓度 $c_i$ 成正比。而比例常数 $K_i$ 由电解质的本性、温度和电导池常数决定。

对于乙酸乙酯皂化反应，反应中溶液的电导由氢氧化钠（$a-x$）和乙酸钠浓度($x$)决定。

所以，设 $t=0$ 时刻电导为 $G_0$，则 $G_0$ 表示为：

$$G_0 = K_{NaOH} \cdot a \quad (4-54)$$

设 $t$ 时刻的电导为 $G_t$，则 $G_t$ 表示为：

$$G_t = K_{NaOH}\ (a-x) + K_{NaAc}x \quad (4-55)$$

设反应终了 $t=\infty$ 时电导为 $G_\infty$，则 $G_\infty$ 表示为：

$$G_\infty = K_{NaAc} \cdot a \quad (4-56)$$

$K_{NaOH}$ 和 $K_{NaAc}$ 分别表示氢氧化钠和乙酸钠的比例系数。

由式(4－54)、式(4－55)和式(4－56)式可得：

$$G_0 - G_t = (K_{NaOH} - K_{NaAc})x \quad (4-57)$$

$$G_0 - G_\infty = (K_{NaOH} - K_{NaAc})a \quad (4-58)$$

将式(4－57)和式(4－58)代入式(4－49)可得：

$$\ln\frac{G_0 - G_\infty}{G_t - G_\infty} = k't \quad (4-59)$$

因此，以 $\ln\frac{G_0 - G_\infty}{G_t - G_\infty}$ 对 $t$ 作图为一直线，斜率为 $k'$，再由 $k'/b$ 即可求出速率常数 $k$。

**2. pH 值法**

当乙酸乙酯和氢氧化钠初始浓度相同，即 $a=b$ 时，式(4－47)可简化为

$$\frac{dx}{dt} = k\ (a-x)^2 \quad (4-60)$$

式(4－61)积分简化得：

$$\frac{x}{a\ (a-x)} = kt \quad (4-61)$$

当乙酸乙酯和氢氧化钠初始浓度不大时（$<0.01\mathrm{mol \cdot L^{-1}}$），系统的离子强度变化不大，$t$ 时刻 $OH^-$ 浓度和溶液 pH 值的关系可表示为

$$a - x = 10^{(pH-14)} \quad (4-62)$$

将式(4－62)代入式(4－61)可得：

$$\frac{a - 10^{(pH-14)}}{10^{(pH-14)}} = kat \quad (4-63)$$

因此，以 $\frac{a - 10^{(pH-14)}}{10^{(pH-14)}}$ 对 $t$ 作图为一直线，斜率为 $ka$，即可求出速率常数 $k$。

**3. 分光光度法**

反应系统中 $CH_3COOC_2H_5$、NaOH 和 $CH_3COONa$ 在紫外光区均有吸收，当乙酸乙酯和氢氧化钠初始浓度相同，即 $a=b$ 时，根据 Lambert－Beer 定律系统在 $t$ 时刻的吸光度可表

示为：

$$A_t = (\varepsilon_1 + \varepsilon_2)(a - x)l + \varepsilon_3 xl \tag{4-64}$$

式(4－64)中：$A_t$为 $t$ 时刻系统的吸光度；$\varepsilon_1$、$\varepsilon_2$ 和 $\varepsilon_3$ 分别表示$CH_3COOC_2H_5$、NaOH 和 $CH_3COONa$的摩尔吸光系数，$m^2 \cdot mol^{-1}$；$(a-x)$为 $CH_3COOC_2H_5$和 NaOH 的浓度，$mol \cdot m^{-3}$；$x$ 为 $CH_3COONa$ 的浓度，$mol \cdot m^{-3}$；$l$ 为比色皿长度，m。

将式(4－64)代入式(4－61)可得：

$$\frac{A_t - a(\varepsilon_1 + \varepsilon_2)l}{(a\varepsilon_3 l - A_t)a} = kt \tag{4-65}$$

因此，确定一定温度下 $CH_3COOC_2H_5$、NaOH 和 $CH_3COONa$ 的摩尔吸光系数后，测定反应系统不同时刻的吸光度 $A_t$，以 $\frac{A_t - a(\varepsilon_1 + \varepsilon_2)l}{(a\varepsilon_3 l - A_t)a}$ 对 $t$ 作图为一直线，由直线斜率即可求出速率常数 $k$。

## 实验要求

(1) 设计至少采用两种方法测定乙酸乙酯皂化反应速率常数的实验方案。

(2) 报告中必须讨论不同方法测定乙酸乙酯皂化反应速率常数的优缺点。

(3) 以小论文形式提交实验报告。

## 实验指导

(1) 反应速率随温度的不同而不同，三种方法测定时均要在恒定的温度下进行。

(2) 氢氧化钠溶液和乙酸乙酯溶液需先恒温后再充分混合反应并计时。

(3) pH 值法和分光光度法中氢氧化钠溶液的浓度须标定(可用邻苯二甲酸氢钾)，且 $CH_3COOC_2H_5$和 NaOH 的浓度要相等。

(4) 分光光度法中须用石英比色皿，且不能用手触摸光面的表面。实验中要以蒸馏水为参比，确定反应系统中各物质的吸收波长，选定实验所用波长。在选定波长和指定温度下，以蒸馏水为参比，分别测定 $CH_3COOC_2H_5$、NaOH 和 $CH_3COONa$ 三种溶液的吸光度，根据 Lambert－Beer 定律分别求出其摩尔吸光系数。

(5) 准一级反应法需用电导水，并避免接触空气及灰尘杂质落入。酯与碱的混合应该小心、完全，一般应在半分钟内使叉型电导池管的酯、碱溶液反复混合数次为宜。

(6) 配好的 NaOH 溶液要防止空气中的 $CO_2$气体进入。

(7) 乙酸乙酯溶液需临时配制，配制时动作要迅速，以减少挥发损失。

(8) 准一级反应法中 $G_0$、$G_t$和 $G_\infty$ 的测定可参考基础实验“电导法测定乙酸乙酯皂化反应的速率常数”。

(9) pH 计测量完毕后，要关闭电源，冲洗电极并浸泡于蒸馏水中。

(10) 测定溶液吸光度时，须用擦镜纸轻轻擦干比色皿外部，以保持比色皿干燥。

## 实验思考

1. 比较三种测定方法，各有何优缺点？
2. 利用反应物、产物的某物理性质间接测量浓度进行动力学研究，应满足哪些条件？
3. pH 值法中，若氢氧化钠的初始浓度大于乙酸乙酯的初始浓度，如何测定速率常数 $k$？

4. 配制溶液所用的水中若含有不与反应物和生成物发生反应的电解质时，对测定结果有无影响？

## 参考文献


1. 复旦大学．物理化学实验[M](第三版)．北京：高等教育出版社，2004
2. 邵水源，刘向荣，庞利霞，马璐瑶．pH值法测定乙酸乙酯皂化反应速率常数．西安科技学院学报[J]，2004，24(2)：196~199
3. 陆嘉星，刘静霞，陈龙武．乙酸乙酯皂化反应动力学数据测定的紫外光度法．化学通报[J]，1988，11：55~56
4. 陈小立，李国维．电导法测乙酸乙酯皂化反应的动力学数据处理．纺织高校基础科学学报[J]，2000，13(2)：168~170
5. 刘宁．用酸度计直接测定乙酸乙酯皂化反应的速率常数初探．毕节师范高等专科学校学报[J]，1999，(3)：27~28
6. 玉占君，张文伟，任庆云．电导法测定乙酸乙酯皂化反应速率常数的一种数据处理方法．辽宁师范大学学报[J](自然科学版)，2006，29(4)：511~512


# 实验十一　表面活性剂溶液临界胶束浓度测定

## 实验目的

(1) 了解表面活性剂的特性及胶束形成原理；
(2) 掌握溶液临界胶束浓度(CMC)的定义及常用测定方法；
(3) 不同测定方法测定表面活性剂溶液的CMC值进行优劣比较。

## 实验背景

表面活性剂，被誉为“工业味精”，是指具有固定的亲水亲油基团，在溶液的表面能定向排列，并能使表面张力显著下降的物质。它们的表面活性是对某特定的溶剂而言的，在通常情况下是水。表面活性剂是具有明显“两亲”性质的分子，既含有亲油的足够长的(大于10~12个碳原子)烃基，又含有亲水的极性基团(通常是离子化的)。表面活性剂可起洗涤、乳化、发泡、湿润、浸透和分散等多种作用，且表面活性剂用量少(一般为百分之几到千分之几)、操作方便、无毒无腐蚀，是较理想的化学用品，因此在生产上和科学研究中都有重要的应用。在浓度相同时，表面活性剂中非极性成分大，其表面活性强。即在同系物中，碳原子数多的表面活性较大。但碳链太长时，则因在水中溶解度太低而无实用价值。

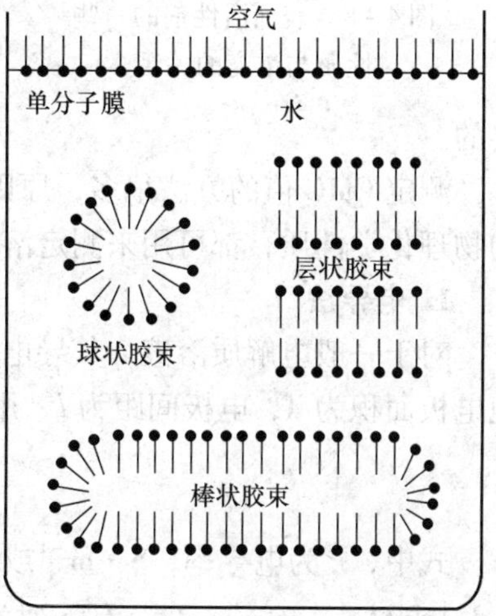


图4-7　表面活性剂在水中的排列形式

为了达到稳定，表面活性剂溶于水时可以采取两种方式(如图4-7)：

**1. 在液面形成单分子膜**

将亲水基(以球形表示)留在水中而将疏水基伸向空气，以减小排斥。而疏水基(以柱形表示)与水分子间的斥力相当于使表面的水分子受到一个向外的推力，抵消表面水分子原来受到的向内的拉力，亦即使水的表面张力降低。这就是表面活性剂的发泡、乳化和湿润作用的基本原理。在油-水系统中，表面活性剂分子会被吸附在油-水两相的界面上，而将极性基团插入水中，非极性部分则进入油中，在界面定向排列。这在油-水相之间产生拉力，使油-水的界面张力降低。这一性质对表面活性剂的广泛应用有重要的影响。

**2. 形成"胶束"**

当溶液表面吸附达到饱和后，进一步增加浓度，表面活性剂分子会立刻自相缔合，即疏水基相互靠拢，亲水基与水接触，形成胶束。胶束可为球形，也可是层状结构，都尽可能地将疏水基藏于胶束内部而将亲水基外露。如溶液中有不溶于水的油类(不溶于水的有机液体的泛称)，则可进入球形胶束中心和层状胶束的夹层内而溶解，这称为表面活性剂的增溶作用。以胶束形式存在于水中的表面活性剂是比较稳定的，表面活性剂在水中形成胶束所需的最低浓度称为临界胶束浓度(CMC)。

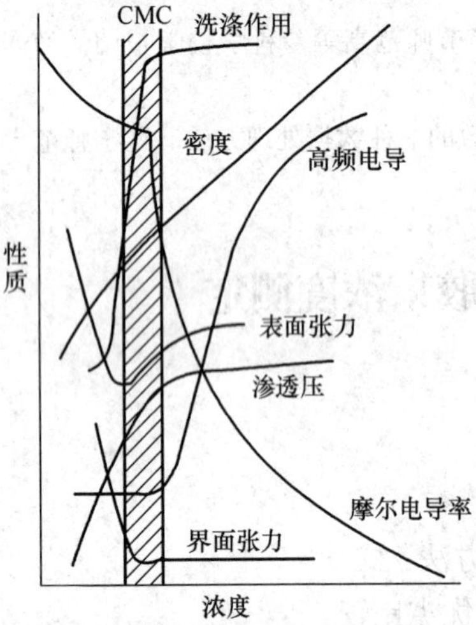

图4-8　表面活性剂的一些性质与浓度的关系

CMC值可看作是表面活性剂对溶液的表面活性的一种量度。CMC值越小，表示此种表面活性剂形成胶束所需浓度越低，达到表面饱和吸附的浓度越低。CMC值是使含有表面活性剂水溶液的性质发生显著变化的一个"分水岭"。在CMC点以上，由于溶液的结构改变导致其物理及化学性质(如表面张力、电导、渗透压和密度等)与浓度的关系曲线出现明显的转折，系统的多种性质在CMC值附近都会发生一个比较明显的变化，如图4-8所示。因此，测定CMC值、掌握影响CMC值的因素，对于深入研究表面活性剂的物理化学性质是至关重要的。

测定CMC值的方法很多，原则上只要测定溶液中随表面活性剂浓度在CMC处发生突变的物理化学性质，都可用来测定溶液的CMC值。

**1. 电导法**

对于一般电解质溶液，其导电能力由电导 $G$，即电阻的倒数($1/R$)来衡量。若所用电导池电极面积为 $A$，电极间距为 $l$，用此电导池测定电解质溶液电导，则：

$$G = \frac{1}{R} = \kappa \frac{A}{l} \tag{4-66}$$

式中，$\kappa$ 为电导率，$S \cdot m^{-1}$ 或 $\Omega^{-1} \cdot m^{-1}$。电导率 $\kappa$ 和摩尔电导率 $\Lambda_m$（单位为 $S \cdot m^2 \cdot mol^{-1}$ 或 $\Omega^{-1} \cdot m^2 \cdot mol^{-1}$)有下列关系：

$$\Lambda_m = \frac{\kappa}{c} \tag{4-67}$$

式(4-67)中，$c$ 为电解质溶液的摩尔浓度，$mol \cdot m^{-3}$。

$\Lambda_m$ 随电解质浓度的改变而改变，对强电解质的稀溶液：

$$\Lambda_m = \Lambda_m^{\infty} - K\sqrt{c} \tag{4-68}$$

$\Lambda_m^{\infty}$ 为浓度无限稀时的摩尔电导，$K$ 为常数。

对于离子型表面活性剂溶液，当溶液浓度很稀时，电导的变化规律也和强电解质一样；但当溶液浓度达到临界胶束浓度时，随着胶束的生成，电导率发生改变，摩尔电导率急剧下降，这就是电导法测定 CMC 值的依据。

**2. 表面张力法**

测定不同浓度下表面活性剂溶液的表面张力，在浓度达到 CMC 时发生转折。以表面张力($\sigma$)对表面活性剂溶液浓度的对数($\lg c$)作图，由曲线的转折点来确定 CMC。测定液体表面张力的方法很多，实验中可采用最大气泡压力法。这一方法是将毛细管刚好与待测溶液面接触，在毛细管内加压，管端将在液体内形成一气泡，压力大到一定值时管端气泡破裂吹出，压力突然下降。根据 Laplace 方程，最大压力差 $\Delta p$ 与液体表面张力 $\sigma$ 及毛细管半径 $R$ 有下述关系 $\Delta p = 2\sigma/R$。实验中毛细管半径 $R$ 值一定，$\Delta p$ 与 $\sigma$ 成正比，所以以最大压力($\Delta p$)对表面活性剂浓度的对数($\lg c$)作图，由曲线的转折点来确定 CMC 值。

**3. 分光光度法**

胶束内部和液体状烃有相同的状态。在 CMC 以上的表面活性剂溶液中加入难溶于水的有机物时，有机物溶于胶束中，得到透明水溶液；难溶于水的有机物在 CMC 以下的表面活性剂溶液中的溶解度与在水中的溶解度几乎一样。浓度在 CMC 前后难溶于水的有机物在紫外吸收光谱上表现的最大吸收波长不同，利用这一现象就可以确定胶束形成时的浓度。即，首先测定添加物(难溶于水的有机物)水溶液的紫外吸收光谱，得到其最大吸收波长，然后配制系列浓度的表面活性剂溶液，加入同样量的添加物，测定紫外吸收光谱，此时曲线将发生位移。随着表面活性剂浓度的变化，位移也随之变化，求出其位移距离，绘制最大吸收波长变化-表面活性剂浓度曲线，曲线明显转折点处的浓度即为表面活性剂的 CMC 值。

## 实验要求

(1) 查阅相关文献，设计测定表面活性剂 CMC 值的实验方案(2 种以上方法)。

(2) 讨论不同方法测定 CMC 值的优缺点。

(3) 以研究论文形式提交实验报告。

## 实验指导

(1) 温度的变化将会影响表面张力的数值，所以实验必须在恒温条件下进行。

(2) 配制的溶液要保证表面活性剂完全溶解。

(3) CMC 值有一定的范围。

(4) 电导法适用于离子型表面活性剂 CMC 值的测定，对于具有较高活性的表面活性剂准确性高，但对于 CMC 值较大者因转折点不明显而不灵敏，准确性较差。过量无机盐的存在会降低测定灵敏度，因此配制溶液应该用电导水。

(5) 表面张力法无论对高表面活性还是低表面活性的表面活性剂，其 CMC 值的测量都具有相似的灵敏度，此法不受无机盐的干扰，也适用于非离子表面活性剂。

(6) 分光光度法简单、准确而有效，可测定多种表面活性剂(特别是混合表面活性剂系统)的 CMC 值，受无机盐等杂质影响较小。测定的关键是寻找一种理想的添加物(难溶于水的有机物)，其最大吸收波长对表面活性剂聚集体(或胶束)微环境下的性质要很敏感，其敏感性越强，CMC 值测定越可靠。

（7）电导法：①电极和不同浓度的溶液都要在一定温度的恒温水浴中恒温 5min；②配制溶液时浓度要准确；③清洗电导电极时，两个铂片不能有机械摩擦，可用电导水淋洗，后将其竖直，用滤纸轻吸，将水吸净，并且不能使滤纸沾洗内部铂片；④应由低到高的浓度顺序测量样品的电导率。

（8）气泡法：①仪器系统不能漏气；②毛细管应保持垂直，管口要和液面相切。毛细管末端要洁净，若沾有污物将会影响气泡排出。实验前首先应洗净毛细管和锥形瓶，通常先用温热的洗液洗涤，再分别用自来水及蒸馏水冲洗 2～3 次。每次测量前，必须用新的溶液洗涤毛细管的内壁及锥形瓶 2～3 次；③使气泡缓慢均匀地形成，若气泡排出过快或气泡大小不均，将造成 $\Delta p$ 变大而带来误差。

（9）分光光度法：实验中须用石英比色皿，且不能用手触摸光面的表面；测定溶液吸光度时，须用擦镜纸轻轻擦干比色皿外部，以保持比色皿干燥。

## 实验思考

1. 讨论不同方法的特点和每种方法所适用的表面活性剂类型。
2. 还有哪些方法可以测定表面活性剂的 CMC 值？
3. 若要知道所测得的 CMC 值是否准确，可用什么方法验证？

### 参考文献

1. 侯万国，孙德军，张春光．应用胶体化学[M]．北京：科学出版社，1998

2. Ana D，Aurora F，Noemi G，Emilia I，Luis M. Determination of critical micelle concentration of some surfactants by three techniques. J. Chem. Educ.，1997，74(10)：1227～1231

3. Saiyad A H，Bhat S G T，Rakshit A K. Physicochemical properties of mixed surfacant systems：sodium dodecyl benzene sulfonate with triton X 100. Colloid & Polymer Science，1998，276(10)：913～919

4. 赵喆，王齐放．表面活性剂临界胶束浓度测定方法的研究进展．实用药物与临床[J]，2010，13(2)：140～144

5. 蔡亮．电导法测定临界胶束浓度及胶束电动力学模型的建立．大学化学[J]，2003，18(1)：54～56

6. 秦晓琴，侯大庆，高春光，赵永祥．双十八烷基二甲基氯化铵水溶液 CMC 值的测定．分析试验室[J]，2007，26(2)：40～42

# 实验十二　溶液吸附法测定活性炭的吸附量及比表面积

## 实验目的

（1）了解 Langmuir 单分子层吸附理论及溶液法测定比表面积的基本原理；

（2）掌握用亚甲基蓝水溶液吸附法测定活性炭的吸附量及比表面积的方法。

## 实验背景

活性炭是一种含碳材料制成的外观呈黑色、内部孔隙结构发达、比表面积大、吸附能力强的一类微晶质碳素材料，是一种常用的吸附剂、催化剂或催化剂载体。活性炭按原料来源可分为：木质活性炭、果壳活性炭、兽骨/血活性炭、矿物原料活性炭、合成树脂活性炭、橡胶/塑料活性炭、再生活性炭等；活性炭按外观形态可分为：粉状、颗粒状、不规则颗粒状、圆柱形、球形和纤维状等。活性炭的应用极其广泛，其用途几乎涉及所有的国民经济行业和人们日常生活，如水质净化、黄金提取、糖液脱色、药品针剂提炼、血液净化、空气净化、人体安全防护等。

活性炭是利用优质无烟煤、木炭或各种果壳等作为原料，通过物理或化学方法经过特殊工艺加工的，具有发达孔隙结构和比表面积的一种炭制品。由于活性炭这种特殊的空隙结构，使得它具有极强的吸附能力，因此被广泛用于空气净化、防毒防护、水处理、溶剂脱色等产业及民用领域。

在固－气和固－液界面上进行吸附时，在一定温度和压力(或浓度)下，一定量吸附剂吸附的吸附质的量称为吸附量。实际应用中大多规定以1g(或1$m^2$)吸附剂上之吸附量表示，也称比吸附量。常用单位有：$g\cdot g^{-1}$，$g\cdot m^{-2}$，$mol\cdot g^{-1}$，$mol\cdot m^{-2}$，$mL\cdot g^{-1}$，$mL\cdot m^{-2}$等。在气液界面上的吸附量单位多用$mol\cdot cm^{-2}$。对于指定的吸附剂和吸附质，吸附量的大小由吸附温度和吸附平衡时气体压强(或溶质浓度)决定。吸附量是吸附研究中最重要的物理量，对于了解和比较吸附剂与吸附质的作用、吸附剂的优劣、吸附条件等有重要意义。

比表面积，简称比表面，是指单位质量(或单位体积)物质所具有的表面积，单位为$m^2\cdot g^{-1}$，其数值与分散粒子大小有关，是衡量材料催化、气敏等性能的重要指标。固体比表面常用的测定方法有溶液吸附法、BET低温吸附法、电子显微镜法和气相色谱法等。其中溶液吸附法仪器简单，操作方便。

**1. 饱和吸附量和比表面积的求算**

水溶性染料的吸附已应用于测定固体比表面积，在所有的染料中亚甲基蓝具有最大的吸附倾向。研究表明，活性炭在一定的温度和浓度范围内，对亚甲基蓝可以进行单分子的饱和吸附，符合Langmuir吸附理论。Langmuir吸附理论的基本假定是：固体表面是均匀的，吸附是单分子层吸附，吸附剂一旦被吸附质覆盖就不能再吸附，在吸附平衡时，吸附和脱附建立动态平衡，有如下等温吸附方程：

$$\Gamma = \Gamma_{\infty}\frac{Kc}{1+Kc} \qquad (4-69)$$

式(4－69)中：$\Gamma_{\infty}$为饱和吸附量，即每克吸附剂(活性炭)上被吸附质铺满单分子层吸附质(亚甲基蓝)分子时的吸附量，$mol\cdot g^{-1}$；$\Gamma$为溶液在吸附质(亚甲基蓝)平衡浓度$c(mol\cdot L^{-1})$时的吸附量，$mol\cdot g^{-1}$；$K$为与吸附和脱附平衡常数有关的常数，其值决定于吸附剂和吸附质的本性及温度。将式(4－69)整理得：

$$\frac{1}{\Gamma} = \frac{1}{\Gamma_{\infty}} + \frac{1}{\Gamma_{\infty}K}\cdot\frac{1}{c} \qquad (4-70)$$

以$1/\Gamma$对$1/c$作图得一直线，由此直线的斜率和截距可求得$\Gamma_{\infty}$。若每个吸附质分子在吸附剂上所占据的面积为$\sigma_A$，则吸附剂的比表面积可按下式计算：

$$S = \Gamma_{\infty}L\sigma_A \qquad (4-71)$$

式(4－71)中，$S$为吸附剂比表面积，$m^2\cdot g^{-1}$；$L$为阿伏加德罗常数，$6.02\times10^{23}mol^{-1}$。

亚甲基蓝分子的平面结构如图4－9所示。阳离子大小为$1.70\times10^{-10}m\times76\times10^{-10}m\times325\times10^{-10}m$。亚甲基蓝的吸附有三种趋向：平面吸附，投影面积为$1.35\times10^{-18}m^2$；侧面吸附，投影面积为$7.5\times10^{-19}m^2$；端基吸附，投影面积为$39.5\times10^{-19}m^2$。对于非石墨型的活性炭，亚甲基蓝不是平面吸附，也不是侧面吸附，而是端基吸附。根据实验结果推算，在单

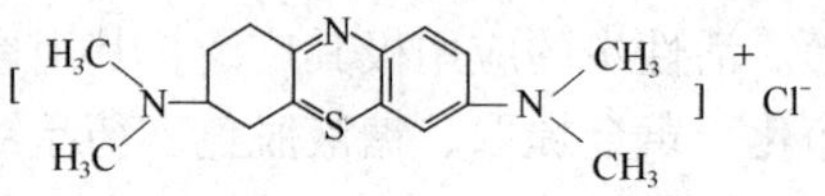

图 4-9　亚甲基蓝分子结构

层吸附的情况下，每个亚甲基蓝分子在活性炭上所占据的面积 $\sigma_A = 39 \times 10^{-20} m^2$。

**2. 亚甲基蓝溶液浓度的测定**

本实验亚甲基蓝溶液浓度的测量是借助于分光光度计来完成的。根据光吸收定律，当入射光为一定波长的单色光时，某溶液的光密度与溶液中有色物质的浓度及溶液的厚度成正比，即：

$$A = \lg(I_0/I) = \varepsilon lc \tag{4-89}$$

式(4-89)中，$A$ 为吸光度；$I_0$ 为入射光强度；$I$ 为透光强度；$\varepsilon$ 为摩尔吸光系数，$m^2 \cdot mol^{-1}$；$l$ 为光经长度或液层厚度，m；$c$ 为溶液浓度，$mol \cdot m^{-3}$。

亚甲基蓝溶液在可见区有二个吸收峰：445nm 和 665nm。但在 445nm 处活性炭吸附对吸附峰有很大的干扰，故实验选用的工作波长为 665nm。

**3. 平衡吸附量的求算**

将一定量的活性炭与不同浓度 $c_0$ 的亚甲基蓝相混，一定温度下振荡吸附达平衡后，抽滤(或离心)分离。用分光光度计测定吸附后亚甲基蓝的浓度 c，根据式(4-90)求出活性炭对亚甲基蓝的相应吸附量 $\Gamma$。

$$\Gamma = \frac{(c_0 - c)V}{m} \tag{4-90}$$

式(4-90)中，$V$ 为吸附实验中亚甲基蓝溶液的体积，$m^3$；$M$ 为吸附剂质量，g。

## 实验要求

(1) 设计用亚甲基蓝水溶液吸附法测定活性炭的吸附量及比表面积的实验方案。

(2) 根据实验结果，讨论该实验是否是典型的 Langmuir 单分子层吸附。

(3) 以研究论文形式提交实验报告。

## 实验指导

(1) 在实验前，活性炭应活化：将颗粒活性炭置于瓷坩锅中，放入马弗炉内，500℃下活化 1h(或在真空烘箱中 300℃下活化 1h)，然后放入干燥器中备用。

(2) 选择工作波长。对于亚甲基蓝溶液，工作波长为 665nm。

(3) 亚甲基蓝标准溶液应准确配制，浓度约为 $0.1g \cdot L^{-1}$。标准液在稀释 10~50 倍范围内做标准曲线。

(4) 亚甲基蓝原始溶液的浓度要选择在合适的范围内。既要防止初始浓度过高导致出现多分子层吸附，又要避免平衡后的浓度过低使吸附达不到饱和。原始溶液的浓度约为 $2g \cdot L^{-1}$ 左右(其准确浓度须用分光光度计测定得到)。

(5) 吸附时活性炭质量选用 0.1g 左右，亚甲基蓝溶液约在 $0.2 \sim 1.2g \cdot L^{-1}$(原始溶液稀释)之间，吸附平衡后，离心(或过滤)，溶液稀释 200 倍左右测定吸光度，得吸附后亚甲基蓝的平衡浓度。

(6) 按 Langmuir 吸附等温线的要求，溶液吸附必须在等温条件下进行，使盛有样品的容器置于恒温器中振荡使之达到平衡(振荡速度以活性炭可翻动为宜)。

(7) 测定溶液吸光度时，须用擦镜纸轻轻擦干比色皿外部，以保持比色皿干燥。

(8) 本实验亚甲基蓝溶液配好摇匀后再放入活性炭。

(9) 测定原始溶液和平衡溶液的吸光度时，应把稀释后的溶液摇匀再测。

(10) 活性炭颗粒要均匀，活性炭吸附为可逆吸附，因此使用过的活性炭可回收利用(用蒸馏水浸泡数次，烘干、抽气后即可)。

## 实验思考

1. 根据 Langmuir 理论的基本假设，结合本实验数据，算出各平衡浓度的覆盖度，估算饱和吸附的平衡浓度范围。
2. 溶液产生吸附时，如何判断其达到平衡?
3. 如何才能加快吸附平衡的速度?
4. 固体在稀溶液中对溶质的吸附与固体在气相中对气体分子的吸附有什么区别?

## 参考文献

1. 尹亚平，王辉宪．物理化学实验[M](第一版)．北京：科学出版社，2006
2. 刘寿长，张建民，徐顺．物理化学实验与技术[M]．郑州：郑州大学出版社，2004
3. 王利华，袁誉洪，尹有文．“溶液吸附法测定固体比表面积”实验的改进．中南民族学院学报[J](自然科学版)，1996，15(1)：60 ~ 63
4. 华南平，倪春华．关于亚甲基蓝在活性炭表面吸附投影面积 $\sigma A$ 的探讨．今日化学[J]，2005，20(1)：43 ~ 47
5. 陆益民，梁世强．“溶液吸附法测定活性炭比表面积”实验的改进．韶关学院学报[J]，2004，25(9)：60 ~ 62